597
BRU
P

Jacques Bruslé
et
Jean-Pierre Quignard

Pas si bêtes les poissons

Scènes de leur vie intime

AF861447

RAYE A
L'INVENTAIRE

BIBLIOTHÈQUE DÉPARTEMENTALE
de PRÊT de la Ch^te Mme
Annexe de JONZAC

BELIN • POUR LA SCIENCE

8, rue Férou - 75278 Paris cedex 06
www.editions-belin.com www.pourlascience.com

Aux éditions Belin-Pour la Science

- L. de Bonis, *La famille de l'homme. Des lémuriens à Homo sapiens*, 1999.
- E. Buffetaut, *G. Cuvier. Le découvreur de mondes disparus*, 2002.
- M. Clamen, *Jules Vernes et les sciences. Cent ans après*, 2005.
- C. Combes et C. Guitton, *L'homme et l'animal. De Lascaux à la vache folle*, 1999 ; *Le naufrage de l'arche de Noé. Dieu et les hommes contre l'animal*, 2006 (à paraître).
- P. Forterre, *Microbes en enfer*, 2006 (à paraître).
- P.-H. Gouyon, J. Arnould, J.-P. Henry, *Les avatars du gène. La théorie néordawinienne de l'évolution*, 1997.
- M. Gross, *La vie excentrique. Voyage dans les mondes extrêmes*, 2003.
- J.-L. Hartenberger, *Une brève histoire des mammifères*, 2001.
- H. Le Guyader (sous la dir.), *L'évolution*, 1998.
- H. Le Guyader, *Étienne Geoffroy Saint-Hilaire. Un naturaliste visionnaire*, 1998.
- G. Lecointre et H. Le Guyader, *La classification phylogénétique du vivant*, 3e édition, 2006.
- L. Orlando, *L'anti-Jurassic Park. Faire parler l'ADN ancien*, 2005.
- H. Thomas, *Le mystère de l'homme de Piltdown. Une extraordinaire imposture scientifique*, 2002.
- C. Vincent, *Rencontres sauvages*, 2005 (en co-édition avec *Le Monde*).

Retrouvez l'ensemble de nos titres sur le site des éditions Belin
www.editions-belin.com

Couverture : © Jeff Collett/Natural Visions. Une blennie mangeuse d'écaille (*Plagiotremus rhinorhynchus*).

Le code de la propriété intellectuelle n'autorise que « les copies ou reproductions strictement réservées à l'usage privé du copiste et non destinées à une utilisation collective » [article L. 122-5] ; il autorise également les courtes citations effectuées dans un but d'exemple ou d'illustration. En revanche « toute représentation ou reproduction intégrale ou partielle, sans le consentement de l'auteur ou de ses ayants droit ou ayants cause, est illicite » [article L. 122-4]. La loi 95-4 du 3 janvier 1994 a confié au C.F.C. (Centre français de l'exploitation du droit de copie, 20, rue des Grands Augustins, 75006 Paris), l'exclusivité de la gestion du droit de reprographie. Toute photocopie d'œuvres protégées, exécutée sans son accord préalable, constitue une contrefaçon sanctionnée par les articles 425 et suivants du Code pénal.

© Éditions Belin, 2006
ISBN 2-7011-**4113-3**

« Les poissons n'ont pas fait preuve d'une moindre ingéniosité que les animaux terrestres en ce qu'ils ont développé une incroyable variété de types de comportements sociaux, afin de faire face aux exigences de leurs différents environnements. »

R. Robertson, *New Scientist*, 1973

« C'est une chance pour quiconque d'être du bon côté,
celui des hommes qui connaissent les poissons. »

Izaak Walton, *The compleat angler*, 1659

« L'homme pense, le chien pense, la vache pense,
Le poisson ne pense pas, le poisson est muet, le poisson est impassible,
Le poisson ne pense pas parce que le poisson connaît
Tout… »

Conte Inuit

« Et quant à la coignoissance des faicts de nature, je veulx que tu y adonnes curieusement : qu'il n'y ayt mer, rivière ny fontaine dont tu ne coignoisses les poissons. »

Rabelais, *Pantagruel.*

Sommaire

Avant-propos

Le poisson reste un animal mal connu du grand public qui, bien souvent, l'appréhende seulement lorsqu'il termine sa carrière dans son assiette... Sur l'étal du poissonnier, on ne retient fréquemment de lui que son apparence « stupide » due à ses yeux glauques (s'il n'est pas frais...) et à sa rigidité cadavérique, et on reconnaît seulement quelques espèces familières : la sardine, le maquereau, le hareng, le merlan, la morue ou cabillaud, le colin, la lotte, le loup, la daurade, le thon ou encore la truite, la carpe ou le brochet. Et encore, à condition qu'elles ne soient pas présentées sous forme de filets ou de « pavés » standardisés... Le pêcheur à la ligne ne cible la plupart du temps que quelques espèces particulières : le gardon, le chevaine, l'ablette, le goujon, le brochet, la perche, la truite ou le saumon, le loup et la daurade. Quant à l'aquariophile, il ne s'intéresse qu'aux espèces les plus classiques : le carassin, le combattant, le scalaire, le guppy, le xipho... Une telle méconnaissance des poissons est d'autant plus surprenante que la curiosité suscitée par ces représentants du monde aquatique est considérable si l'on en juge par le succès que connaissent les aquariums domestiques (27 000 « poissons de compagnie » en France) et les aquariums publics (au Grau-du-Roi, à Monaco, Boulogne, Nancy, La Rochelle, Paris...). Ou encore par l'engouement pour les films dont les héros sont des poissons.

Mais la « barrière physique » qui sépare l'air de l'eau constitue indéniablement un obstacle à la connaissance de la vie aquatique. Dès lors, tout ce qui prend place hors du monde terrestre des humains devient teinté de mystère, voire entaché d'incompréhension... C'est peut-être pourquoi l'homme a toujours cherché à plonger son regard dans le « mystérieux univers liquide » qui a longtemps constitué pour lui une « *aqua incognita* ». Et de nos jours, les aquariums publics lui permettent enfin de « voir vivre » les organismes qu'il n'a pas l'occasion de rencontrer dans leur milieu familier.

Quant à l'impression de « bêtise » que donne le poisson, elle est renforcée par l'idée que ces vertébrés – que l'on qualifiait naguère « d'inférieurs » – ne possèdent qu'une boîte crânienne de faible capacité, marque d'une « indigence intellectuelle » apparemment évidente. Ces « pauvres bêtes » sont bien souvent suspectées d'être seulement capables d'activités « basiques » tout à fait stéréotypées et de ne posséder qu'une sensibilité atténuée (rares sont ceux qui crient, même lorsqu'ils sont brutalement extraits de leur milieu naturel et cruellement manipulés par certains pêcheurs). Et pourtant…

Les Anciens ne se sont-ils pas émerveillés devant des poissons dont les civilisations assyrienne, chaldéenne, égyptienne et inca ont fait de véritables dieux ? La religion catholique n'a-t-elle pas utilisé le poisson comme emblème baptismal des premiers chrétiens ? Le dieu Vichnou des bouddhistes n'est-il pas symbolisé par un poisson ? Les Indiens d'Amérique du Nord, très bons observateurs de la nature, n'ont-ils pas été impressionnés par le comportement des saumons dans les rivières des montagnes Rocheuses ? Ces poissons symbolisaient à leurs yeux le courage, celui de revenir chaque année aux points de rendez-vous de l'espèce selon un calendrier immuable afin d'assurer sur les frayères la continuité génésique de l'espèce. Le pêcheur à la ligne n'apprend-il pas à ses dépens que le poisson ne se laisse pas toujours facilement « leurrer » par les différentes sortes d'imitations de proies qu'il emploie ? Ne sait-il pas que l'animal convoité « s'éduque » au point « d'apprendre » à reconnaître l'un de ces leurres, qu'il n'attaquera jamais (ou très rarement) deux fois consécutives ? Et que, fort d'une « expérience acquise » au cours du temps, à mesure qu'il vieillit, il devient de plus en plus méfiant, donc difficile à capturer ? N'est-il pas convaincu de « l'astuce » du brochet ou de la « malice » de la truite, responsables de tant de « bredouilles » ? Le grand pêcheur à la ligne Isaac Walton ne fut-il pas l'un des premiers, en 1653, à être frappé par le comportement « malin » des salmonidés qu'il tentait de capturer ? Les pisciculteurs n'ont-ils pas acquis la certitude que le poisson d'élevage peut-être « dressé » au point de se trouver conditionné à un type d'aliment et des heures de repas précis ? N'ont-ils pas montré que le poisson peut « apprendre » à actionner lui-même un distributeur de nourriture ? Les aquariophiles n'ont-ils pas admiré les parades nuptiales de certains de leurs protégés (guppys, poissons-combattants…)

ou apprécié leur aptitude à construire des nids de ponte (épinoches) et à surveiller leur progéniture (mbunas) ? Les scientifiques – les éthologues – n'ont-ils pas démontré la capacité des poissons à la mémoriser des informations de nature très diverse ? N'ont-ils pas révélé, chez certaines espèces (thons, saumons, anguilles...), une aptitude à effectuer des déplacements de grande amplitude ? N'ont-ils pas découvert des tactiques astucieuses et des stratégies élaborées mises en œuvre par les poissons pour se procurer de la nourriture, échapper à leurs prédateurs, choisir le « bon » partenaire sexuel – celui qui leur donnera la meilleure descendance – ou encore dispenser des soins parentaux à leur progéniture ? Non, décidément, les poissons ne sont pas si « stupides » et tous les arguments développés ci-dessus plaident en leur faveur.

À partir de données scientifiques bien établies[1], nous proposons de donner ici un aperçu des découvertes les plus récentes, les plus spectaculaires, les plus étonnantes qui aident à comprendre comment les poissons réalisent quatre activités vitales essentielles pour eux : communiquer, se protéger, s'alimenter et se reproduire. Cet ouvrage s'inscrit donc dans la perspective d'une tentative de « réhabilitation » des poissons dans l'esprit de « l'honnête homme du XXIe siècle », avec le souci éducatif de lui faire mieux connaître leurs caractéristiques, mieux comprendre leurs exigences de vie (leur écophysiologie) et leurs stratégies comportementales (leur écoéthologie). Nous souhaitons ainsi l'inciter à mieux respecter leurs habitats aquatiques, de plus en plus menacés par une anthropisation croissante.

Le lecteur découvrira au fil des pages qu'à défaut d'être « intelligents », les poissons sont doués d'aptitudes originales et de potentialités complexes grâce auxquelles non seulement ils ont survécu depuis leur apparition, il y a quelque 470 millions d'années, mais ils ont également résisté aux innombrables agressions que l'homme leur a infligées avec ses barrages, ses

1. De trop nombreux ouvrages consacrés à la biologie des poissons se contentent en effet de colporter des anecdotes et de véhiculer des informations pseudo-scientifiques reprises d'ouvrages antérieurs sans aucune vérification. D'où une regrettable tendance à romancer et à affabuler. Désireux de ne pas tomber dans ce travers, nous ne citerons dans le présent ouvrage que des faits scientifiquement vérifiables et vérifiés. Ils proviennent de données scientifiques bien établies, telles que celles publiées dans les revues de recherche spécialisées dont les articles relatent les comportements d'un grand nombre d'espèces de poissons étudiées *in situ* en plongée et/ou en conditions de laboratoire. Les références des articles correspondant à chacune des histoires que nous avons sélectionnées peuvent être consultées dans l'ouvrage suivant : Jacques Bruslé et Jean-Pierre Quignard, *Les poissons et leur environnement*, Tec et Doc Lavoisier, 2004.

centrales électriques, ses digues, ses chenaux artificiels, ses polluants, ses destructions d'habitats naturels, ses transferts incontrôlés d'espèces exotiques et ses techniques de pêche de plus en plus performantes et redoutables.

Le « monde merveilleux » des poissons, s'il présente encore de nos jours d'assez nombreuses énigmes, livre peu à peu ses mystères et constitue un remarquable thème de réflexion. C'est même un motif de grande passion pour nombre d'entre nous, amateurs de pêche à la ligne, de plongée sous-marine, d'aquariophilie... Alors, nous souhaitons qu'après avoir lu le présent ouvrage, le cuisinier, le pêcheur, le plongeur et l'aquariophile, mais aussi quiconque a conservé une curiosité naturelle concernant « des choses de la nature » se trouveront réunis pour communier à l'idée émise par Virgile : « *Heureux celui qui connaît le monde des Poissons.* »

CHAPITRE 1

Bref portrait des poissons

Vous avez dit « poissons » ?

À l'heure actuelle, le concept de « poisson » est battu en brèche et a même disparu du vocabulaire des biologistes systématiciens. Qu'un terme aussi commun que celui de « poisson » n'ait plus de sens pour les scientifiques a de quoi surprendre ! Mais ces trente dernières années, les classifications des êtres vivants ont subi des bouleversements méthodologiques et conceptuels considérables. Elles sont désormais dites « phylogénétiques », ce qui signifie qu'elles cherchent à refléter le plus fidèlement possible les relations de parenté entre les organismes au cours de l'évolution de la biosphère. Dans les anciennes classifications, ce n'était pas toujours le cas. Les études morpho-anatomiques et génétiques ont ainsi mis en évidence que le terme de « poisson » ne signifie rien du point de vue de la phylogénie car il n'existe aucun caractère, ni anatomique, ni moléculaire, qui soit exclusif aux « poissons » et qui leur ait été légué par un ancêtre lui aussi exclusif. Ce que l'on trouve chez les poissons, on le trouve aussi ailleurs (le crâne par exemple). En fait, ils sont définis négativement : ce sont simplement des crâniates (organismes « à crâne ») sans pattes, c'est-à-dire un groupe qui comprend l'ancêtre commun hypothétique des crâniates et ses descendants à l'exception des tétrapodes (vertébrés ayant quatre membres).

La classification phylogénétique actuelle des vertébrés (dont sont exclues les myxines) montre que le cœlacanthe et les dipneustes sont plus proches parents des tétrapodes qu'ils ne le sont de n'importe quel autre de nos « poissons » ! Ou encore que le brochet est plus proche des lézards et même des chevaux qu'il ne l'est des requins et des chimères. Les « poissons » ne sont donc pas homogènes du point de vue phylogénétique : un groupe homogène devrait avoir des membres plus apparentés entre eux qu'ils ne le sont vis-à-vis des espèces extérieures au groupe. Phylogénétiquement parlant, le groupe « poisson » n'a plus le droit d'exister ! Nous l'avons pourtant conservé « par tradition », dans une acception essentiellement écologique et physiologique. Nous avons réuni sous ce vocable l'ensemble des animaux aquatiques ayant un crâne ainsi qu'une respiration branchiale et cutanée parfois aérienne. Il s'agit d'une part des myxines et des lamproies, qui sont dépourvues de mâchoires et possèdent un squelette cartilagineux, et d'autre part de plusieurs groupes de gnathostomes, c'est-à-dire de vertébrés ayant des mâchoires, à savoir :

– les chondrichthyens (raies, requins, chimères) à squelette cartilagineux ;

– des ostéichthyens (animaux dont le squelette est en grande partie osseux) dans lesquels on reconnaît : d'une part des sarcoptérygiens – actinistiens (représentés par le seul cœlacanthe) et dipneustes – et d'autre part les actinoptérygiens. Parmi ces derniers, les téléostéens comprennent l'immense majorité des poissons actuels (esturgeons, thons, truites, brochet…).

D'où viennent-ils ?

Les poissons se sont vus attribuer le titre de « plus anciens des crâniates et des vertébrés ». Certains restes fossilisés des squelettes de leurs ancêtres ont été découverts en de nombreuses régions du monde. Les données paléontologiques ont longtemps fait remonter l'origine des poissons à l'ère primaire (Paléozoïque), et plus précisément à l'Ordovicien, soit il y a 470 millions d'années (MA). Mais des découvertes récentes effectuées en Chine, au sein de schistes et de grès rouges très anciens du Yunnan, ont révélé l'existence de fossiles qui se présentent sous forme d'empreintes de tissus mous de « poissons ». Ces restes sont difficiles à classer. Ils correspondent à des animaux qui possédaient probablement un squelette cartilagineux et ont été datés de – 550 à – 530 MA (Cambrien). Des myxines et des lamproies fossilisées ont été découvertes aux États-Unis dans des sédiments du Carbonifère et respectivement datées de – 300 MA et de – 325 MA. Des chondrichthyens et des ostéichthyens fossiles de Chine, du Canada et de Suède ont été datés du Silurien et du Dévonien, soit – 410 à – 420 MA. Les poissons à poumons, ou dipneustes, sont représentés par des fossiles chinois et canadiens vieux de – 410 MA. Enfin, les premiers téléostéens ont été trouvés au Trias (– 200 MA) ou au Jurassique (– 195 MA). Ils se sont diversifiés au Crétacé (– 130 MA) et ont connu une « explosion » entre – 60 et – 40 MA à l'Eocène et à l'Oligocène. Ils sont aujourd'hui de loin les plus nombreux : 35 ordres, 409 familles et 24 000 à 25 000 espèces représentant près de 50 % des vertébrés.

Ainsi, ces crâniates que sont les « poissons » ont traversé, en se modifiant, tous les temps géologiques et ont connu des épisodes climatiques rigoureux : depuis les fortes chaleurs et la sécheresse de la fin de l'ère primaire jusqu'aux grandes glaciations de l'ère quaternaire. Ils ont vécu des événements cataclysmiques tels ceux qui furent responsables de la disparition des dinosaures à la fin de l'ère secondaire.

Rappelons enfin pour la « petite histoire » que Plutarque affirmait : « *Les poissons sont les pères et les mères de l'espèce humaine.* » L'idée fut reprise par certains « précurseurs » des transformistes comme Benoît de Maillet (1656-1738). Elle fut rejetée entre autres par Voltaire qui « *ne parvenait pas à croire qu'il descendait d'une morue* »... En fait, les relations entre crâniates sont complexes. Tout au plus pouvons nous considérer requins, chimères, perches ou thons comme « de très très lointains cousins ».

Combien sont-ils ?

Les poissons présentent une prodigieuse diversité résultant à la fois de la variété des groupes rangés sous cette appellation et d'un fort potentiel évolutif lié à leur remarquable faculté d'adaptation à des niches écologiques les plus variées. Ils participent donc pleinement à la biodiversité générale.

Le recensement des espèces varie suivant les auteurs et les évaluations. Tout d'abord, la frontière entre espèce et sous-espèce est parfois floue (deux individus appartenant à deux sous-espèces distinctes peuvent être fertiles, ce qui par définition n'est pas le cas de deux individus d'espèce différente). De surcroît, de nombreuses espèces sont morphologiquement et anatomiquement non discernables les unes des autres (espèces-sœurs, espèces jumelles), d'où la nécessité de recourir à des études génétiques qui permettent une meilleure discrimination. Enfin, certains milieux ont été insuffisamment explorés (grands fonds océaniques). Les recensements locaux sont donc souvent en perpétuelle réévaluation. Ainsi, 13 espèces ont été découvertes en Méditerranée au cours des trente dernières années, bien que cette mer ne représente que 0,8 % de la « thalassosphère ». Par ailleurs, des changements faunistiques sont parfois induits par des modifications de facteurs généraux (réchauffement climatique des eaux océaniques dans le cadre du changement global actuellement observé) ou locaux (suppression de certains biotopes, ouverture de canaux, introduction d'espèces exotiques...). Par exemple, on assiste actuellement à un élargissement progressif de l'aire de répartition des espèces dites thermophiles telle la girelle-paon vers le Nord et vers l'Ouest de la Méditerranée, ce qui correspond à une « méridionalisation » des eaux septentrionales.

Finalement, le nombre d'espèces dont le statut a été confirmé à ce jour est estimé entre 24 000 et 25 000, soit 52 % des 48 170 espèces de vertébrés actuellement répertoriées. Cela revient à dire qu'un vertébré sur deux est un poisson. Elles se répartiraient ainsi : 50 à 85 espèces de myxines et de lamproies, 550 à 850 espèces de chondrichthyens, 21 000 à 24 000 espèces d'ostéichthyens (actinoptérygiens téléostéens dans leur immense majorité). On estime toutefois que la « richesse spécifique » effective des poissons s'élève à 30 000-35 000 espèces.

De nombreuses espèces sont menacées d'extinction. Ainsi, l'esturgeon européen a complètement disparu du Rhin, de la Seine, de la Loire et du Rhône, et seuls de rares exemplaires ont été pêchés dans l'estuaire de la Gironde depuis 1970. Autre exemple : le chabot du Lez (Hérault), découvert en 1964, fait l'objet de mesures de protection. Bien d'autres poissons sont en danger : citons les hippocampes, le mythique cœlacanthe des îles Comores, la raie de mer du Nord, le requin *Echinorhinus brucus* sur les côtes atlantiques et méditerranéennes, de même que le poisson-scie. D'après une estimation réalisée en l'an 2000 par le *World Conservation Monitoring Centre*, 452 espèces sont menacées de disparition sur l'ensemble du globe, soit environ 2 % des espèces de poissons.

À quoi ressemblent-ils ?

Des tailles très variées

À l'extrémité supérieure de l'échelle de taille, on rencontre des individus mesurant jusqu'à plusieurs mètres, voire plusieurs dizaines de mètres. La majorité de ces grands et gros poissons vit dans les eaux océaniques.

Le requin-baleine *Rhincodon typus* peut atteindre 20 mètres de longueur et peser jusqu'à 20 tonnes (peut-être même 30 !). Il est considéré comme le plus gros poisson du monde. Le requin-pèlerin *Cetorhinus maximus* mesure jusqu'à 15 mètres et pèse de 18 à 20 tonnes, soit le poids de six éléphants ! Le grand requin blanc *Carcharodon carcharias*, qualifié de « mangeur d'hommes » mais qui consomme en fait essentiellement des poissons, peut être long de 8 mètres et lourd de 3,3 tonnes. L'envergure de la raie-manta ou diable de mer *Mobula mobula* atteint 6,5-7 mètres pour un poids de 1,4 tonne. Citons encore les mensurations maximales de quelques autres géants : 3,5 à 4,5 mètres et 750 kg pour l'espadon *Xiphias gladius* ; 4,5 mètres et 750 kg pour le marlin *Makaira nigricans* ; 3 mètres seulement mais un poids de 1,5 à 2 tonnes pour le poisson-lune *Mola mola*, l'un des plus gros téléostéens ; 1,8 mètre et 95 kg pour le cœlacanthe *Latimeria chalumnae.*

Dans les eaux douces, les tailles des poissons sont dans l'ensemble plus réduites que celles des espèces marines, mais certains d'entre eux présentent tout de même des dimensions respectables. Les migrateurs amphihalins (capables de vivre alternativement en eau douce et dans des eaux marines en fonction de leurs migrations trophiques et reproductrices) sont souvent de grande taille : 8 mètres de long (1,2 tonne) pour le belouga *Huso huso* (esturgeon de la Caspienne) ; 1,8 mètre (55 kg) pour le saumon du Danube ou huchon *Hucho hucho.* Certaines espèces strictement d'eau douce sont également de grande taille : 3 mètres et 80 kg pour le silure glane *Silurus glanis* (le record est détenu par un individu pêché dans le Dniepr : 5 mètres et 300 kg) ; 3 à 4 mètres et 160 à 200 kg pour le piracuru ou arapaima

Arapaima gigas, ostéoglossidé des eaux amazoniennes ; plus de 3 mètres et 300 kg pour le poisson-chat géant *Pangasiodon gigas*, un siluriforme du Mékong.

À côté de ces créatures imposantes, le monde des poissons recèle de nombreuses espèces de petite taille. Ainsi, *Squaliodus laticaudatus* est un petit requin des eaux chaudes et tempérées qui mesure de 20 à 25 centimètres. Chez les poissons osseux, les très petites espèces se rencontrent généralement dans les régions subtropicales et tropicales, aussi bien dans les eaux marines que douces. Les records sont détenus par des espèces marines : le gobie-nain *Schindleria brevipinguis* de la Grande Barrière australienne serait le plus petit de tous les vertébrés, avec 7 millimètres de longueur, suivi par l'hippocampe *Hippocampus denise* des zones coralliennes d'Indonésie qui n'est long que de 13 à 16 millimètres. Certaines espèces d'eaux douces et saumâtres sont toutefois sensiblement de même taille : 8 à 10 millimètres et une masse inférieure à 0,1 gramme pour le gobie-atome *Trimmatom nanus* ; 10 à 11 millimètres au maximum pour le gobie-pygmée *Pandaka pygmaea* des Philippines. Quant aux poissons ne mesurant que quelques centimètres de long, ils sont très nombreux et appartiennent à des familles très éloignées les unes des autres : gobiidés, cyprinidés, cyprinodontidés, callichthidés, poeciliidés, cichlidés, characidés… Notons un cas remarquable de nanisme en milieu océanique : certaines espèces abyssales de « poissons-pêcheurs », comme *Ceratias* sp et *Haplophryne* sp, présentent un important dimorphisme sexuel, avec un mâle nain de quelques centimètres de longueur, qui vit fixé à demeure en parasite sur le corps d'une femelle longue de quelques dizaines de centimètres.

Des formes… pas toujours pisciformes

Une infinité de formes s'écarte du « modèle poisson », dit pisciforme, incarné par la truite, le brochet, le thon ou la sardine, ces derniers possédant en commun un profil hydrodynamique qui permet de réduire les forces de résistance qu'exerce l'eau lors des déplacements. On peut ainsi croiser des poissons aplatis sur le côté (sole, plie, turbot, limande, barbue, flétan, flet… : ce sont les poissons-plats), aplatis dans le plan de symétrie (saint-pierre, poissons-papillons, poisson-cocher, scalaire, poisson-disque, poisson-feuille), aplatis dorso-ventralement (baudroie, raie), très allongés (orphie, équille), rubannés (cépole, roi des harengs), en forme de serpent (lamproies, anguilles, aiguille de mer), globuleux (poisson-ballon, poisson-globe) ou encore massifs (rascasse, poisson-pierre, poisson-crapaud).

Un festival de couleurs

Pour ce qui est des couleurs, les poissons font concurrence aux papillons et aux oiseaux ! En effet, ils se caractérisent par une profusion de couleurs et de tonalités splendides justifiant l'intérêt que leur portent plongeurs et aquariophiles. Leur livrée est souvent formée d'une mosaïque de taches pigmentaires dont la forme, la taille et la brillance varient au gré des interactions entre l'organisme et son environnement vivant (biotique) ou non (abiotique). Certaines couleurs sont « physiques », produites par des jeux de réfraction, de réflexion ou de diffraction des radiations lumineuses sur des surfaces corporelles. Ces dernières sont constituées d'éléments chimiques cristallisés – le plus souvent de la guanine sous forme de microcristaux immobiles – contenus dans des iridophores. Il en est ainsi du bleu métallique du tétra-néon (characidé), très apprécié des aquariophiles. Les autres couleurs sont « biochimiques », créées par les pigments contenus dans des cellules (chromatophores) disposées dans le derme et parfois l'épiderme : mélanine des mélanophores, caroténoïdes et ptérines des xanthophores et des érythrophores. Les couleurs sont soit permanentes (caractères de reconnaissance des espèces par leurs patrons colorés de base), soit changeantes, liées à des modifications saisonnières (livrées de reproduction ou parures de noce acquises le plus souvent chez les mâles au cours de la maturation sexuelle) ou comportementales (variations colorées traduisant une frayeur, une dominance ou une soumission, une menace vis-à-vis d'un prédateur ou bien destinées à attirer un partenaire sexuel). Ces dernières couleurs sont dites psychophysiologiques. De manière générale, les livrées ont souvent une signification fonctionnelle en terme de camouflage antiprédateur et de communication sociale : coordination des bancs, rapports de dominance dans les comportements territoriaux, sélection sexuelle des géniteurs.

Dans les milieux très éclairés comme les récifs coralliens des régions tropicales, les poissons – en particulier les poissons-chirurgiens (acanthuridés), les poissons-papillons (chætodontidés), les labres (labridés) et les poissons-perroquets (scaridés) – évoluent dans un paysage chromatique très varié et brillant. Ils présentent de ce fait généralement des couleurs extrêmement vives et contrastées, en particulier bleues et jaunes, à la différence des espèces pélagiques (de pleine mer), gris-bleuté, ou des espèces bathyales (vivant entre 300 et 4000 mètres de profondeur) et abyssales (situées au-delà de 4000 mètres), sombres et noires, ou encore des espèces cavernicoles, qui sont souvent peu pigmentées.

Une extraordinaire diversité de noms vernaculaires

L'extrême diversité des caractéristiques des poissons dont nous venons de donner un aperçu explique la richesse du vocabulaire utilisé pour les désigner dans la vie courante. Leurs noms communs, dits vernaculaires, sont très nombreux et souvent fondés sur leur ressemblance avec des objets, des animaux, des végétaux, des astres, ou encore des figures mythologiques. Nous vous proposons un petit inventaire, sans prétention d'exhaustivité : poisson-ballon, p. globe, p. coffre, p. scie, p. couteau, p. sabre, p. rasoir, p. ciseau, p. lime, p. hachette, p. lancette, p. aiguille, p. fil, p. crayon, p. épée, p. porte-épée, p. ruban, p. disque, p. trompette, p. bêche, p. tambour, p. lanterne, p. flûte, p. guitare, p. drapeau, p. balance, p. entonnoir, p. lyre, p. ventouse, p. porte-écuelle, p. pierre, p. voilier, p. spatule, p. papillon, p. bourdon, p. crapaud, p. grenouille, p. serpent, p. lézard, p. vipère, p. crocodile, p. oiseau, p. pélican, p. perroquet, p. épervier, p. faucon, p. chouette, p. dindon, p. bécasse, p. pingouin, p. chat, p. castor, p. porc-épic, p. renard, p. porc, p. vache, p. chèvre, p. chauve-souris, p. écureuil, p. cheval de mer, p. lion, p. dauphin, p. éléphant, p. feuille, p. banane, p. roseau, p. pomme de pin, p. lune, p. soleil, p. dragon, p. diable, p. démon, p. ange, p. licorne, p. paradis…

Certains noms vernaculaires évoquent le caractère ou le comportement de ceux qui les portent, par une analogie – plus ou moins fidèle – avec un métier : poisson-soldat, p. fusilier, p. cardinal, p. prêtre, p. roi, p. mandarin, p. cocher, p. archer, p. arbalétrier, p. barbier, p. chirurgien, p. combattant, p. empereur, p. napoléon, p. mandarin, p. pilote, p. pêcheur, p. clown, p. nettoyeur… D'autres poissons sont nommés selon la couleur de leur livrée : poisson-rouge ou p. doré, rouget, p. griset, p. arlequin, p. arc-en-ciel, p. caméléon, p. néon, p. picasso, p. de verre, p. arlequin, p. léopard, p. zèbre… Enfin, quelques noms font référence à une propriété remarquable qui caractérise le poisson : poisson-scorpion, p. vipère, p. tambour, p. grogneur, p. électrique.

Où les trouve-t-on ?

Leurs milieux de vie

Environ 10 000 espèces, soit 40 % des espèces de poissons, vivent dans les eaux douces, superficielles ou souterraines. Les eaux marines abritent près de 15 000 espèces, soit 58 % des espèces de poissons. Entre mer et eau douce, on trouve plus de 200 espèces (saumons, truites, aloses, esturgeons, anguilles, lamproies). Elles sont dites diadromes, capables d'occuper alternativement au cours de leur cycle vital les milieux fluviatiles ou lacustres et les eaux marines. Enfin, de nombreuses espèces dites euryhalines (épinoches, athérines, loups, daurades, muges...) ont la capacité de vivre dans des eaux saumâtres de salinité variable (estuaires, deltas, lagunes, mangroves). Les poissons occupent ainsi presque tous les types d'eaux et ce, dans des conditions très variées de température, salinité, altitude, profondeur, éclairement, couleur, oxygénation, pH, permanence... Voici un petit aperçu des conditions de vie, parfois extrêmes, que supportent les poissons :

– **Altitude :** les plus célèbres des poissons vivant en altitude sont les vingt-cinq espèces d'*Orestias* sp (cyprinodontidés) endémiques de lacs des Andes, dont le lac Titicaca (3 853 mètres). L'espèce rencontrée à la plus haute altitude (5 250 mètres) serait le balitoridé *Yunnanilus* sp, qui vit dans des lacs tibétains. Certaines espèces de salmonidés sont également adaptées au climat hivernal rigoureux des lacs d'altitude, en particulier l'omble-chevalier.

– **Profondeur :** les poissons peuvent peupler des eaux profondes. Le poisson d'eau douce le plus profond se rencontre dans le lac Baïkal : il s'agit d'un abyssocottidé benthique (vivant sur le fond) *Cottinella* (= *Abyssocottus*) *boulengeri*, qui évolue jusqu'à 1 637 mètres de profondeur. Notons que les ictaluridés *Trogloglanis pattersoni* et *Satan eurytomus* ont été trouvés dans des nappes artésiennes souterraines du Texas à – 300 mètres. Quant aux océans, les biologistes de la fin du XIXe siècle pensaient que la vie était limitée à leurs couches superficielles en raison des fortes pressions, des basses températures, de l'obscurité et des faibles ressources trophiques qui caractérisent les zones profondes : il était difficile d'imaginer la présence de poissons vivant dans des milieux si hostiles. Pourtant, l'expédition du navire britannique Challenger (1872-1876) révéla l'existence de poissons à des profondeurs pouvant dépasser 2 000 mètres : macrouridés (le grenadier *Coryphaenoides rupestris*, entre – 600 et –2 300 mètres), trachichthyidés (l'empereur *Hoplostethus atlanticus*, entre –400 et –1 700 mètres). Bien plus récemment, le téléostéen *Abyssobrotula galatheae* a été pêché à – 8 370 mètres au large des Philippines et semble détenir le record de profondeur. En Méditerranée occidentale, le dernier poisson observable, le macrouridé *Chalinura mediterranea*, a été repéré à –2 904 mètres, alors que la profondeur maximale est de 5 107 mètres. Remarquons que les poissons autres que les téléostéens sont plus limités dans leur distribution bathymétrique. Par exemple, le sélacien le plus profond, *Centrocymnus cœlolepis*, a été repéré près des Bermudes à « seulement » – 3 690 mètres.

– **Température** : les poissons sont capables de « boucler » leur cycle vital dans une large gamme de températures allant de – 1,9 à + 43 °C et même parfois au delà. D'une manière générale, le facteur thermique est déterminant sur le plan physiologique. Aussi, la valeur moyenne annuelle de la température de l'eau et surtout l'amplitude de ses variations saisonnières conditionnent souvent la distribution spatiale des poissons, tant à l'échelle horizontale (latitude) que verticale (altitude, bathymétrie). La plupart des espèces manifestent un *preferendum* thermique d'occupation des habitats, d'activité alimentaire, de croissance et de reproduction. Les changements saisonniers de température (réchauffement printanier et refroidissement automnal dans les régions tempérées) imposent aux poissons des réponses physiologiques adaptées, soit au chaud, soit au froid.

La majorité des poissons vit entre + 5 °C et + 30 °C. À côté, il y a des extrêmes. Les espèces dites psychrophiles comme le « poisson des glaces » *Trematomus* sp supportent des températures très basses (la glace se forme à – 1,87 °C pour une salinité d'environ 35 ‰). Celles qui sont cryogéniques vivent sous la glace de la banquise des régions polaires. Leur tolérance thermique est très limitée : entre – 2,07 °C et + 6 °C (elles sont qualifiées de sténothermes froides). Pour survivre à ces températures, elles ont développé des mécanismes de résistance au gel. Elles possèdent ainsi un système « antigel » : le point de congélation de leur plasma sanguin est abaissé par la présence de glycérol, de peptides et/ou de glycoprotéines associées à des électrolytes comme l'ion sodium (Na^+).

Le cyprinodonte américain *Fundulus heteroclitus* est peut-être le poisson le plus eurytherme (qui tolère les plus forts écarts thermiques). Dans la nature, il peut supporter une température de – 1,5 °C pendant 30 jours et survivre à + 50 °C. Nombre d'autres cyprinodontidés des régions chaudes et le plus souvent semi-désertiques des genres *Cyprinodon, Fundulus* et *Aphanius* vivent dans des milieux dont la température varie parfois entre 0 °C et 49 °C. Le record des hautes températures serait détenu par *Cyprinodon macularis*, qui vit dans une source d'eau chaude du nord-est de la Californie à plus de 51 °C. À l'opposé de ces poissons, certaines espèces sténothermes ne supportent pas les changements saisonniers de température et effectuent des migrations latitudinales ou verticales pour demeurer dans des eaux de température sensiblement identique. Ainsi, chaque été dans l'Atlantique oriental, le germon *Thunnus alalunga* se déplace en direction du Nord dans le Golfe de Gascogne à partir des Açores en suivant fidèlement le front thermique des eaux de surface correspondant aux isothermes 17-19 °C.

– **Salinité** : les poissons supportent des conditions de salinité très variables : ils occupent les eaux douces des fleuves et des lacs, les eaux saumâtres, les eaux marines océaniques et également les eaux sursalées de certaines mers intérieures ou de lacs désertiques. La plupart des espèces manifestent un *preferendum* halin d'habitat et de site de reproduction. Ainsi, des différences de salinité entre des masses d'eau peuvent constituer des barrières empêchant le mélange de populations aux exigences halines distinctes, comme celles des morues *Gadus morhua* dans les différents secteurs de la Baltique. En revanche, certains cyprinodontidés comme *Aphanius fasciatus* peuvent vivre dans des eaux présentant une large gamme de salinité variant de 0 à 140 ‰ (ou g/L). Dans la Vallée de la Mort en Californie, *Cyprinodon salinus* supporte une salinité de 160 ‰. Certains habitats semblent toutefois trop difficiles à conquérir : la mer Morte, à cause de sa très forte salinité (200 à 300 g/L) et de son déséquilibre ionique en faveur du potassium, de même que les parties les plus salées des marais salants. Les espèces vivant dans des conditions de salinité extrême, dans des eaux de salinité variable (espèces euryhalines des eaux saumâtres) ou encore celles occupant alternativement des eaux douces et des eaux marines (espèces diadromes) ont développé des systèmes de régulation de la concentration osmotique et ionique de leur milieu intérieur. Elles possèdent en particulier sur les lamelles branchiales des cellules à chlore qui, sous contrôle endocrinien, excrètent des ions Na^+ et Cl^-.

– **Luminosité :** les poissons perçoivent les radiations de la lumière solaire, mais également celles de la lumière lunaire, de la lumière stellaire et de la « lumière biologique » (ou bioluminescence) émise par des organismes marins. Dans les océans aux eaux particulièrement claires, la lumière (solaire et lunaire) est perceptible par les poissons jusqu'à une profondeur d'environ 1 000 mètres le jour et 500 mètres la nuit. Les radiations les plus pénétrantes sont bleues au large (de longueur d'onde λ = 470-485 nm), vertes à proximité des côtes (λ = 490-535 nm) et vert-jaune (λ = 545-565 nm) dans les eaux douces stagnantes. Les poissons des récifs coralliens vivent dans des eaux très transparentes et perçoivent des radiations de toutes les couleurs (longueur d'onde comprise entre 400 et 700 nm, soit la totalité du spectre de la lumière visible), tandis que ceux qui peuplent les eaux profondes ne reçoivent qu'une lumière monochromatique bleue (λ = 400-485 nm), les autres radiations colorées ayant été sélectivement absorbées dans la colonne d'eau. Quant aux poissons positionnés à des profondeurs supérieures à 1 000 mètres, ils ne perçoivent aucune radiation solaire, mais émettent et reçoivent des radiations bioluminescentes produites par des organes spécialisés, les photophores, dont sont pourvues diverses espèces de poissons, de crustacés, de céphalopodes... Aussi, peu d'espèces vivent dans l'obscurité absolue. C'est toutefois le cas de la majorité des 90 espèces vivant dans des grottes ou des nappes phréatiques. Notons qu'aucun poisson d'eau douce n'est bioluminescent.

– **Oxygénation** : la concentration en oxygène (O_2) dissous dans l'eau varie principalement en fonction de sa température, de son agitation (brassage), de sa salinité et de la présence de végétation. Dans l'eau douce, elle est de 14,2 mg/L à 0 °C et de 7,5 mg/L à 30 °C. Les fluctuations saisonnières et journalières de la concentration en O_2, qui sont essentiellement corrélées aux variations de température et à l'activité photosynthétique des végétaux aquatiques, peuvent être importantes et constituer un facteur limitant. Certaines espèces comme les truites et, d'une façon générale, tous les salmonidés, sont exigeantes en oxygène : elles en réclament environ 7-8 mg/L, alors que d'autres comme le poisson-chat *Ictalurus melas* se contentent de 2 mg/L. Certains cyprinodontidés des déserts nord-américains survivent dans des eaux très pauvres en oxygène (jusqu'à 0,13 mg/L). Des crises anoxiques (manque d'oxygène) ne sont pas rares dans la nature. Elles peuvent se traduire par des mortalités massives dans les populations de poissons.

– **Acidité :** chaque espèce est caractérisée par les valeurs critiques du pH minimum et du pH maximum qu'elle peut tolérer. Rares sont celles qui, tel le poisson-chien *Umbra pygmea* (umbridé), supportent des eaux acides : ce dernier survit à un pH inférieur à 5. L'acidification des eaux est parfois d'origine naturelle (volcanisme), mais elle a le plus souvent une cause anthropique (rejets industriels). Qu'elle soit ponctuelle (« épisodes acides ») ou chronique, elle pose de sérieux problèmes à la faune des poissons (ichtyofaune) des eaux douces.

– **Transparence et turbidité :** la couleur et la transparence de l'eau dépendent de la charge en particules minérales en suspension – qui est considérable en période de crue des fleuves et des rivières – et de leur nature. Elles sont également influencées par la richesse en acides humiques, la densité du phytoplancton et, parfois, du zooplancton, la nature des pigments que ces organismes renferment (chlorophylles, guanine, tanins) et la présence de rejets polluants. Une diminution de la transparence des eaux perturbe les relations visuelles entre les poissons et, en particulier, les interactions proie-prédateur ou les comportements de reproduction. En outre, elle empêche dans des proportions variables le développement de la végétation aquatique, alors que cette dernière constitue un abri et un garde-manger pour de nombreuses espèces de poissons et conditionne aussi la production d'oxygène par photosynthèse. Par ailleurs, une surcharge de l'eau en sédiments fins peut provoquer une diminution de la quantité d'oxygène dissous et un colmatage des branchies des poissons, d'où une diminution des échanges gazeux et ioniques branchiaux. C'est ainsi qu'en 1978, la vidange du barrage de Génissiat (sur le Rhône) s'est accompagnée d'une libération de 3 millions de tonnes de matières minérales et organiques en suspension. Elle a entraîné une situation presque anoxique (à Lyon, on a relevé en aval du barrage des concentrations de 1,2 mg /L d'O_2 et de 12 mg/L d'ammonium NH_4^+, molécule toxique) et s'est soldée par une mortalité massive des poissons (200 tonnes de poissons morts furent repêchées dans les 100 premiers kilomètres en aval du barrage).

– **Permanence de l'eau :** certains poissons doivent affronter l'assèchement périodique de leur milieu de vie. C'est le cas du protoptère africain

Protopterus aethiopicus ou des poissons-chats *Clarias lazera* et *C. batrachus* (clariidés) que l'on rencontre respectivement dans les fleuves et marais d'Afrique centrale et d'Asie. Ils survivent en s'enfonçant dans la boue humide, en « respirant » par leur peau l'air atmosphérique et en adoptant un état léthargique jusqu'au retour de la saison des pluies. Les cyprinodontidés dits annuels comme les « *killifishes* » *Notobranchius* sp d'Afrique et *Cynolebias* sp d'Amérique du Sud ne survivent pas eux-mêmes à la saison sèche, mais leurs œufs, qui sont déposés par les géniteurs avant leur mort dans le sédiment humide des mares, résistent à la dessication jusqu'à la saison des pluies. Quelques espèces parviennent même à vivre momentanément hors de l'eau : c'est le cas de la perche-grimpeuse et du périophthalme. Elles utilisent l'oxygène atmosphérique par leurs branchies et éliminent leurs déchets azotés sous forme d'urée (comme presque tous les animaux aériens) et non d'ammoniac hydrosoluble comme elles le font en période d'immersion.

Leur répartition géographique

L'actuelle répartition géographique des poissons résulte de la combinaison de plusieurs facteurs. Elle s'explique tout d'abord par des facteurs dits paléogéographiques : déplacement des masses continentales (« dérive des continents ») et mouvements tectoniques ayant conduit à la mise en place des chaînes de montagnes. Les reliefs ont fonctionné en qualité de barrières biogéographiques, responsables de l'individualisation des grands bassins hydrographiques (en Europe : le Danube, le Rhin et le Rhône) et de l'isolement des populations originelles. À l'inverse, l'érosion conduit parfois à la mise en relation de réseaux hydrologiques autonomes, ce qui a favorisé la dispersion des espèces.

L'évolution des faunes a aussi été considérablement influencée par les changements climatiques majeurs qui ont marqué l'ère quaternaire (de – 1,65 million d'années à nos jours), sous la forme d'alternances de glaciations et de périodes interglaciaires (facteurs paléoclimatiques). L'aire de répartition de nombreuses espèces a subi des phases successives de contraction et d'expansion, en relation avec les variations de l'extension des calottes glaciaires : en période glaciaire, elles se trouvaient cantonnées dans des aires « refuges » plus chaudes à partir desquelles elles pouvaient coloniser de nouvelles zones dès lors que les températures remontaient (période interglaciaire).

Un autre facteur affectant la répartition des poissons ne se perd pas dans la nuit des temps géologiques : il s'agit de l'action de l'homme qui, dans un passé généralement récent, s'est traduite par des remaniements faunistiques parfois considérables. Les écosystèmes aquatiques ont ainsi été fortement affectés par des interventions humaines variées. Il s'agit tout d'abord d'actions « physiques » : construction de barrages responsables d'une interruption des voies de migration des espèces dites amphibiotiques qui effectuaient des déplacements trophiques et/ou génésiques entre la mer et les eaux douces, rectification du lit ou chenalisation et endiguement des cours d'eau, creusement de canaux de navigation interocéaniques (comme le canal de Suez) ou de canaux interbassins (comme ceux aménagés entre le Rhin et le Rhône, le Rhin et le Danube, le Rhin et la Seine). L'homme est par ailleurs responsable de modifications considérables des populations de poissons par son activité de prédation (pêche excessive) et surtout de transfert d'espèces étrangères. Il s'agit, dans le dernier cas, de l'introduction volontaire ou involontaire d'espèces exotiques (comme, en Europe et en France, la truite arc-en-ciel, le *black-bass*, le silure, la perche-soleil, les carpes chinoises, la gambusie…) à des fins d'aquaculture, d'aquariophilie ou de repeuplement. Elles sont souvent responsables de la raréfaction des espèces indigènes (« natives ») avec lesquelles elles entrent en compétition pour les habitats, la nourriture et les frayères. En outre, le transfert des poissons s'est parfois accompagné de celui de leurs parasites. Un des cas les plus démonstratifs est celui du nématode *Anguillicola crassus*, ver hématophage vivant dans la vessie gazeuse de l'anguille européenne *Anguilla anguilla*. Il a été introduit en Europe lors de l'importation à des fins d'élevage d'anguilles japonaises *A. japonica*. Les effets pathogènes de cette parasitose dénommée anguillicolose sur toutes les populations d'anguilles sont considérables (anémie, dysfonctionnement de la vessie gazeuse…), au point de constituer une menace très sérieuse pour l'avenir des populations européennes. Enfin, le changement climatique actuel qui porte clairement la marque de l'homme affecte la distribution mondiale des populations de poissons. Ainsi, dans l'hémisphère Nord, on assiste depuis peu à la remontée d'espèces subtropicales dans les régions septentrionales.

Combien de temps vivent-ils ?

Il est souvent difficile de déterminer la durée de vie d'un poisson. Certes, les individus maintenus en élevage fournissent des indications de longévité, mais elles sont difficilement extrapolables à la vie sauvage. Des données issues de la « lecture » des marques de croissance que portent les écailles, les otolithes (pièces minéralisées de l'oreille interne) et les pièces osseuses, ainsi que des opérations de marquage-recapture ont montré que la longévité est très souvent corrélée à la taille spécifique, les petites espèces vivant moins longtemps que les grandes.

Parmi les espèces à faible durée de vie (brévilives), citons les épinoches *Gasterosteus aculeatus* et des cyprinodontes comme *Aphanius fasciatus* et le guppy *Poecilia reticulata*, qui vivent environ 3 ans, certaines populations de ces mêmes espèces étant même annuelles. Le gobie schindlériidé *Schindleria praematurata* qui peuple les récifs de la région Indo-Pacifique a une existence encore plus brève : 3 mois. Cela impose une maturité sexuelle très précoce, dès le stade post-larvaire. À l'inverse, certains poissons atteignent des âges respectables (espèces longévives). Citons l'esturgeon belouga de la mer Noire et de la mer Caspienne (plus de 60 ans, peut-être même 100 !), le tarpon (plus de 30 ans pour les mâles et plus de 50 ans pour les femelles), le cœlacanthe (40-50 ans), le grand requin blanc et la morue (20 ans et plus). De manière générale, d'un sexe à l'autre, la différence de durée de vie peut être importante. Ainsi, les brochets mâles vivent 10 à 15 ans et les femelles de 25 à 30 ans.

Notons que les poissons des eaux profondes ont une espérance de vie qui peut être particulièrement longue sans relation avec leur taille : 100 ans pour *Allocytus niger*, 125 ans pour *Hoplostethus atlanticus*, 130 ans pour *Alepocephalus bairdi* et jusqu'à 205 ans pour *Sebastes aleutianus* qui détient le record actuel de longévité.

Des relations privilégiées avec l'homme

Des poissons pour manger et pour soigner

Le poisson a tout d'abord joué un rôle alimentaire de première importance. Les hommes du Néolithique ont appris à le capturer dans les rivières, les lacs et les zones côtières. La pêche artisanale s'est peu à peu développée et la pêche industrielle a connu une expansion importante à partir du XIXe siècle dans des régions à vocation maritime et halieutique comme le Japon ou l'Europe nord-occidentale. Plusieurs espèces ont fait la fortune des ports de pêche et des régions littorales. Les « rois des poissons » sont, par exemple, la morue (ou cabillaud) dans l'Atlantique nord-occidental, le flétan sur les côtes de l'Alaska ou la sériole sur le littoral japonais. Sans oublier le hareng, dont la pêche en mer du Nord et en mer Baltique a assuré aux XVIIIe et XIXe siècles la prospérité des ports « harenguiers » des Pays-Bas et du Danemark. Ce poisson, véritable « blé de la mer » ou « argent de la mer » en raison de son abondance, a été à l'origine d'une industrie halieutique très prospère en Europe septentrionale. Dans les ports français de Bretagne, c'est la pêche de la morue sur les bancs de Terre-Neuve qui a assuré une activité industrielle florissante. Quant à la pêche du thon et du germon, elle a été à l'origine du développement des flottilles espagnoles et françaises dans le golfe de Gascogne et des pêcheries fixes (madragues) en mer Méditerranée. De nos jours, les navires, surtout japonais et européens, pratiquent des pêches industrielles dans tous les océans, en particulier dans l'hémisphère Sud et dans le Pacifique, où ils exploitent même les espèces profondes.

Les activités d'élevage concernent essentiellement les pays à longue tradition aquacole (Japon, Chine). L'élevage des espèces « nobles » s'est également développé, tant en eau douce qu'en mer, en Scandinavie et en Écosse (truites, saumons). Il s'est en outre étendu à des espèces typiquement marines au Japon (sérioles) et en Méditerranée, où une centaine d'écloseries ont produit, en 1999, 209 millions d'alevins de loup et 242 millions d'alevins de daurade. Actuellement, l'élevage de thons en captivité (embouche) connaît un succès qui inquiète souvent les écologistes, à cause des pollutions engendrées et des risques de surpêche.

Dans l'alimentation humaine, la place des poissons est importante. C'est en particulier le cas dans le sud-est asiatique (Japon, Chine, Ceylan, Indonésie) et en Europe du Nord où ils constituent une source privilégiée de protéines animales. Les qualités nutritionnelles de leur chair sont reconnues par les diététiciens : richesse en protéines et, surtout, en acides gras polyinsaturés de la série oméga-3, ces fameuses « bonnes graisses » qui jouent un rôle dans la prévention des maladies cardio-vasculaires. Certains élevages commencent même à produire des poissons « enrichis » en oméga-3 ! Les poissons sont aussi pourvoyeurs en minéraux (phosphore, sélénium) et en vitamines (les huiles de foie de morue et de flétan contiennent la vitamine D antirachitique). Il faut donc croire la sagesse populaire selon laquelle « *quand le hareng est dans la maison, le médecin n'y est pas* ».

La reconnaissance de vertus médicinales – qu'elles soient réelles ou non – aux poissons est d'ailleurs extrêmement ancienne : les médecins du XVIe siècle ne recommandaient-ils pas la chair de perche pour traiter la syphilis ? Certaines espèces sont encore exploitées dans la pharmacopée de quelques pays en qualité de remèdes contre les douleurs ou les morsures et en raison de propriétés aphrodisiaques supposées. C'est dans ce dernier but que sont recherchés, en Asie, les hippocampes entiers ou, sur le pourtour méditerranéen, les ovaires séchés de thons, de muges et de mérous, qui constituent la « boutargue » (ou « poutargue »).

Last but not least, les poissons nous rendent intelligents ! Leurs tissus et leurs graisses contiennent en abondance des acides gras polyinsaturés (PUFA) à longues chaînes de carbone issus des crustacés planctoniques qu'ils ont consommés, tels les copépodes et le « krill » des eaux antarctiques. Or ces molécules ont une valeur particulière pour le consommateur humain car elles participent à la synthèse des lipides cérébraux indispensables à notre santé mentale. Les effets bénéfiques de ces acides gras sont actuellement reconnus en hygiène alimentaire. Une telle « lipochimie » aurait d'ailleurs joué un rôle décisif dans l'évolution paléontologique du cerveau des hominidés. Grand merci, les poissons !

Des poissons pour les loisirs

La pêche sportive est une activité ludique ayant une importante valeur économique. En mer, la « pêche aux gros » concerne les requins, thons, espadons, marlins, barracudas, mérous… Elle est particulièrement florissante en Floride et sur les côtes d'Afrique occidentale. En eau douce, la pêche à la ligne a des millions d'adeptes dans le monde entier et la pêche à la truite, au saumon, au brochet, au black-bass ou au silure est particulièrement renommée. Le « *fish watching* », ou plongée récréative sub-aquatique, connaît un succès croissant dans les eaux transparentes des récifs coralliens en mer Rouge, dans les Caraïbes, en Polynésie… Elle contribue à l'enrichissement touristique de certains pays, mais la « chasse sous-marine » se doit d'être contrôlée afin d'éviter la destruction de certaines espèces très prisées comme les mérous. Le *« fish feeding »* ou nourrissage *in situ* (des requins surtout) doit être proscrit afin de ne pas modifier les relations naturelles proies-prédateurs.

L'aquariophilie d'eau douce est une pratique ancienne dont les origines remonteraient en Chine à l'époque de la dynastie Sung (960-1279). Elle concernait alors surtout le poisson-rouge et divers cyprinidés comme la carpe. De petits poissons des eaux américaines (tel le guppy *Poecilia reticula*, ex-*Lebistes reticulatus*, découvert par le Dr Robert John Lechmere Guppy en 1866 dans l'île de la Trinité) et, surtout, des eaux amazoniennes (tétra-néon, porte-épée ou xiphos) et asiatiques (poisson-combattant) font aujourd'hui l'objet d'élevages florissants dans le monde entier. L'aquariophilie marine s'est également développée. Elle concerne des espèces tropicales, surtout récifales (tétrodons, poissons-papillons, poissons-chirurgiens, rascasse volante). Notons que la découverte chez la méduse *Aequorea victoria* d'un gène codant une protéine fluorescente verte (*green fluorescent protein* ou GFP), qui constitue un outil de choix pour la recherche fondamentale, a eu des conséquences dans le monde de l'aquariophilie : grâce à des manipulations génétiques, ce gène a été incorporé au génome de certains poissons d'ornement (poisson-zèbre *Brachydanio rerio*, médaka japonais *Oryzias latipes*) en vue de les rendre phosphorescents. Ces individus « fluo » transgéniques, dénommés *« Glofish »*, « poissons lumineux » ou « perles de la nuit », connaissent un grand succès en aquariologie. Les OGM arrivent ainsi sur le marché de loisir grand public !

Des poissons pour apprendre

À l'exception des myxines, les différents groupes que nous avons réunis sous le terme « poisson » correspondent aux premiers vertébrés apparus sur notre planète. Tous les autres vertébrés sont issus de leur évolution. Aussi, la curiosité des ichthyologistes a été particulièrement sollicitée lors de la découverte du premier exemplaire de cœlacanthe en 1938 en Afrique du Sud : on croyait alors ce poisson disparu depuis 70 millions d'années ! Le cœlacanthe est le dernier représentant d'un groupe extrêmement ancien de vertébrés dont on connaît beaucoup d'espèces fossiles, le plus vieux datant de 380 millions d'années.

Les populations actuelles de poissons peuvent également constituer des modèles utiles à la compréhension des mécanismes évolutifs. C'est par exemple le cas de l'icthtyofaune du lac Baïkal, de celle des Grands Lacs africains (Victoria, Malawi, Tanganyika) et des lacs andins (Titicaca). Ce sont de véritables « laboratoires de l'évolution ». La faune cavernicole, ou stygofaune, présente des cas intéressants d'évolution régressive.

Certains poissons sont aussi des organismes modèles sur lesquels les chercheurs peuvent mener, au laboratoire, des expériences très variées : la truite arc-en-ciel a une valeur comparable à celle du rat blanc lors de certaines expériences de physiologie, le poisson-zèbre (ou danio) est utilisé dans les laboratoires du monde entier pour des tests d'écotoxicologie – en raison de sa sensibilité à diverses molécules toxiques à effets mutagènes, carcinogènes et tératogènes – ainsi que pour la compréhension des mécanismes génétiques contrôlant le développement embryonnaire et l'organogenèse. L'organe électrique de la torpille et celui de l'anguille électrique ont constitué des modèles pour l'électrophysiologie.

Les poissons peuvent enfin servir de « sentinelles de l'environnement » : *Piscis sanus in aqua sana* ! Par exemple, la présence de salmonidés sensibles aux polluants (« polluo-sensibles ») dans des eaux est un gage de qualité du milieu. Les poissons sont donc fort utiles pour les tests d'épidémio-surveillance des rivières, des châteaux d'eau…

Poissons et civilisations

Les poissons occupent (ou ont occupé) une place de choix dans nombre de civilisations et de cultures. Ils ont inspiré des peintres, des sculpteurs, des photographes, des musiciens (Frantz Schubert par exemple, avec son célèbre quintette *La truite*), des écrivains (Jules Verne avec *Vingt mille lieues sous les mers*, Ernest Hemingway avec *Le vieil homme et la mer…*) et des poètes. Les mosaïques romaines, la joaillerie ou les productions numismatiques et philatéliques du monde entier s'inspirent largement des poissons. L'intérêt de l'homme pour ces derniers remonte aux temps préhistoriques. Des artistes de l'époque ont ainsi représenté des poissons sur les parois de grottes comme celles de La Madeleine, en Dordogne, qui datent du Magdalénien (Paléolithique supérieur, soit entre – 14500 et – 10500 ans). Les Grecs (Homère dans *l'Iliade* et *l'Odyssée*), les Romains, les Chinois, les Incas ou les Esquimaux ont également témoigné de l'importance des poissons dans leurs civilisations, à la fois pour des raisons alimentaires et symboliques. Les Indiens d'Amérique célébraient le saumon pour sa beauté et son courage.

Le poisson, emblème baptismal des premiers chrétiens.

La symbolique du poisson s'exprimait aussi en Europe au Moyen Âge, en raison des vertus de silence, de vigilance et de santé qui lui étaient attribuées. Aujourd'hui encore, au Japon, la carpe « *koi* » est emblématique du Soleil Levant pour son courage, tandis que la carpe commune symbolise la richesse en Chine et la fécondité en Grèce. Par ailleurs, le poisson est le douzième et dernier signe zodiacal (du 19 février au 20 mars) et il est cité dans nos proverbes familiers (« Petit poisson deviendra grand », « Heureux comme un poisson dans l'eau ») ou dans des expressions populaires (« Finir en queue de poisson »).

Outre leur valeur de symboles, les poissons peuvent être associés à des pratiques religieuses. Dans les temps historiques, les Chaldéens (– 3 000 ans av. J.-C.) ont vénéré le dieu de la mer Ea représentant « le Poisson Sublime ». Divers « dieux-poissons » (la perche du Nil, le mormyre à trompe d'éléphant des eaux du Nil…) ont été vénérés par les Égyptiens, certains d'entre eux ayant été momifiés et d'autres représentés sur des sarcophages, symboles de la fécondité et de la résurrection. Dans la religion catholique, le poisson a servi d'emblème baptismal aux premiers chrétiens, évoquant la pureté vivifiante des eaux exprimée par le baptême. Selon la Bible, les poissons auraient été créés le cinquième jour. D'après certains textes, le mot « *ichthys* » serait la contraction de la phrase *« Iseos Christos Theon Uios Satar »*, signifiant « Jésus-Christ, fils de Dieu Sauveur ».

En Inde, dans la religion bouddhiste, le dieu Vichnou est symbolisé par un poisson. Le poisson-cocher ou *Moorish Idol* (idole des Maures) est encore aujourd'hui sacré en mer Rouge, sa forme de croissant correspondant au symbole de la religion musulmane. La vénération des poissons a malheureusement été insuffisante pour les préserver des innombrables agressions d'origine anthropique dont ils ont été les victimes : ils ont été trop souvent les vertébrés les plus « persécutés » par l'homme. Et ils le sont encore aujourd'hui.

L'avenir des poissons

Les poissons ont appris à résister à l'impact de la prédation parfois considérable exercée par de nombreux organismes aquatiques dits « piscivores » ou « ichthyophages », qu'il s'agisse de mammifères (phoques, otaries, orques et loutres), d'oiseaux (aigles et autres rapaces, cormorans, mouettes, hérons, martin-pêcheurs), de crocodiles, de serpents marins ou d'eau douce. Mais depuis quelques siècles, et plus particulièrement aujourd'hui, ils doivent affronter leur « pire ennemi » : l'homme !

Les principales menaces qui pèsent sur la plupart des espèces sont :

– la surpêche : la capture des espèces commerciales de la pêche industrielle (morue, sardine du Pacifique, requins…), à raison de 9 à 10 millions de tonnes par an, ainsi que celle des espèces de la pêche sportive (marlins, espadons, requins…) et des espèces d'aquariophilie (hippocampes…) sont parfois jugées excessives. Certaines pratiques comme la pêche à l'explosif et au cyanure sont très destructrices pour l'ichtyofaune. Des quotas de pêche sont donc justifiés et des mesures de protection s'imposent ;

– la dégradation des milieux de vie comme les herbiers littoraux ou les plaines d'inondation fluviale, suite à une altération de la qualité de l'eau (pollutions) ;

– la détérioration des frayères, en particulier celles des salmonidés (truites, saumons…) par colmatage des interstices entre les graviers ou extraction de ce matériau ;

– la suppression des voies de migration par la construction de barrages estuariens ou fluviaux qui interdisent la remontée des poissons migrateurs diadromes (saumons, truites de mer, aloses, esturgeons, lamproies marines) vers les frayères situées en amont des cours d'eau ;

– les modifications climatiques : le réchauffement en cours se traduira par une augmentation de la température moyenne de l'atmosphère allant d'environ 2 °C à plus de 6 °C suivant les estimations. Il ne peut manquer de provoquer des changements notables dans les ichtyofaunes mondiales, tant dans les eaux douces que marines. S'y ajoute un réchauffement local des eaux résultant de rejets d'effluents chauds d'origine industrielle ;

– l'intoxication par des substances toxiques : de nombreuses molécules chimiques (ammoniac, pesticides, métaux lourds, PCB…) sont responsables de lésions organiques (branchie, foie, rein…) et de perturbations physiologiques parfois mortelles. Diverses pollutions créent également des déséquilibres dans les chaînes alimentaires et induisent des crises dites dystrophiques ;

– l'introduction d'espèces exotiques concurrentes : des changements faunistiques involontaires (creusement de canaux, transport par des eaux de ballast) ou volontaires (alevinages pour la pêche sportive, élevage, aquariophilie) provoquent des effets nuisibles, avec affaiblissement des stocks de certaines espèces indigènes au profit de colonisateurs. Par exemple, le brochet européen est menacé par l'arrivée du *black-bass* américain ou du silure danubien, et les tilapias des Grands Lacs africains sont soumis à la prédation par la perche du Nil. En France, 35 espèces ont été introduites durant la période historique, la plupart au cours du XXe siècle. Elles proviennent d'Amérique du Nord (51 %), d'Europe centrale et orientale (34 %) et d'Asie (3 %).

Toutes ces menaces s'additionnent souvent les unes aux autres et se traduisent par un risque de disparition des espèces les plus vulnérables, en particulier celles de grand intérêt halieutique comme les esturgeons (l'esturgeon européen en Gironde). Parmi elles, plusieurs sont inscrites dans le *Livre rouge des espèces menacées* (par exemple, la truite marbrée de Slovénie ou le mérou brun des côtes françaises de Méditerranée). La création de réserves naturelles interdites à la pêche commerciale et même récréative tend à limiter (ou à seulement retarder ?) le déclin de certaines d'entre elles. Quoi qu'il en soit, la défense du patrimoine ichtyologique naturel est jugée prioritaire en de nombreux pays.

C'est un échantillon de ce patrimoine que nous vous proposons de découvrir dans les chapitres suivants, grâce à une « promenade aquatique » au cours de laquelle nous décrirons quelques scènes de la vie intime des poissons et nous découvrirons l'ingéniosité des stratégies développées par ces animaux pour accomplir des actes fondamentaux dans leur vie quotidienne : communiquer, s'alimenter, se protéger et se reproduire.

CHAPITRE 2

Communiquer

Les comportements des poissons impliquent des interactions permanentes avec le milieu, avec des proies, des congénères, des concurrents d'autres espèces ou des prédateurs. Elles justifient la mise en jeu d'un système complexe de communication fondé sur des signaux variés suivant les espèces et les situations : signaux visuels, auditifs, chimiques – l'eau étant un vecteur d'informations à valeur olfactive et gustative – tactiles et parfois électriques. Les modalités de cette communication sont également extrêmement diversifiées et conditionnent des comportements souvent originaux, entrant dans des stratégies parfois particulièrement complexes et subtiles. L'émission, la propagation et la réception de signaux par les poissons constituent des éléments-clés régissant les relations intraspécifiques (regroupement en bancs, attraction des géniteurs) et interspécifiques (relations proies-prédateurs et hôtes-parasites, commensalisme, symbiose).

La capture de la nourriture, tout comme la recherche et l'accès à un partenaire sexuel ou la protection contre les prédateurs (antiprédation) reposent sur l'inné, donc sur des bases génétiques communes à tous les représentants de l'espèce, mais elles nécessitent souvent que les individus acquièrent des connaissances par le jeu des « échecs-succès ». Ces processus impliquent une part d'expérience individuelle et un apprentissage social acquis par copiage au contact de congénères agissant en qualité de démonstrateurs. Les comportements d'antiprédation reposent d'abord sur une crainte innée à support visuel ou auditif de n'importe quel poisson, puis ces poissons-proies, d'abord « naïfs », apprennent à reconnaître l'odeur d'un prédateur spécifique, les stimuli chimiques étant mémorisés après un premier contact. L'importance d'un apprentissage social est démontrée par les poissons d'élevage, en particulier ceux produits en écloserie puis libérés dans le milieu naturel à des fins de repeuplement. Leur inexpérience dans les stratégies de capture des proies et leur naïveté vis-à-vis des prédateurs se traduisent par de fortes mortalités dans les premières semaines qui suivent leur lâcher dans des environnements nouveaux pour eux, plus changeants et dangereux que ceux dans lesquels ils ont préalablement été élevés.

De manière générale, la rencontre de deux poissons, congénères ou d'espèces différentes, repose sur la mise en jeu de stratégies de communication destinées à déterminer leur dangerosité potentielle (ami ou ennemi ?), leur position trophique (proie ou prédateur ?), de leur sexe (mâle ou femelle ?), leur familiarité (inconnu ou déjà rencontré ?), leur caractère familial (étranger ou de la famille ?) ou leur statut social (dominant ou subordonné ?). Les réponses qu'un individu peut apporter à de telles questions conditionnent sa survie face à ses trois priorités vitales que sont la protection (« je fuis ou je le fais fuir ? »), l'alimentation (« je l'attaque et je le mange ? ») et la reproduction (« je le courtise et je m'accouple ? »). En outre, se connaître et se reconnaître constitue la condition même d'une vie

Communication exploratoire entre deux poissons lors de leur première rencontre. Elle doit permettre à chacun des deux protagonistes de déterminer la dangerosité potentielle, la position trophique, le sexe, la familiarité ou encore le statut social du poisson qu'il rencontre.

relativement harmonieuse au sein de populations où l'on rencontre des cas d'organisation sociale et de coopération mutuelle, bien que le comportement habituel repose souvent sur des confrontations plus ou moins agressives.

Nous allons donner dans ce chapitre quelques exemples particulièrement démonstratifs des stratégies de communication mises en œuvre par les poissons lorsqu'il s'agit de retrouver les siens, d'afficher son statut social ou ses dispositions – bonnes ou mauvaises – de séduire un partenaire sexuel ou encore d'éviter un prédateur.

Retrouver sa famille ou son chemin

Les poissons ne naviguent pas au hasard. Leur répartition n'est pas non plus aléatoire. Nombre d'entre eux sont de « grands sentimentaux » très attachés à leur terre et à leur famille d'origine. Comment peuvent-ils retrouver leur lieu de naissance et rejoindre les membres de leur famille après avoir, par exemple, parcouru des milliers de kilomètres en haute mer ?

Retrouver à l'odeur la rivière de sa naissance

Nous nous intéresserons ici aux poissons migrateurs que sont les **saumons atlantiques** *Salmo salar* et les **saumons pacifiques** *Oncorhynchus* sp. Lorsque l'heure est venue de se reproduire, ces poissons rejoignent les frayères qui les ont vus naître et se caractérisent par un étonnant comportement de retour depuis l'océan, où ils ont passé une bonne partie de leur vie, vers leur rivière d'origine. Un tel comportement implique leur odorat et donc la reconnaissance de certains signaux olfactifs. La fidélité à un site s'explique par une mémorisation à long terme de certaines de ses caractéristiques hydrologiques : température, hydrodynamisme et surtout « odeur de l'eau ». Il faudrait d'ailleurs plutôt parler de « bouquets d'odeurs » émis par des substances minérales dissoutes, des acides humiques contenus dans le lit des cours d'eau et des acides aminés provenant de proies potentielles. Les saumons reconnaissent également par voie olfactive les phéromones émises en amont de la rivière où ils sont nés par les membres de leur population et ceux de leur propre famille. Il s'agit d'émanations chimiques provenant de substances présentes dans le mucus sécrété par la peau, dans l'urine et dans les matières fécales. Elles contiennent des composés puissamment odorants à très faible concentration (acides biliaires et leurs dérivés) qui serviraient de marqueurs des cours d'eau. Toutes ces odeurs sont spécifiques à la fois d'une population donnée et d'une rivière déterminée. Elles seraient enregistrées et mémorisées à un stade précoce (alevin) puis surtout au cours des stades juvéniles (tacons ou *parrs*, *smolts*). Les saumons sont ainsi marqués par une véritable empreinte chimique qui conditionne leur « retour à la maison » (« *homing* »).

La reconnaissance chimique de leur habitat originel par ces maîtres du « taste-eau » assure le maintien de la structure de chaque population. Elle permet en effet aux géniteurs d'une même population de saumons de se trouver réunis dans un même réseau hydrographique, dans une même rivière et sur une même aire de ponte, ce qui favorise un certain isolement géographique garant d'une relative originalité de chacune des populations. Plus tard, lorsque sonne l'heure du départ vers l'océan, les jeunes saumons (*smolts*) se regroupent de préférence avec leurs frères et sœurs pour effectuer leur descente vers l'aval et rejoindre l'océan. Ce comportement implique une reconnaissance olfactive des odeurs produites par les individus qui leur sont apparentés. Bien que reposant sur une base génétique, il n'est observé que si les jeunes ont été « imprégnés » par ces odeurs au contact des leurs.

Retour vers les lieux de son enfance. Des saumons atlantiques perçoivent les « odeurs » qu'ils ont mémorisées lors de leur enfance et qui les guident vers les frayères où ils sont nés.

La faculté de mémorisation de certaines odeurs par les saumons a été mise au service d'un procédé de fermage marin qui consiste à imprégner de jeunes saumons avec une substance chimique (la morpholine) diluée dans l'eau des bassins d'élevage avant de les libérer pour qu'ils gagnent les eaux marines dans lesquelles ils vont se nourrir, grandir et grossir. On espère ainsi les voir revenir quelques années plus tard, attirés par les eaux de la rivière contenant cette morpholine qu'ils savent bien reconnaître par voie olfactive. Il ne restera plus alors qu'à les capturer.

Notons qu'une telle fidélité aux frayères de ses ancêtres n'est pas l'apanage des seuls saumons. Des comportements comparables se rencontrent chez d'autres poissons migrateurs comme les **truites de mer**, les **aloses**, les **esturgeons** et les **lamproies marines** qui, tous, utilisent leur mémoire des odeurs pour se guider vers les lieux où ils sont nés, *a priori* les plus favorables au développement de leur descendance.

Rejoindre en plein océan un atoll peuplé de congénères grâce aux odeurs et aux bruits

Les larves de nombreuses espèces récifales, comme les **poissons-demoiselles** *Dascyllus aruanus*, nagent et dérivent en plein océan (elles font partie du plancton). Pour survivre, elles doivent nécessairement rejoindre les récifs coralliens et le lagon d'un atoll afin de s'y installer. Transparentes ou translucides, d'une taille de l'ordre du centimètre, elles utilisent des signaux olfactifs et auditifs pour se guider.

Comment repérer la présence d'un récif en plein océan ? Comment savoir vers quel lagon se diriger ? Le processus d'orientation reposerait sur la détection de certains signaux chimiques caractéristiques d'un milieu récifal bien précis : les larves reconnaissent l'« odeur du récif ». Cette dernière dépendrait de la présence de substances chimiques qui pourraient être contenues dans des sécrétions (mucilages) produites par les coraux d'un certain type de récif. De plus, les larves s'installent toujours sur les récifs où résident déjà leurs congénères. Pourquoi ? Elles reconnaissent, de même que les saumons, les phéromones spécifiques dont elles ont été imprégnées au stade embryon pendant l'incubation des œufs sur le récif, avant qu'elles ne soient entraînées par les courants vers le large. Marquées par cette empreinte chimique qu'elles ont mémorisée, les larves peuvent donc « retourner à la maison » à l'issue d'un séjour océanique durant lequel elles se sont nourries de microproies du plancton.

Ce retour permet de maintenir, à travers les générations successives, des populations spécifiques toutes issues d'un même récif corallien et qui entretiennent ainsi leurs particularismes géographiques en refusant de « se mondialiser ».

D'autres signaux sont également utilisés. Par exemple, l'orientation des larves du **poisson-demoiselle** *Chromis atripectoralis* en direction des récifs sur lesquels elles cherchent à s'installer repose également sur la réception de signaux sonores (d'une fréquence allant de 0,4 à 4 kHz) émis dans l'environnement marin. Ceux-ci présentent l'avantage de se propager sur des distances assez considérables. Ils se révèlent particulièrement utiles à la navigation nocturne des larves car les sons nocturnes ont une plus grande intensité que les sons diurnes (ils ont été perçus en mer à l'aide d'hydrophones à des dizaines de kilomètres de distance). Aptitude remarquable : les larves, « à l'écoute » des bruits ambiants, sont capables de différencier les sons artificiels et sans signification biologique (comme ceux produits par des turbines ou des navires) des sons naturels provenant des récifs coralliens. Car les récifs sont particulièrement bruyants ! Ils ne représentent absolument pas le monde du silence imaginé par certains... Ils bruissent de tous les sons émis – de jour et surtout de nuit – par les innombrables invertébrés et poissons qui les peuplent : crépitement des crevettes, grognements, gargouillements et bruits secs des poissons-grogneurs... Ces bruits biologiques correspondent parfois à l'activité de véritables chorales d'êtres vivants. Associés à des signaux olfactifs et gustatifs, ils permettent d'orienter la navigation des larves en direction des sites favorables à leur installation où, de génération en génération, prospèrent leurs populations. Le sens d'un respect immuable des traditions est solidement implanté chez ces poissons.

Retrouver sa famille à l'odeur

Si l'on place un **omble-chevalier** *Salvelinus alpinus* dans un fluvarium, c'est-à-dire un bassin qui reçoit plusieurs veines d'eau provenant d'autres bassins contenant des ombles de différentes populations, on constate qu'il se dirige préférentiellement vers les eaux du bassin où se trouvent des poissons de sa propre famille. Les ombles sont en effet capables de discriminer les odeurs émises par des individus de la même famille qu'eux de celles provenant d'ombles non apparentés. Une telle reconnaissance de parenté – un véritable esprit de famille en quelque sorte – résulte d'une imprégnation olfactive du jeune omble durant ses stades juvéniles par des phéromones contenues dans l'urine et les fèces de ses parents. Ces substances de nature protéique favorisent leur reconnaissance mutuelle.

On observe ainsi de fortes relations sociales parmi les ombles apparentés. Elles permettent en particulier d'éviter les agressions entre individus – coûteuses en énergie – et de favoriser le regroupement en banc. Tout cela est possible grâce à la reconnaissance de parenté qui conforte les liens familiaux et communautaires. Voilà qui contraste avec l'agressivité et la forte compétition pour l'accès à la nourriture que l'on observe entre groupes de poissons n'appartenant pas à la même famille. De plus, cet esprit de famille crée des conditions favorables en termes de survie (fuite plus rapide en cas d'attaque par un prédateur), de prise alimentaire (accroissement des opportunités de capture de proies) et de croissance des populations. Vivre en famille grâce à des messages chimiques pacificateurs est facteur d'harmonie et d'entraide entre les ombles. Ne faut-il pas regretter que de nombreuses autres sociétés animales, et surtout la société humaine, n'aient pas su s'inspirer du modèle de l'omble-chevalier ?

Enfin, la reconnaissance des membres de sa famille oriente le choix des partenaires sexuels et permet d'éviter des croisements consanguins entre parents, frères et sœurs, cousins… De tels comportements réduisent les risques de naissance d'individus affectés de défauts congénitaux et permettent de maintenir une assez grande diversité génétique dans la descendance. Ils ont également été reconnus chez d'autres espèces, en particulier les **épinoches** *Gasterosteus aculeatus*, chez lesquelles l'assortiment entre congénères repose sur la reconnaissance d'une certaine identité chimique. De même que chez les ombles-chevaliers, cette empreinte chimique est mise à profit lors de la vie sociale. L'organisation sociale des populations implique donc de savoir d'un individu « qui il est » et « d'où il vient », afin de décider s'il est fréquentable et si on peut s'accoupler avec lui.

Dominants et subordonnés

Dans de nombreuses populations de poissons, une hiérarchie sociale tend généralement à s'établir entre les individus. Certains, les plus grands et les plus forts, se comportent en dominants et font régner leur loi, défendant avec plus ou moins d'agressivité leur territoire d'alimentation ou de reproduction.

Leurs congénères plus petits et plus faibles subissent un stress social de la part de ces dominants et montrent des signes de soumission : ils sont dominés, donc subordonnés. Bien que susceptible d'être constamment remise en question, une telle hiérarchie présente l'avantage de réduire les conflits liés à la compétition permanente pour l'accès à la nourriture, aux abris ou aux partenaires sexuels – dans ce dernier cas, il s'agit généralement de l'accès des femelles aux mâles ! Un surcroît d'agressions – comme les attaques bouche à bouche ou flanc à flanc, qui conduisent généralement à la fuite du vaincu – est ainsi évité, et avec lui, les blessures et les dépenses énergétiques qui peuvent être gravement préjudiciables à la croissance des poissons, pour les vainqueurs comme pour les vaincus.

L'établissement et le respect d'une hiérarchie entre dominants et subordonnés se révèlent donc source de rapports pacifiés entre les poissons, ce dont ils profitent tous pour s'alimenter et parfois pour se reproduire. Un certain confort social, où chacun occupe son rang et sait reconnaître son statut et celui des autres, se révèle donc tout à fait avantageux pour la population. Cet « ordre social établi » est régi par un véritable code social qui repose sur l'émission et l'identification de signaux de nature variée : visuelle, olfactive, gustative, auditive, tactile et parfois électrique. Nous proposons ici de découvrir des exemples d'utilisation de signaux visuels et olfactifs.

Quand l'habit fait le moine

La perception de signaux visuels constitue un moyen de communication rapide tout à fait essentiel pour les espèces qui vivent dans des milieux où pénètrent les radiations lumineuses. Un poisson peut ainsi exprimer clairement son rang social et ses « motivations » grâce à des changements de livrée. Ces derniers, parfois très rapides, sont liés à des modifications de distribution des pigments colorés contenus dans certaines cellules de la peau – les mélanophores et les iridophores – sous l'influence de stimulations nerveuses et hormonales. Des changements de pigmentation affectent également parfois les yeux. De tels signaux visuels peuvent être immédiatement perçus par des congénères et, comme le montrent les histoires qui suivent, ils permettent d'établir entre eux et sans retard des relations à finalité sociale : regroupement en banc, interactions agressives dans la défense d'un territoire, activité de cour entre partenaires sexuels, soins parentaux donnés aux pontes ou défense du frai contre les prédateurs.

C'est ainsi que l'appréciation de la couleur, claire ou sombre de la livrée et des yeux – iris et sclérotique (« blanc de l'œil ») – peut fournir une information sur le rang social du poisson. Chez les **tilapias** *Oreochromis niloticus*, cichlidés du Nil, une hiérarchie sociale se met en place à la suite de confrontations qui induisent des rapports de dominant à subordonné associés à de tels changements de couleur. Les individus subordonnés acquièrent des yeux et une livrée sombres, tandis que les individus dominants conservent des yeux et une livrée pâles. L'explication de ces modifications de couleur est connue : l'assombrissement est imputable à la sécrétion de substances dénommées catécholamines (sérotonine et norépinéphrine) par le cerveau des individus dominés et stressés, qui induit dans leur peau l'étalement d'un pigment noir : la mélanine. Morale de cette histoire : chez les tilapias, il n'est point besoin d'un uniforme voyant pour affirmer publiquement son rang, il suffit de se regarder les yeux dans les yeux.

Chez les juvéniles de **saumons atlantiques** *Salmo salar*, les individus dominants ont également des yeux pâles. La couleur de leur sclérotique est relativement stable par comparaison avec celle, sombre et changeante, des individus subordonnés. Ces modifications de couleur s'installent en réponse aux relations sociales qui se sont établies entre les individus. Elles constituent des signaux qui conditionnent, entre autres, les séquences comportementales permettant aux mâles en situation de compétition sexuelle de se positionner dans une hiérarchie sociale. Un mâle dominant évite ainsi que son territoire de reproduction ne soit trop contesté par des rivaux qui lui sont hiérarchiquement inférieurs. Certes, ces mâles de rang inférieur (nommés satellites et *sneakers*) cherchent à « voler des fécondations » par des entrées rapides et furtives dans le territoire des dominants, mais avertis par la couleur de leurs yeux, ils évitent tout affrontement direct avec eux, dont ils ne pourraient que sortir vaincus ou blessés. Des changements rapides de la couleur des yeux des uns et des autres (éclaircissement ou assombrissement) peuvent cependant se produire et témoigner d'une remise en cause occasionnelle de l'ordre établi. Le statut de dominant est parfois fragile et précaire.

Chez certaines espèces de poissons, les différents statuts sociaux sont codés par des jeux de couleur plus importants que de simples variations entre le clair et le sombre. Ainsi, les femelles de **cichlidés** africains comme *Haplochromis burtoni* (lac Tanganyika) présentent des colorations ternes considérées comme cryptiques, alors que les mâles dits territoriaux possèdent des séries de livrées bleues ou jaunes avec des bandes et des taches noires ainsi que des nageoires à ponctuations jaune-orangé. Ces couleurs changent en période de reproduction et les mâles, lorsqu'ils courtisent les femelles, adoptent des livrées brillantes avec des points rouges sur la queue, des taches latérales orange, des lèvres bleues et un menton noir. En exhibant un tel « habit de prestige », ils affirment leur supériorité physique et psychique, tant vis-à-vis des autres mâles – qui sont dissuadés de se montrer agressifs à leur égard – que des femelles – qui choisissent préférentiellement comme partenaires sexuels les plus brillants d'entre eux.

Autre exemple, le **mérou brun** de Méditerranée et des côtes atlantiques *Epinephelus marginatus* dispose d'une assez grande variété de patrons de couleurs qu'il modifie en fonction du milieu dans lequel il évolue et des situations qu'il rencontre. Sur les substrats durs et les aplombs rocheux qui constituent son habitat, sa livrée, à finalité de camouflage, est faite de mouchetures blanches sur un fond brun-rouge dont les tonalités changent rapidement en fonction des contrastes de couleur de son environnement, d'où sa dénomination de « caméléon des mers ». Ces changements de couleur révèlent également des variations relatives à ses interactions sociales et traduisent ses diverses « motivations » : patrouille, agressivité, soumission, reproduction… Ainsi, grâce à ce langage des couleurs, un « habit professionnel » permet à chaque individu d'informer l'ensemble de ses congénères de son statut social et de certaines de ses intentions. Une fois encore, un tel code social facilite les rencontres amoureuses et évite d'inutiles contestations de territoire et les agressions qui leur sont associées.

Le statut social des congénères reconnu grâce à leurs odeurs

Les **tilapias** *Oreochromis niloticus* ne se contentent pas de regarder leurs congénères droit dans les yeux pour jauger leur statut social. Ils utilisent également des signaux chimiques destinés à maintenir la hiérarchie sociale entre individus dominants et subordonnés, qui impliquent des substances que nous avons déjà rencontrées, les phéromones. De telles « odeurs » émises par les poissons sont contenues dans leur mucus cutané ou leur urine et sont mémorisées par leurs congénères. Se connaître et se reconnaître favorise la stabilité de la hiérarchie, ce qui évite de continuelles confrontations entre les poissons à chacune de leurs multiples rencontres.

Des signaux olfactifs de reconnaissance jouent un rôle pacificateur important chez bien d'autres espèces de poissons. Ainsi, les **poissons-chats** américains du genre *Ictalurus* font appel à un langage chimique particulièrement élaboré et sophistiqué pour établir, au sein de chaque population, des relations sociales entre partenaires des deux sexes, entre parents et jeunes ou encore entre individus en compétition pour la nourriture et la reproduction. Bien souvent, une telle communication chimique est utilisée lorsqu'il s'agit de défendre un territoire utilisé comme aire d'alimentation ou comme site de ponte. De même que chez les tilapias, l'agressivité des dominants à l'encontre des dominés induit chez les poissons-chats un stress qui provoque généralement l'apparition d'une livrée sombre synonyme de soumission. Cependant, lorsque la visibilité est mauvaise, un individu dominé, mal informé du fait de l'impossibilité de percevoir des signaux visuels, peut s'introduire dans le territoire occupé par un individu dominant. Dans ce cas, le statut du maître des lieux est annoncé par des phéromones émises par sa peau et destinées à être perçues par le système olfactif des congénères afin de les informer de son autorité. Grâce à ces signaux chimiques, il indique à l'intrus qu'il ne doit pas rester dans son territoire : « Circulez, il n'y a rien à espérer ici car je suis le plus fort ! » Cette communication chimique présente donc un grand intérêt dans des eaux turbides qui ne permettent pas de communication visuelle. Elle suppose que les poissons possèdent un sens de l'odorat remarquablement développé. Si l'odeur ne suffit pas, l'individu dominant, désireux de se faire respecter, procède alors à des mouvements d'encerclement et de chasse, à des pincements, des tremblements et des morsures qui remettent chacun à sa place. Il convient de bien respecter la raison du plus fort !

Clamer haut et fort ses dispositions agressives

Dans certaines sociétés de poissons, chaque individu, surtout s'il est dominant, tend à faire connaître ses dispositions, bonnes ou mauvaises, en « donnant de la voix », afin que ses congénères n'aient aucun doute sur sa volonté de rester maître chez lui et évitent de venir lui chercher querelle. Pour un poisson, il est donc important de savoir rester à l'écoute de ses proches. Clamer sa force pour éviter d'avoir à s'en servir est un autre principe de base des stratégies destinées à éviter que n'éclatent des conflits.

Grogner pour assurer la défense de son territoire

En certaines circonstances, la compétition pour la nourriture peut être sévère et justifier qu'un individu défende âprement son territoire alimentaire (ou territoire trophique). La majorité des poissons recourt alors à des combats afin de protéger son garde-manger. Cependant, il est plus économique du point de vue énergétique de dissuader ses concurrents avant d'en arriver à une situation conflictuelle. Montrer sa force en grondant constitue une tactique raisonnable et avantageuse… surtout qu'il est possible de gronder tout en continuant à s'alimenter, la production de sons étant le plus souvent anatomiquement indépendante de la cavité bucco-pharyngée.

L'émission de grognements est courante chez les **grondins** des zones côtières, également appelés « poissons-grogneurs ». Elle est même bien connue des pêcheurs depuis l'époque d'Aristote. Ainsi, chez *Trigloporus lastiviza*, la nourriture est composée de petits crustacés et de petits mollusques vivant posés sur le fond ou enfouis dans le sédiment. Ce grondin détecte ses proies à l'aide des rayons libres de ses nageoires pectorales, riches en cellules sensorielles olfactives et gustatives. Lorsqu'il s'alimente et se trouve en compétition avec ses congénères, il utilise un moyen de dissuasion sonore : l'émission de grognements selon des séquences répétitives pouvant durer jusqu'à 3 secondes. Un tel tambourinage provient de contractions rapides de muscles dits soniques qui produisent une vibration rythmique (200 Hz à 5 kHz) de la vessie gazeuse. Les différentes espèces de grondins ne possèdent pas le même répertoire. Ainsi, chez *Eutrigla gurnardus*, il consiste en trois catégories de sons : des coups (« *knocks* »), des grognements et des grondements émis à des fréquences de l'ordre de 500 Hz sous forme d'impulsions répétitives pendant des durées de 12 à 264 millisecondes. La nature faisant bien les choses, les fréquences produites par un individu sont justement celles qui sont perçues par les organes auditifs de ses congénères de la même espèce. Tous ces dispositifs sonores ont une valeur d'avertissement dissuasif : « Attention, je ne suis pas disposé à me laisser prendre ma nourriture ! » Le grondin n'est pas partageur.

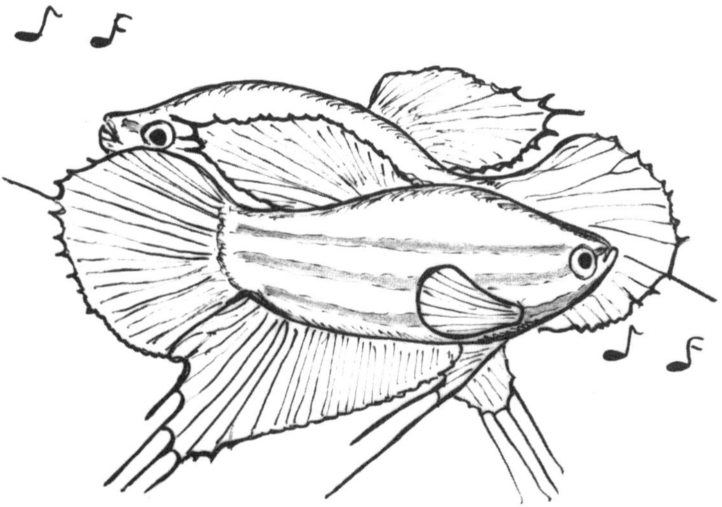

Un concours de chant. Deux mâles de gouramis asiatiques sont en compétition pour un territoire. Grâce à l'émission de signaux vocaux, chacun cherche à effaroucher son rival et à l'inciter à se retirer.

La victoire en chantant

Dirigeons-nous maintenant vers la Thaïlande et l'Indonésie où le mâle du **gourami** *Trichopsis vittatus* se montre agressif en période de reproduction, en particulier lorsqu'il défend le nid de ponte qu'il surveille. Il attaque tout rival qui pénètre dans son territoire, mais avant d'en arriver là, il utilise des signaux auditifs et optiques pour tenter d'écarter l'intrus. Il procède à des mouvements de nage en cercle, de tête-à-queue et à des parades. Au cours de ces dernières, il déploie puis agite rapidement ses nageoires pectorales et il étale ses nageoires impaires (dorsale, caudale et anale), ce qui accroît son volume corporel et le fait paraître bien plus menaçant et plus dangereux qu'il ne l'est en réalité. Ces manifestations visuelles de dissuasion, que l'on rencontre également chez des oiseaux (paons, dindons…) et des mammifères (félins en particulier), sont accompagnées de l'émission de signaux vocaux sous forme de grognements. L'opposant adopte d'ailleurs le même arsenal dissuasif tant visuel que vocal. Si l'intrus n'est pas convaincu par ces chants guerriers qu'il est prudent pour lui de se retirer, le maître des lieux a alors recours à des morsures qui sont généralement très dissuasives.

L'art de la séduction

Quand il s'agit de se reproduire, les poissons font bien souvent preuve d'une ingéniosité étonnante pour retenir l'attention de leurs congénères de sexe opposé. Les mâles doivent séduire les femelles et les femelles se faire choisir par leur prince charmant. Les stratégies déployées dans ce but reposent sur une communication « sociale » impliquant de multiples signaux. Ces derniers sont destinés à assurer la rencontre des partenaires puis à favoriser ensuite les échanges qui conduisent à l'émission des produits sexuels (les gamètes). Tout se passe comme si les uns et les autres étaient fermement décidés à tout mettre en œuvre pour parvenir à leurs fins : assurer la réussite de l'accouplement et le succès de la descendance qui en résultera. Nous allons entamer ici une revue, sans prétention d'exhaustivité, de « l'art de la séduction » chez les poissons, que nous poursuivrons au chapitre 5.

L'odeur et la saveur des « bons » partenaires sexuels

Le milieu aquatique est propice à la dissolution et à la dispersion des molécules véhiculant une information chimique. Cette propriété se révèle particulièrement importante dans des biotopes sombres, dans des eaux turbides ou encore durant la nuit, quand la perception des signaux visuels est limitée ou impossible. Les mâles sont alors attirés par les odeurs des femelles avec lesquelles ils cherchent à s'accoupler, ces dernières étant également sensibles aux signaux chimiques homologues produits par les mâles. La reconnaissance est en fait double, de nature à la fois olfactive et gustative. Elle implique, en plus des cellules sensorielles des sacs olfactifs (du nez), les très nombreux bourgeons du goût présents dans la peau ainsi que dans la muqueuse de la bouche et du pharynx, tous constitués de cellules qualifiées de chémoréceptrices.

Prenons l'exemple des **saumons**. Outre les messages chimiques qui guident les géniteurs des deux sexes de cette espèce – comme de bien d'autres d'ailleurs – vers les frayères qui les ont vus naître, d'autres messages de même nature (impliquant des signaux olfactifs) sont responsables de l'attractivité des sexes opposés. Les mâles sont sensibles à des signaux chimiques émis par les femelles sur le point d'ovuler. Ces composés, les prostaglandines d'origine ovarienne, agissent en tant que phéromones et exercent un effet attractif sur ceux d'entre eux qui sont prêts à émettre leur sperme. Ces messagers chimiques ont également une fonction de barrière : ils permettent d'éviter de « mauvaises rencontres » avec des espèces étrangères, interdisant certaines hybridations qui seraient stériles ou contre-productives. Inversement, ils favorisent les croisements entre géniteurs génétiquement proches, dont les caractères de bonne adaptation à un milieu donné peuvent ainsi être maintenus de générations en génération. Les mâles ne sont pas en reste : ils émettent également, lorsqu'ils sont mûrs, un stéroïde élaboré par les testicules qui, stimulant les femelles, les prépare à l'accouplement. Ces messages olfactifs qu'échangent les géniteurs de saumons sur les frayères ont toutefois des effets pervers. Ils sont également perçus par d'autres espèces (truites, ombres…) qui, ainsi averties de la ponte des saumons, se positionnent en aval des frayères et peuvent alors se régaler des œufs éventuellement entraînés par le courant.

Ce système de communication peut également être mis à profit par l'homme. Ainsi, les mâles du **poisson-chat** américain *Ictalurus punctatus* sont très sensibles aux stéroïdes sexuels produits par les femelles, ce qui leur permet en quelque sorte de flairer la « bonne odeur » de celles qui sont prêtes à ovuler. Les pêcheurs du Mississippi, au courant de l'affaire, disposent des femelles mûres dans des nasses immergées dans le fleuve. Ils capturent ainsi les nombreux mâles qui ont été attirés au cours de la nuit et ont succombé, pour leur plus grand malheur, aux charmes odoriférants de leurs partenaires sexuelles.

Chez le **gobie** européen *Neogobius melanostomus*, des molécules de stéroïdes produites par des glandes associées à l'appareil génital des mâles à maturité sexuelle sont captées par les cellules sensorielles de l'épithélium olfactif des femelles mûres. Ces dernières sont alors attirées et leur ponte est stimulée. Compte tenu du type d'habitat de ces poissons et de l'isolement relatif des mâles – qui occupent des cavités sombres puisque leurs nids sont disposés dans des crevasses rocheuses – une communication chimique de ce type ne peut que faciliter la rencontre des géniteurs et la réussite des accouplements. Le succès des mâles est d'ailleurs complet, puisque d'assez nombreuses femelles (jusqu'à quinze) succombent à leurs senteurs amoureuses et visitent chaque nid pour y déposer à tour de rôle une partie de leur ponte. Après avoir fécondé ces œufs, il ne reste plus au mâle qu'à garder et à protéger la précieuse descendance.

Le cas de l'**épinoche** *Gasterosteus aculeatus* est des plus intéressants. En effet, la femelle de cette espèce se montre très sélective quant au choix de son partenaire sexuel. Outre la discrimination de caractères qu'elle détecte avec ses yeux (taille, couleur), son choix repose sur des critères olfactifs. Elle est capable de discriminer l'odeur de mâles ayant construit des nids de ponte de ceux qui n'en possèdent pas. Pour la femelle, ce choix est crucial : elle se doit de trouver un bon père, constructeur d'un bon nid prêt à accueillir sa dulcinée et les œufs qui résulteront de leur idylle ! Un mâle non-bâtisseur ne peut pas faire l'affaire. Comment parvient-elle donc à détecter le « bon nidificateur » ? Lors de l'édification du nid, le rein du mâle sécrète une substance gluante appelée spiggine, qui s'accumule dans sa vessie urinaire et lui permet de coller les débris végétaux servant de matériau de construction. Les femelles détectent cette molécule grâce à leurs organes olfactifs. Le choix de partenaire sexuel qui en résulte leur permet d'optimiser les chances de survie de leur descendance. Soulignons que ces dames se servent également d'un autre critère pour évaluer la qualité du mâle « à choisir préférentiellement » : la brillance de la couleur rouge de sa livrée qui constitue un signe de bonne santé et un témoignage de vaillance.

Les quelques exemples que nous venons de citer suffisent à nous convaincre que la qualité des messages chimiques et la durée de leur persistance dans l'eau conditionnent grandement le succès de la reproduction des nombreuses espèces (salmonidés, cyprinidés…) qui utilisent pour se reproduire des systèmes de communication de ce type.

Des séducteurs hauts en couleur

Chez les poissons, la cour est fréquemment associée à une parade. Ce type de comportement, généralement ritualisé, a pour fonction d'assurer la coordination fonctionnelle, psychologique et physiologique des géniteurs des deux sexes lors de leur accouplement et, en particulier, l'émission synchrone de leurs gamètes. Il relève surtout de la perception visuelle de mouvements déployés par les mâles : exhibition de parties du corps les plus vivement colorées (signaux chromatiques), déploiement des nageoires, nage circulaire, frétillements, tremblements… Les femelles, fines observatrices, y sont très sensibles.

Concernant les signaux chromatiques, le fait de posséder certaines couleurs dominantes (le jaune, le rouge et le noir surtout) répondrait au besoin qu'ont les mâles de « se signaler » au regard des femelles en période de reproduction. Ainsi, le mâle du **labre** méditerranéen *Symphodus ocellatus* possède, durant cette période, un patron de couleur caractéristique, avec une tache colorée (ou ocelle) bordée de rouge particulièrement visible sur son opercule latéral. Ce signal très voyant et facilement perçu par les congénères joue un rôle-clé : séduites par ce spectaculaire insigne coloré, les femelles sont attirées vers le nid de ponte du mâle ainsi paré. De la qualité de cette démonstration-exhibition dépend l'acceptation de l'accouplement par la femelle et le succès de la reproduction du couple.

Chez un autre labridé, *Thalassoma duperreyi* – qui vit à Hawaï – les relations entre les mâles et les femelles se compliquent en raison de l'existence de mâles dits primaires ou initiaux et de mâles secondaires. Une telle différenciation repose sur la taille et sur des nuances de livrées : les premiers possèdent une tête bleue, un corps gris-vert avec une bande rouge sur le tronc, les seconds, de plus grande taille, se caractérisent par un corps vert-sombre avec une bande blanche supplémentaire. De tels signaux visuels permettent une communication sociale entre les individus au moment de la reproduction : les femelles cherchent à s'accoupler avec les mâles secondaires, qui sont dominants, tandis qu'elles fuient et même pourchassent les mâles primaires qui disposent pourtant d'un important stock de spermatozoïdes. Sans doute n'ont-ils pas une livrée assez séduisante et attractive.

Des séducteurs qui brillent même dans le noir

Vivre dans le noir n'empêche pas certains poissons de se manifester par des signaux visuels auprès de partenaires sexuels. Il en est ainsi chez certaines espèces des grandes profondeurs. Ces étranges créatures aux comportements insolites, désignés sous le terme de poissons-lanternes, se trouvent uniquement dans des zones océaniques non accessibles à la lumière solaire. Ils possèdent des organes dits photo-luminescents ou bioluminescents, également qualifiés de photophores, qui émettent des flashes brillants visibles pour certaines espèces jusqu'à une dizaine de mètres. Ces organes sont plus ou moins dispersés, le plus souvent alignés sur les faces latérales et ventrales du corps, comme chez les **stomioidés** et **chauliodontidés**, ou regroupés à l'extrémité d'un rayon spécialisé, l'illicium, comme chez le **gigantactinidé** *Gigantactis* sp. Ces photophores représentent parfois jusqu'à 12 % de la surface corporelle.

Les mécanismes qui permettent à ces véritables lucioles marines de produire de la lumière reposent soit sur l'activité de bactéries, soit sur celle de cellules propres au poisson, les photocytes. Dans tous les cas, la lumière est produite au cours d'une réaction chimique impliquant une enzyme de type oxygénase, la luciférase, qui agit sur une molécule-substrat, la luciférine (du latin *lucifer*, qui apporte la lumière), dont l'oxydation par l'oxygène en oxyluciférine génère des photons. De l'énergie chimique est ainsi dissipée sous forme de lumière, avec un rendement bien supérieur à celui observé dans nos ampoules où l'énergie électrique est convertie pour une bonne partie en chaleur. Une telle lumière biologique (ou « vivante ») est associée à l'émission de signaux lumineux très spécialisés – radiations bleues de courte longueur d'onde ($\lambda = 450\text{-}500$ nm) et également parfois radiations infrarouges ($\lambda > 700$ nm) – qui constituent un véritable langage des ténèbres.

Clignoter en bleu ou en rouge favorise les interactions avec les congénères dans le « grand noir éternel » des abysses. En particulier, cela rend possibles les rencontres entre partenaires des deux sexes, une entreprise des plus hasardeuses en pleine obscurité. L'émission de photons est souvent quantitativement plus importante chez les mâles que chez les femelles, d'où l'établissement d'un dialogue bioluminescent entre les sexes qui rend possibles les accouplements. Prenons un exemple. Chez les **poissons-haches** *Sternoptyx* sp et *Argyropelecus* sp (sternoptychidés), les individus sont très dispersés. La puissance des flashes et la sensibilité visuelle des individus de sexe opposé ont donc une importance considérable dans les rapprochements sexuels. Ainsi, on a calculé que si la lumière émise par un mâle peut être perçue par une femelle jusqu'à une distance de quatre mètres, il y a une forte probabilité de rencontre en un jour. Si les flashes « masculins » ne sont visibles qu'à un mètre à la ronde, il faut patienter dix jours pour espérer trouver l'âme sœur. Et si la portée des éclairs lumineux ne dépasse pas 50 centimètres, le mâle risque de devoir attendre 40 jours. En général, un flash de lumière bleue émis par ces poissons abyssaux est visible dans l'obscurité à une distance de quelques dizaines de mètres et des flashes plus brillants pourraient même être perçus à 150 mètres. Comme l'indique le petit calcul précédent, et compte tenu de leur vitesse de déplacement, cette portée de quelques dizaines de mètres paraît largement suffisante pour repérer un partenaire sexuel. La rencontre de l'âme sœur est difficile et il ne faut surtout pas risquer de manquer cet événement rare ! Cependant, tous les poissons vivant dans des milieux obscurs n'ont pas la chance d'avoir des lanternes à leur disposition. Aucun poisson d'eau douce, même ceux qui fréquentent le fond des grands lacs ou les cavernes, n'en possède.

Reconnaître les siens par leur chant
et ne pas se tromper de partenaire

Rendons-nous en Afrique et, plus précisément, au Mozambique. Dans le lac Malawi, cohabitent entre 450 et 650 espèces de cichlidés. Or elles sont très proches les unes des autres par leur livrée. Au moment de la reproduction, comment les femelles font-elles pour retrouver les mâles de leur espèce ? Des signaux très précis leur permettent d'éviter toute mésalliance et de favoriser les « bonnes rencontres », chacun devant retrouver sa chacune. Il s'agit de critères de discrimination visuels (portant sur la livrée), olfactifs (fondés sur la détection de phéromones) et auditifs. Tendons l'oreille. Les femelles de **mbunas** *Pseudotropheus zebra* et *P. callainos* doivent avoir l'ouïe fine : elles reconnaissent les « bons mâles » en écoutant les signaux acoustiques caractéristiques qu'ils émettent pendant qu'ils leur font la cour. Ainsi, les mâles de *P. callainos* produisent des signaux dont la fréquence est plus haute et la pulsation de plus grande durée que ceux émis par les mâles de *P. zebra*. Ne pas écouter les mélodies d'amour chantées par les mâles d'une espèce autre que la sienne, c'est-à-dire percevoir des signaux sonores spécifiques, permet aux mbunas de préserver les caractères originaux de leur espèce car les accouplements interspécifiques – qui sont ainsi évités – pourraient produire des « hybrides ».

Autre avantage d'un tel système de communication : chez une espèce donnée, l'intensité des signaux émis est d'autant plus élevée que la taille du mâle est grande, de sorte que les femelles peuvent discriminer, parmi les mâles de leur propre espèce, les plus grands individus. Il semble qu'elles considèrent ces derniers comme les meilleurs géniteurs possibles. Il faut savoir faire « le bon choix ».

Compter fleurette à sa belle et pousser la chansonnette

Pour tenter de séduire celles qu'ils courtisent, les poissons mâles ont plus d'un tour dans leur sac. Ils peuvent exhiber des couleurs flamboyantes, clignoter de tous leurs feux, se parfumer… mais ils savent également appeler leur belle. Nous allons découvrir comment.

Les **mormyres** tels *Gnathonemus* sp et *Pollimyrus* sp (mormyridés), qui vivent dans les eaux turbides et sombres des mares ou des étangs africains, possèdent un système social de communication fondé sur la production de sons. Il s'agit de cliquetis d'intensité et de durée variables ainsi que de séquences de gémissements-grognements-grondements d'une intensité de 130 décibels et dont la fréquence varie de 250 à 500 Hz. Ce sont les muscles soniques dits « de tambourinage » qui sont responsables de ces émissions. Ils sont cinq fois plus développés chez les mâles que chez les femelles en période de reproduction. Aussi, seuls les mâles produisent des sons lorsqu'ils courtisent ces dames, révélant alors une indéniable richesse d'expression vocale. Les femelles ont une ouïe très fine (sensibilité de 100 Hz à 1 kHz) car elles possèdent des bulles tympaniques développées, sortes de caisses de résonance qui servent à renforcer la détection des sons de moyenne et de haute fréquence, ce qui correspond justement aux fréquences des « vocalisations » émises par les mâles lors du comportement de cour. Elles sont considérées comme des « spécialistes de l'audition » et sont très sensibles à ces sérénades, véritables appels amoureux auxquels elles finissent par succomber. De tels grognements amoureux sont parfois fatals aux couples qui se forment car ils attirent l'attention des prédateurs. Leurs bruyants chants d'amour causent leur perte alors qu'il serait prudent de rester discrets.

Le comportement des mormyres ne représente pas un cas isolé. De nombreuses espèces de poissons appartenant à des familles variées (pomacentridés, labridés, triglidés, haemulidés, cichlidés, callichthyidés, batrachoididés…) sont capables de produire des sons, qu'ils proviennent d'individus isolés ou de groupes (chœurs ou chorales). D'une espèce à l'autre, voire même d'un sexe à l'autre au sein d'une espèce, chaque mélodie est spécifique et se distingue par la fréquence de répétition des signaux sonores (de 1 à 40 signaux par séquence), la durée de leur émission (de 10 millisecondes à plusieurs secondes), leur fréquence (250 à 1 200 Hz), leur intensité (jusqu'à 35 dB) et leur composition spectrale (bruit sec, trompette, tambour, râle, sifflement, gémissement, claquement…). Certaines espèces sont douées de réels véritables talents vocaux qui s'expriment particulièrement lors de la période de reproduction, associés à des comportements plus ou moins spécifiques. De tels sons biologiques ont d'ailleurs été à l'origine de la légende des sirènes de la mythologie grecque. Ainsi, chez les **poissons-crapauds** du genre *Opsanus* (batrachoididés), les individus des deux sexes émettent des grognements et, lors de la « saison des amours », les mâles produisent des sifflements (fréquence de 130 à 220 Hz avec des pics à 800 Hz) qui sont destinés à attirer les femelles. Celles-ci apprécient de se faire siffler par leurs prétendants ! Autre exemple : chez un autre poisson-crapaud, *Porichthys notatus*, on distingue deux types de mâles aux aptitudes vocales différentes : les grands mâles poussent un long et langoureux soupir (« *hum* »), qui peut durer 15 minutes, alors que les petits mâles n'émettent, comme les femelles, que de brefs grognements d'une durée de 150 à 200 millisecondes. Ainsi, seuls les grands géniteurs mâles possèdent un « bel organe » susceptible de plaire à leurs partenaires. Les mâles des **tilapias** africains tels qu'*Oreochromis mossambicus* (cichlidés) émettent également des sons lorsqu'ils courtisent des femelles. Des stridulations de 40 et 350 Hz, produites par le grincement de grains de sable entre leurs dents pharyngées et amplifiées par leur vessie gazeuse, sont destinées à signaler à leurs compagnes qu'ils sont « fin prêts » pour assurer la fécondation des œufs : « Attention, je vais éjaculer… » Quant aux mâles des **poissons-chats** tropicaux du genre *Corydoras* (callichthyidés), ils disposent d'une sorte d'instrument de musique : en frottant le bord d'une épine de leur nageoire pectorale striée contre la paroi de leur corps, ils produisent, en période de reproduction, une très large gamme de stridulations (fréquences entre 600 et 8000 Hz) qui ont valeur de mélodies d'amour puisque les femelles se précipitent à leur rencontre.

Entre mâles et femelles, le courant passe

Le **poisson électrique** *Apteronotus leptorhynchus* vit dans des milieux sombres et turbides de la forêt amazonienne où les signaux visuels sont inefficaces. Il utilise un « sixième sens » pour communiquer, mettant à profit sa capacité à émettre et détecter des courants électriques. Ce mode de communication est particulièrement important au moment de la reproduction, mâles et femelles dialoguant par des échanges de signaux de cette nature. Les courants électriques produits par ces poissons présentent un dimorphisme sexuel : la fréquence des signaux émis par les femelles se situe entre 600 et 800 Hz et celle des signaux provenant des mâles entre 800 et 1 000 Hz. Ces « messages électriques » facilitent l'attraction et le regroupement des poissons des deux sexes, ceux émis par les mâles correspondant à un comportement de cour en vue d'un accouplement, tandis que les femelles répondent favorablement à cette sollicitation lorsqu'elles sont prêtes à pondre. Mais s'il y a bien de l'électricité dans l'eau préalablement aux ébats amoureux, l'accouplement, lui, ne fait pas d'étincelles !

De même, le **gymnotidé** *Sternopygus macrurus* produit des signaux électriques qui diffèrent entre mâles et femelles par leur amplitude, leur fréquence et leur durée d'émission. Ainsi, le mâle émet un signal de 50-90 Hz et la femelle un signal de 100-150 Hz. Dans le cas où un brouillage des signaux est possible en raison d'interférences avec ceux émis par des congénères voisins, le gymnotidé *Eigenmannia* sp est même capable de modifier la fréquence de ses émissions de façon à individualiser son message : une différence de fréquence de 10 à 15 Hz entre les signaux de plusieurs individus est suffisante pour assurer à chacun d'eux une sorte de personnalisation du message électrique. « Moi, c'est moi et lui, c'est lui… ! »

Des étreintes érotiques

Les poissons ne se contentent pas de se regarder, de se sentir, de s'écouter ou de s'électriser « amoureusement ». Ils ont aussi recours à des contacts épidermiques destinés à renforcer leurs ardeurs amoureuses. Le sens tactile est en effet bien développé chez de nombreuses espèces. Ainsi, le **gourami embrasseur** *Helostoma temmincki* (hélostomatidé), qui vit en Indonésie, est célèbre chez les aquariophiles : ils apprécient les échanges de « baisers » que pratiquent couramment ces poissons dont la bouche est protractile (extensible et capable de se projeter vers l'avant), ce qui facilite les manifestations de tendresse et les effusions « bouche-à-bouche ». Ces échanges jouent un rôle important lors de la reproduction en prélude à l'accouplement (comportement de cour) et au cours de ce dernier. De tels contacts sont d'ailleurs jugés déterminants pour le succès reproducteur des couples.

Les contacts épidermiques n'impliquent pas seulement la bouche. Les tubercules nuptiaux qui sont développés sur la tête et le corps des **cyprinidés** pourraient constituer le lieu privilégié de contact entre les deux partenaires et être impliqués dans leur rapprochement physique intime au moment de la ponte. De même, les **ombres** *Thymallus thymallus* et les **loches de rivière** *Cobitis taenia* se touchent, se serrent étroitement l'un contre l'autre, s'enlacent et s'étreignent longuement, de façon à favoriser l'émission synchrone de leurs gamètes. Certains poissons poussent encore plus loin leurs « démonstrations érotiques ». Ainsi, le mâle du **tilapia** du Mozambique *Oreochromis mossambicus* reconnaît sa future partenaire en touchant sa papille génitale et l'éjaculation du mâle d'*Haplochromis* sp, un autre cichlidé, est déclenchée par le contact buccal de la femelle avec sa nageoire anale. Quelle inventivité pour célébrer le dieu Éros ! Et encore, il nous reste beaucoup à étudier afin de mieux connaître le « kama-sutra » des poissons.

Échapper aux prédateurs

Les interactions entre une proie et son prédateur naturel sont très élaborées au sein des diverses familles de poissons. Rester vigilant et se défendre constitue une condition essentielle de survie des espèces qui représentent des proies potentielles. Ces dernières apprennent à communiquer face au danger. Plusieurs tactiques ont été développées par les poissons pour éviter d'être mangés et, parfois, même sans déployer de stratégie particulière, ils parviennent à se soustraire aux pièges tendus par les plus rusés de leurs prédateurs. Voyons donc comment.

Émettre des signaux de détresse chimiques

Les prédateurs n'ont pas toujours partie gagnée face à de petits poissons bien avertis ! En effet, avant même que la proie ne soit ingurgitée par son ennemi juré, sa peau peut émettre des phéromones d'alarme en direction de ses congénères. Car la seule réaction de frayeur résultant de la rencontre avec le prédateur peut suffire à induire une émission de tels messages chimiques. Par exemple, chez les cyprinidés, la phéromone d'alarme est sécrétée à la simple vue du prédateur selon une réaction d'abord innée. Ce signal chimique – l'oxyde d'hypoxanthine – diffuse rapidement dans l'eau. Perçu par les membres de la famille, il leur permet de se mettre rapidement à l'abri. Il a été calculé que deux microgrammes de cette substance dilués dans un bassin de 35 litres d'eau sont suffisants pour provoquer un comportement de peur communicative et de fuite collective. La réaction de sécrétion du message d'alarme fait également l'objet d'un apprentissage, qui permet de l' « affiner » afin de l'adapter au mieux aux diverses situations. Fort de l'expérience acquise au contact d'un prédateur, le poisson-proie peut ainsi présenter une réponse de « stress » atténuée et qui varie en fonction du degré de dangerosité de celui-ci. Il a été démontré que de jeunes poissons « naïfs », comme des juvéniles de **gardons** *Rutilus rutilus* qui ne possèdent aucune expérience antérieure de rencontre avec un brochet, réagissent plus fortement que ceux plus expérimentés : ils produisent davantage de phéromone d'alarme, ce qui est coûteux pour leur métabolisme. Ils parviennent ultérieurement, avec l'expérience, à « doser » l'émission du signal de danger de façon à éviter un gaspillage d'énergie au moment même où ils doivent investir le maximum de celle-ci pour leur croissance. Avec le temps, la quantité de substances d'alarme produite par les proies devient proportionnelle à leur vulnérabilité potentielle, qui diminue avec l'âge : être grand vous rend moins facilement ingérable et consommable. Parallèlement à ses progrès dans le contrôle de l'émission des signaux d'alarme, le jeune poisson apprend aussi à identifier les signaux émis par ses congénères et même également parfois par des individus d'autres espèces.

Ainsi, savoir bien apprécier la dangerosité d'un prédateur et la gravité d'un danger potentiel, puis mettre en œuvre une réponse graduelle et proportionnée – ne pas mésestimer le risque, mais ne pas le surestimer et amplifier inutilement la réponse – s'acquiert par un apprentissage progressif. Ce temps « pour apprendre » caractérise « l'adolescence » du poisson qui, au contact de ses congénères expérimentés agissant comme des démonstrateurs, abandonne peu à peu son comportement originellement naïf. Riche de ce « vécu antiprédateur », le poisson expérimenté, qui a bénéficié d'une précieuse information sociale, est capable de mieux adapter son comportement de protection dans un environnement périlleux peuplé de multiples prédateurs, afin de préserver sa propre intégrité physique sans pour autant renoncer à satisfaire ses autres activités vitales essentielles : se nourrir et se reproduire.

Si, malgré tout, le poisson est attaqué, victime d'une morsure, de l'oxyde d'hypoxanthine est immédiatement libéré par les cellules épidermiques lésées. Chez les petits cyprinidés comme le **vairon** *Phoxinus phoxinus*, il a été montré que cette phéromone d'alarme agit comme une « molécule-déclic ». Elle est réceptionnée par voie olfactive par les individus de la même espèce qui sont ainsi informés de l'existence d'un danger et ce, même après une très forte dilution du message et à une distance assez considérable de sa source d'émission (on a constaté que 1 cm^2 de la peau lésée d'un cyprinidé suffit à générer un signal dans 58 000 litres d'eau, soit dans un cube de 3,9 mètres de côté). Les congénères ainsi avertis adoptent des comportements appropriés : changement de couleur, fuite et protection dans des refuges, regroupement dans des bancs, arrêt de la recherche de nourriture, accroissement de la vigilance, inspection ou intimidation du prédateur... Ils peuvent être transmis de proche en proche et décryptés par d'autres poissons, y compris par des espèces appartenant à des familles différentes de celles des cyprinidés. Cependant, plus proche est la distance phylogénétique entre deux espèces, plus fort est le signal de communication entre elles et plus rapide est l'apprentissage. La communication chimique est, par exemple, meilleure entre deux cyprinidés – la carpe et le gardon – qu'entre un cyprinidé et un siluridé – le gardon et le poisson-chat. Ces substances d'alarme ne profitent d'ailleurs pas seulement aux poissons-proies – congénères cyprinidés, mais aussi salmonidés, percidés, centrarchidés, gobiidés, cottidés... – puisque divers autres prédateurs, petits malins, peuvent en tirer avantage. Avertis par la présence de ces substances de l'existence d'un « bon coup », ils se précipitent à leur tour sur la malheureuse proie, décidés à venir se mêler au festin du brochet.

Les morts au secours des vivants

Un poisson piscivore peut présenter la particularité d'être marqué par des substances dites « d'alarme » provenant de la peau des proies qu'il a ingérées. Ces dernières trahissent ses mauvaises intentions, de sorte que des espèces-proies à l'odorat exercé en sont rapidement informées et savent donc quels risques elles encourent. Ainsi, un prédateur tel le brochet *Esox lucius* consomme généralement des petits cyprinidés (ablettes, gardons, carpillons...) qui produisent de tels messagers chimiques. Ces substances, contenues dans ses déjections fécales, peuvent le dénoncer, ses proies étant capables de les identifier par voie olfactive. Si elles peuvent ainsi connaître le régime alimentaire du brochet, elles sont également capables de différencier un prédateur à jeun d'un autre qui est rassasié de poissons. Des études réalisées avec un petit cyprinidé américain, la **tête de boule** *Pimephales promelas*, ont montré que la détection de ces phéromones d'alarme induit chez lui un comportement d'évitement et une réaction de frayeur qui peut se communiquer à ses congénères situés dans le voisinage.

La reconnaissance par une proie potentielle des signaux émis malgré lui par le prédateur résulte d'un apprentissage acquis progressivement au cours de la première année de vie. On a en effet constaté que les juvéniles ne réagissaient pas de la même manière que leurs aînés aux phéromones d'alarme : ils ont besoin d'acquérir avec le temps une certaine expérience. La détection olfactive du danger peut cependant parfois être innée. Ainsi, la larve du **poisson-paradis** *Macropodus opercularis* (macropodidé) des eaux d'Amérique centrale possède la capacité de discriminer des signaux chimiques provenant de son prédateur naturel, le poisson *Channa striata*, ce qui provoque chez elle un mouvement de fuite. En revanche, les signaux émis par une espèce européenne de poisson tel qu'un inoffensif carassin *Carassius carassius* la laissent complètement indifférente. Une larve avertie en vaut deux.

Grâce à ce mode de communication chimique, la relation proie-prédateur ne tourne donc pas systématiquement au détriment du plus faible et en faveur du plus fort, même si, finalement, ce dernier finit très souvent par l'emporter. La raison du fort est toujours la meilleure… chez les poissons aussi.

Alerte aux prédateurs par des cris de détresse !

Prévenir ses congénères de l'imminence d'un danger constitue une priorité vitale justifiant que tous les moyens de communication les plus rapides possibles soient utilisés. Outre les messages chimiques, l'émission de messages sonores constitue un mode de communication qui répond parfaitement à cette exigence. Savoir se faire entendre par le plus grand nombre consiste à « crier très fort ». Ainsi, des signaux d'alarme et de détresse saccadés (dits en staccato) sont émis dans les récifs par le **poisson-écureuil** *Holocentrus rufus* en présence de prédateurs telle la murène *Gymnothorax* sp. Ces « cris » servent à prévenir les congénères de l'existence d'un danger de prédation de façon à ce que tous adoptent un comportement antiprédateur adapté aux circonstances. Ils sont particulièrement utiles durant la nuit, lorsque des signaux de communication visuels ne peuvent pas être mis en œuvre. L'écoute de ces messages sonores est importante pour tous, alors que règne sur le récif une certaine cacophonie due aux bruits physiques (déferlement des vagues, de la houle…) et biologiques (présence de nombreuses espèces productrices de sons) de ce faux monde du silence. Les poissons doivent donc constamment rester à l'écoute de leurs congénères et savoir interpréter tous les sons. Il y va de leur survie.

Être à l'écoute des prédateurs

Pour éviter d'être mangés, les poissons doivent également savoir écouter leurs prédateurs. Donnons un exemple démonstratif avec les **aloses** du genre *Alosa* et divers autres **clupéidés**, dont les prédateurs naturels sont les cétacés piscivores. Ces poissons utilisent un système perfectionné de détection et d'alerte collective. Ils possèdent une sensibilité auditive très étendue (jusqu'à 180 kHz) qui leur permet de détecter les ultrasons émis par les cétacés. Ils sont en particulier sensibles aux signaux (« *clicks* ») produits par les dauphins, même à des distances supérieures à 100 mètres. Une telle alerte aux dauphins n'est cependant pas toujours suffisante car ces derniers nagent très vite, ce qui leur laisse bien peu de temps pour organiser une défense antiprédation efficace (nage en banc, plongée...). D'autres espèces, comme les **morues** *Gadus morhua* et les **harengs du Pacifique** *Clupea pallasii*, sont également très sensibles aux ondes émises par les « sonars » de leurs prédateurs. Ces derniers évitent d'ailleurs de se faire entendre (ils font « silence radio ») lorsqu'ils organisent leurs chasses. Entendre sans être entendu est une règle d'or dans le monde sous-marin.

Ne pas se faire remarquer

Une autre stratégie de défense antiprédateur généralement adoptée par les poissons-proies consiste à se regrouper et à former un banc le plus homogène possible. Ils passent ainsi individuellement inaperçus en se fondant « dans la foule ». Le regroupement en banc est considéré comme un comportement social primaire. Il fait appel à un système élaboré de communication entre les membres qui le composent. Deux types d'informations – visuelles, perçues par les yeux, et mécaniques (comme les ondes induites par le déplacement et la nage), enregistrées par la ligne latérale et céphalique – assurent le maintien de sa cohésion. En effet, la distance d'un poisson par rapport à son plus proche voisin à l'intérieur du banc (qui peut être constitué de centaines ou de milliers d'individus) dépend d'un savant équilibre entre des forces d'attraction à support visuel et des forces de répulsion qui dépendent de la ligne latérale. La vision est le sens le plus important pour le maintien de la cohésion du banc : elle conditionne le respect d'une distance minimale entre les individus. Le regroupement des poissons en banc exige donc un certain niveau d'illumination. C'est pourquoi les bancs se forment généralement au lever du jour et se dissocient au crépuscule, respectivement au-delà et en deçà d'un seuil d'intensité lumineuse propre à chaque espèce. Conséquence : ce comportement grégaire dépend aussi des conditions astronomiques et météorologiques, la présence de nuages et un temps couvert pouvant perturber les regroupements et accroître la vulnérabilité des poissons-proies. Les prédateurs ne s'y trompent pas, eux dont l'activité est souvent maximale à l'aube et au crépuscule, au moment où leurs proies sont donc les plus vulnérables.

Les poissons ne s'unissent pas les uns aux autres au hasard, mais respectent des règles dans le choix de leurs compagnons de banc. Tout d'abord, des messages chimiques (phéromones) jouent un rôle important dans la reconnaissance des poissons lors de l'initiation de la formation du banc. En outre, ils s'unissent préférentiellement à des partenaires qui leur ressemblent le plus possible, tant par la taille que par la couleur. Ainsi, certaines livrées sombres ou comportant des bandes noires ou brunes sont adoptées par les représentants de différentes espèces de **poissons-perroquets** participant à un même banc. Ces bandes colorées, qui sont donc communes à tous les individus de la même espèce mais également à ceux des autres espèces de poissons participant au banc, permettent de masquer l'identité individuelle de chacun au sein du groupe. Dans un banc constitué de poissons de même taille et possédant une même livrée, un prédateur pourra difficilement « cibler » un individu particulier lors de son attaque. Une telle incertitude peut même le dissuader de passer à l'offensive. Malheur à tout individu « original » ou « bizarre » qui devient plus aisément identifiable par le prédateur ! Il ne fait pas bon se singulariser si l'on désire vivre longtemps. Dans le même registre, une certaine familiarité conditionne aussi le regroupement entre les **guppies** *Poecilia reticulata*, qui manifestent de nettes préférences d'association avec des congénères après une dizaine de jours de vie commune. Vivre avec des voisins « connus » paraît bien préférable aux risques encourus par la fréquentation d'individus « étrangers ». La peur de l'autre existe aussi chez les poissons…

Vivre en symbiose avec une autre espèce

Le **gobie** *Cryptocentrus caeruleopunctatus* trouve abri dans le terrier d'une crevette aveugle (*Alpheus djiboutensis*). Un contact tactile unit ces deux « compagnons de symbiose ». Le poisson joue le rôle de « chien de garde » du terrier qu'il partage avec la crevette. Celui-ci a été creusé par son associée qui, lorsqu'il n'y a pas de danger, rejette hors du terrier le sédiment sableux afin d'améliorer leur habitat commun. Cet « ange gardien » signale à sa « colocataire » toute menace imminente venant de l'extérieur par une agitation de son corps et des sursauts qui servent de signaux d'alerte, après quoi il se retire promptement dans le terrier. La crevette reste toujours en contact étroit avec le poisson « vigile » par l'intermédiaire de ses longues antennes sensorielles. Ce couple « crevette-poisson » constitue un bel exemple de symbiose puisque leur association est à bénéfices réciproques : la crevette reçoit une protection contre les prédateurs et le poisson profite de la nourriture déterrée par la crevette (petits vers et petits crustacés vivant enfouis dans le sédiment).

Les multiples facettes de la communication

Les relations des poissons avec leurs congénères sont généralement « multisensorielles » : la plupart des espèces font appel conjointement à plusieurs sens pour communiquer. Ainsi, dans bien des situations de vie, le **mormyridé** africain *Gnathonemus petersii* peut utiliser sa vision, sa capacité à percevoir des signaux chimiques, des vibrations acoustiques ou des signaux électriques. Le mode de communication utilisé est fonction des conditions environnementales et en particulier de l'éclairement. De telles « combinaisons sensorielles » sont flexibles et permettent constamment de maintenir un dialogue entre congénères, quelles que soient les conditions ambiantes. La permanence de ces communications est essentielle et vitale puisqu'elle conditionne la recherche de nourriture, la protection contre les prédateurs et le rapprochement des partenaires sexuels qui doivent assurer, coûte que coûte, la pérennité des populations et celle de l'espèce.

Il est intéressant de noter que, d'une façon générale, les espèces vivant dans un habitat « structuré » et « tridimensionnel », comme des rochers avec des crevasses, des tunnels, des grottes ou des récifs coralliens possèdent un cerveau plus développé que les espèces vivant dans un habitat monotone et « bidimensionnel » tel que la surface d'un substrat sédimentaire sableux ou vaseux. Les besoins de communiquer et les sollicitations psychosensorielles sont en effet plus importants dans les habitats complexes et les modes de communication utilisés réclament la mise en œuvre de comportements plus élaborés. Ce n'est donc pas un hasard si des familles que nous avons rencontrées à bien des reprises dans ce chapitre – comme celles des pomacanthidés, des balistidés, des labridés, des scaridés ou des blenniidés, qui habitent les récifs coralliens – ont développé des stratégies permettant de fortes interactions entre individus et ont adopté de subtils comportements sociaux impliqués dans la défense d'un territoire, la sélection sexuelle ou la protection des pontes et des juvéniles.

CHAPITRE 3

S'alimenter

Pour les poissons comme pour tous les êtres vivants, il est primordial de se nourrir : il faut manger pour vivre. Lorsqu'ils sont en quête de nourriture, les poissons mettent en éveil tous leurs sens : ils sont capables de détecter leurs proies grâce à des signaux olfactifs, gustatifs, visuels, mécaniques ou électriques. Quels types d'aliments recherchent-ils ainsi ? Nous allons découvrir que la nécessité de répondre à la sensation de faim les a amenés à s'intéresser à des ressources alimentaires très variées et à tirer le meilleur parti des ressources trophiques disponibles dans leur environnement aquatique, qu'il soit immédiat ou lointain, et même hors de l'eau. Pour cela, ils ont développé des trésors d'ingéniosité. Les poissons doivent également s'adapter aux contraintes liées à la concurrence entre les individus et entre les espèces. Nous aurons l'occasion de constater à maintes reprises que, pour nombre d'espèces et de populations, la vie est souvent un combat permanent pour l'accès à la nourriture, tant la compétition est vive et même souvent féroce. Sans compter que tout en recherchant et en consommant leur nourriture, les poissons doivent généralement faire face à la menace de prédateurs.

Le régime alimentaire des poissons est des plus variés. On distingue classiquement les herbivores, les carnivores et les omnivores. Mais au sein de chacune de ces catégories, on trouve toute une gamme de régimes spécialisés. Il y a les détritivores (consommateurs de détritus organiques), les piscivores (mangeurs de poissons), les invertivores (mangeurs d'invertébrés), les molluscophages (mangeurs de mollusques), les carcinophages (mangeurs de crustacés)… Quelques « spécialités » sont même extrêmement pointues : certaines espèces se nourrissent de la partie vivante des coraux (corallivores), d'autres des tissus et du sang des poissons qu'ils parasitent (hématophages). Remarquons que la capture de proies animales vivantes impose aux carnivores des comportements de chasse souvent très élaborés. Les relations entre les prédateurs et leurs cibles sont généralement complexes. En effet, les proies ne demeurent pas des victimes passives mais sont capables de développer des comportements d'antiprédation qui rendent nécessaires la mise en place de stratégies efficaces par le prédateur. Tout se passe comme si le fait de manger de la viande exigeait d'être intelligent (ou rendait intelligent ?).

Nous allons découvrir les différentes stratégies de prise de nourriture élaborées par les poissons : gobage en surface ou en pleine eau, broutage, raclage, fouissage, chasse à l'affût, chasse en pleine eau… Nous verrons que la prise de chaque type de proies réclame une série de mouvements de repérage, de reconnaissance, d'approche, de capture, de manipulation buccale et de déglutition qui impliquent les systèmes sensoriels ainsi que les organes moteurs propres à chaque famille et à chaque espèce. En outre, les poissons savent bien souvent adapter leurs stratégies alimentaires aux spécificités d'une situation donnée (nombre de compétiteurs et de prédateurs, température, luminosité, salinité de l'eau…). En toutes circonstances, l'une de leurs préoccupations majeures est de rentabiliser au maximum leur effort en capturant avec un coût énergétique le plus bas possible les proies les plus nourrissantes.

Des carnivores chasseurs « d'invertébrés »

L'étiquette d'invertébrés est bien vague (elle n'est d'ailleurs plus employée par les biologistes lorsqu'ils classent les différents êtres vivants). Alors, qu'allons-nous rencontrer ici au menu des poissons ? Des organismes très variés allant des mollusques aux insectes en passant par des petits crustacés comme les gammares, les crevettes ou les gnathiidés qui parasitent la peau des poissons. Ces proies peuvent être fixes ou mobiles, vivre dans l'eau ou le milieu aérien… À la diversité des régimes alimentaires que nous allons rencontrer, répond la mise en œuvre de stratégies de capture très variées et parfois de tactiques fort ingénieuses : c'est ainsi que l'on va découvrir que certains poissons utilisent un aspirateur buccal, d'autres un lancé de jet d'eau, une nage stationnaire ou bien encore pratiquent un covoiturage.

L'aspirateur buccal de l'hippocampe

L'**hippocampe** *Hippocampus hippocampus* est un poisson original qui a retenu depuis longtemps l'attention des observateurs : en 79 après J.-C., Pline l'Ancien l'avait qualifié de « cheval marin ». Paisible habitant des herbiers littoraux, il passe souvent inaperçu car il se confond par sa couleur gris-vert à gris-brun avec son environnement végétal. Saisissant grâce à sa queue (dite préhensile) les plantes marines, il s'y fixe. Immobile et silencieux, il pratique alors l'art du camouflage. Il ne fait aucun effort ni pour rechercher ni pour approcher sa proie, demeurant simplement en embuscade et guettant en permanence les microproies (petits crustacés du type amphipodes, copépodes ou crevettes) qui passent par hasard à sa portée. Il est doué d'une excellente vue : ses deux yeux peuvent se mouvoir indépendamment l'un de l'autre, tels ceux du caméléon, ce qui lui confère un large champ de vision, et son acuité visuelle lui permet de prospecter toutes les proies mobiles dans un rayon de 4 centimètres environ. Il laisse à celles-ci une illusion de sécurité, du moins jusqu'à ce que la foudre leur tombe sur la tête. En effet, lorsque la proie est parvenue à moins d'un centimètre de sa bouche, l'hippocampe fait appel à son arme secrète : il étire sa bouche (dite protractile) en avant et crée un puissant courant de succion. Ce système fonctionne comme une paille, qui aspire l'eau et la proie qu'elle contient. L'utilisation de cet aspirateur buccal performant situé à l'extrémité d'un long museau constitue un procédé d'alimentation particulièrement économique : l'hippocampe évite ainsi tout gaspillage d'énergie.

Au passage, rappelons que ce sympathique petit poisson suscitant toujours une grande curiosité chez les visiteurs d'aquariums se fait partout de plus en plus rare en raison d'une pêche excessive. Pourquoi est-il si recherché ? Les touristes le trouvent fort élégant et, pour son plus grand malheur, on lui prête en Extrême-Orient des vertus médicinales (prévention de la calvitie et de la fièvre) et des propriétés aphrodisiaques.

Le poisson-archer, Robin des bois des eaux tropicales

Pour un poisson vivant dans l'eau, la situation la plus embarrassante n'est-elle pas d'accéder à des proies situées dans l'air ? Voilà le problème qui se pose au **poisson-archer** ou **toxote** *Toxotes jaculator*, une espèce de petite taille qui fréquente les eaux douces ou saumâtres de l'Inde et du Sud-Est asiatique ainsi que les mangroves de l'océan Indien et de l'océan Pacifique. Sa célébrité vient de son très original mode de chasse, qui fait de lui le seul spécialiste connu chez les poissons du tir à vue. Il se nourrit en effet de proies aériennes (surtout des insectes) posées sur les végétaux des berges surplombant son domaine aquatique. Pour les atteindre, il projette vers le haut une violente giclée d'eau, équivalent à un demi dé à coudre, d'où son surnom de poisson-cracheur. Ce jet d'eau, dont la portée peut dépasser un mètre, déstabilise les proies et provoque leur chute dans l'eau où elles sont immédiatement capturées.

Pour atteindre de telles cibles vivantes, le poisson doit être doué d'une très bonne vue. Il dispose d'une vision binoculaire remarquable, capable de corriger les distorsions optiques des images dues à la réfraction des rayons lumineux à l'interface entre l'eau et l'air. Sa livrée faite de taches dorsales sombres mimant les ombres projetées par les végétaux surplombant les eaux lui tient lieu de tenue de camouflage, ce qui lui permet de nager en surface sous le couvert végétal sans trop se faire remarquer des insectes aériens. Il peut donc se positionner à la quasi-verticale de la proie repérée, réduisant ainsi les distorsions optiques. Autre particularité : son système de propulsion du jet d'eau. Celui-ci est projeté vers la cible animale suite à la fermeture de ses ouïes et à la

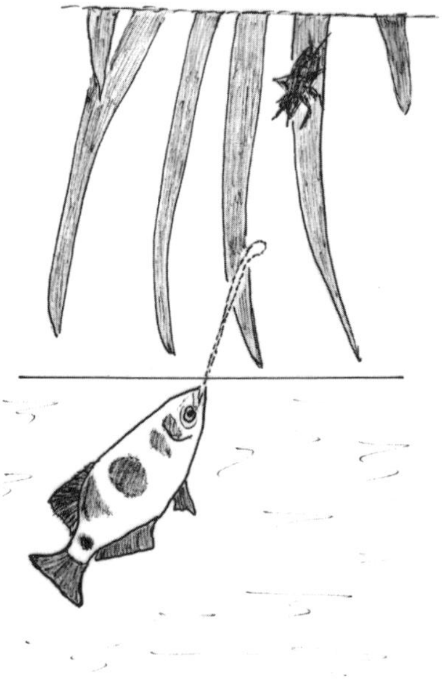

Le Robin des bois des eaux tropicales. Afin de faire chuter un insecte aérien posé sur une feuille, le poisson-archer projette un violent jet d'eau dans la direction de sa proie.

contraction violente des muscles de la paroi de sa cavité buccale, la langue et le palais formant un sillon fonctionnant comme une lance à eau. Il lance ainsi plusieurs jets en très peu de temps. Ces sortes de salves, qui sont souvent émises simultanément par plusieurs poissons, laissent peu de chance au malheureux insecte qui se fait ainsi « descendre ».

La technique de chasse du poisson-archer est remarquable par la précision de l'ajustement du jet d'eau et parce qu'elle requiert de prévoir le point de chute de l'insecte à la surface de l'eau. Elle implique une « analyse balistique » tenant compte de la direction, de la distance et de la hauteur de la cible, de la courbure du jet et de la réfraction de la lumière à la surface de l'eau. L'adresse de ce véritable Robin des bois du monde aquatique, capable d'atteindre des insectes prompts à réagir, résulte d'un apprentissage qui dure 4 à 8 semaines lorsqu'on le reproduit au laboratoire. Un juvénile ne propulse d'abord que de faibles quantités d'eau sans direction précise. Il apprend progressivement à apprécier correctement la taille des proies et semble parvenir à mémoriser les diverses configurations spatiales qu'il rencontre durant son apprentissage. Il finit par être capable de « tirer » des salves d'eau avec un angle pouvant varier de 60 à 88° par rapport à la surface de l'eau et d'abattre des proies aériennes situées jusqu'à 60 centimètres de lui à la verticale et 40 centimètres à l'horizontale. Toutefois, même âgé et bien entraîné, le poisson-archer peut manquer sa cible. Refusant de rester sur un échec, il tente alors de compenser sa maladresse en bondissant hors de l'eau pour happer sa proie jusqu'à une hauteur de 30 centimètres, lui qui ne mesure que 10 centimètres de long… Il lui arrive également de frapper à coups de queue la végétation aérienne, dans l'espoir de déstabiliser l'insecte posé sur le feuillage.

Ce virtuose des tirs aquatiques a été présenté pour la première fois en Europe en 1764 devant la Société royale des sciences de Londres, où il a rencontré un grand succès auprès de la communauté scientifique. Élevé en aquarium, ce poisson, parfois dénommé « sarbacane », peut constituer un objet de vive curiosité. Après une sorte de dressage, il est capable de réaliser de véritables numéros de tir ciblé sur des proies telles que morceaux de crevette, de crabe, de poisson ou de viande. L'aquariophile peut ainsi se convertir en dresseur de poisson et le poisson-archer se comporter en bête de cirque.

Les stratégies variées de la reine des rivières

La **truite brune** *Salmo trutta fario* peut se comporter en prédateur de poissons, mais son régime alimentaire courant est essentiellement constitué de petits crustacés (gammares), de vers, de mollusques et surtout d'insectes à tous les stades de leur développement (larves, nymphes ou adultes), qu'ils soient aquatiques ou aériens. C'est pourquoi elle est qualifiée « d'invertivore ». Ce poisson – fort commun dans la partie amont des ruisseaux, rivières et fleuves où les eaux sont vives, fraîches et bien oxygénées – témoigne d'un comportement alimentaire généralement opportuniste. Il capture les proies entraînées par le courant de l'amont vers l'aval et qui dérivent soit en surface, soit dans la colonne d'eau ou au voisinage du fond. La nature de ces proies varie selon la saison et le moment de la journée. Durant le printemps, l'été et l'automne, il s'agit essentiellement d'insectes aériens (éphémères ou mouches de mai, phryganes, chironomes…) dont les œufs, les larves et les nymphes sont aquatiques. Lors de leur métamorphose en adultes, ces dernières gagnent la surface pour prendre leur envol (c'est la phase d'émergence). Les truites guettent ces moments favorables pour s'alimenter copieusement. Elles se postent préférentiellement dans ce que les spécialistes nomment une dérive : il s'agit d'une veine d'eau canalisée par des obstacles naturels (rochers, branchages…) qui concentre et entraîne le maximum de proies potentielles dans un chenal d'écoulement. Dans une population, le meilleur poste d'affût est occupé par la truite la plus grande, dite dominante. Fidèle à ce territoire dont elle chasse ses congénères rivales, elle se positionne dans le courant, la tête dirigée vers l'amont, et se maintient sur place en évitant tout entraînement vers l'aval selon un procédé de nage stationnaire ou nage statique. Attendre et voir venir, telle est la stratégie adoptée. La capture de proies de petite taille, parfois minuscules (fourmis, moucherons), s'effectue toujours « à vue ». La truite sait également parfois se montrer sélective, choisissant un type de proie donné en fonction de sa taille, de sa couleur ou de son appétence (elle possède des cellules gustatives très sensibles sur les lèvres et dans le palais).

Ce comportement alimentaire est coûteux en énergie car pour chasser, la truite doit lutter contre le courant et se déplacer dans la colonne d'eau. Aussi, il est nécessaire que les apports énergétiques procurés par l'assimilation des proies soient supérieurs à ce coût. Certaines proies de grande taille et de valeur énergétique élevée peuvent être sélectionnées de façon à optimiser le bilan énergétique. En outre, l'apport de nourriture qui dérive au fil de l'eau est très variable dans l'espace et dans le temps. C'est pourquoi la truite chasse seulement quelques heures chaque jour, de préférence aux moments privilégiés d'éclosions des insectes que sont l'aube et le crépuscule. Entre deux périodes d'activité trophique, elle se réfugie dans son habitat de repos (cavité sous la berge, dessous de rocher ou souche d'arbre). Dans une telle cache, elle est protégée des autres prédateurs : autres truites, oiseaux (cormorans...), mammifères (loutres...). Elle n'en sort que si elle est tenaillée par la faim.

Le comportement alimentaire de la truite n'est toutefois pas stéréotypé. En fonction de plusieurs paramètres (température, éclairement, niveau des eaux, intensité de la concurrence avec d'autres prédateurs invertivores, disponibilité en proies...), elle peut changer de stratégie de recherche de nourriture. C'est ainsi que, selon les moments, elle se comporte en carnivore généraliste, en carnivore spécialiste, en prédateur diurne ou en prédateur nocturne. Parfois agressive et bondissante, n'hésitant pas à capturer des insectes en vol, la truite effectue un choix qui paraît souvent instantané, fondant sur sa proie comme un éclair dans un jaillissement d'eau. Elle peut également se positionner sous la surface des eaux et venir tranquillement gober un insecte du bout des lèvres, ne faisant alors qu'un discret « rond dans l'eau », ce qui lui évite d'être repérée par un prédateur aérien, oiseau ou humain.

Notons que les pêcheurs à la mouche mettent à profit les stratégies de chasse à l'interface air-eau (ils disent que les truites « moucheronnent ») et en nage stationnaire dans la colonne d'eau pour présenter à la truite des insectes naturels (sauterelles, mouches domestiques) ou des mouches artificielles qui sont supposées imiter les proies qu'elle affectionne. Cette dernière capte ces mouches artificielles, souvent lors de gobages visibles en surface, mais, pas folle, elle les rejette généralement aussitôt, ses papilles gustatives l'informant instantanément de l'existence d'un piège. Et sa mémoire est telle qu'elle n'y revient pas de sitôt... Cette « belle mouchetée » ou « reine de la rivière » a ainsi fait fantasmer des générations de pêcheurs à la ligne. Elle symbolise aussi la pureté des eaux dans un milieu naturel indemne de pollution.

Des poissons-nettoyeurs qui se régalent des parasites de leurs clients

Certains poissons présentent un régime alimentaire plutôt original : ils se nourrissent en débarrassant d'autres poissons des petits crustacés qui vivent fixés sur eux et les parasitent (larves d'isopodes gnathiidés, copépodes). Plus de 100 espèces appartenant à 19 familles différentes – il s'agit surtout de poissons récifaux, mais également de certains poissons des mers tempérées tels de nombreux **labridés** – collectent leurs proies de cette façon : ce sont des poissons-nettoyeurs.

Très méticuleux, ils inspectent d'abord le poisson qui porte les parasites, puis procèdent au nettoyage en picorant les petits crustacés à l'aide de petites dents pointues fonctionnant comme autant de pinces à épiler. La peau et tous les recoins accessibles (cavités buccale et branchiale) du poisson nettoyé sont visités. Il a été calculé que le labridé *Labroides dimidiatus* reçoit quotidiennement sur son territoire jusqu'à 144 visites de poissons parasités et consomme environ 1 200 larves de gnathiidés. Au sortir de l'épreuve de toilettage, le poisson nettoyé apparaît parfaitement propre, d'où la dénomination de *cleaners* attribuée aux poissons-nettoyeurs. Autre avantage : certains nettoyeurs éliminent les champignons, les écailles lésées ou mortes et les tissus abîmés de leurs clients. Mais les *cleaners* font parfois du zèle : les blessures cutanées font l'objet d'un « entretien » méticuleux et, sous l'action de leurs dents acérées, la plaie tend souvent à s'agrandir et à attirer de plus en plus de nettoyeurs. Le client peut se trouver « tyrannisé » par ces derniers au point que son seul salut est dans la fuite… Toutefois, le plus souvent, il tire grand bénéfice du nettoyage. Le nettoyeur accomplit donc en quelque sorte une bonne œuvre et l'on peut être admiratif face à un tel « altruisme ». Qui ne serait pas impressionné par le « dévouement » de ces petits poissons-nettoyeurs, sans aucune défense, s'affairant autour de si gros poissons piscivores (mérous, murènes ou requins par exemple) ? Il convient toutefois de garder à l'esprit que cette activité de nettoyage leur permet de se nourrir. Les nettoyeurs y trouvent donc leur compte.

Les relations entre le nettoyeur et le nettoyé sont ritualisées. Elles mettent en jeu des stimuli visuels. Tout d'abord, le nettoyeur est identifié par son client grâce à sa forme et sa couleur. On comprend donc pourquoi certains d'entre eux portent une livrée spéciale : elle les rend reconnaissables. Ainsi, le labre *Labroides dimidiatus* est pourvu d'une bande colorée caractéristique allant de la tête à la queue qui a en quelque sorte valeur d'uniforme de préposé au nettoyage. Pour se faire admettre et s'attirer les bonnes grâces de son client, le nettoyeur déploie ensuite des tactiques de séduction par des danses ou des parades, balançant par exemple la partie postérieure de son corps. Il procède également à des contacts tactiles sous la forme de caresses effectuées avec ses nageoires. Ainsi, il est reconnu et accepté par son client, ce qui est d'autant plus important que, nous l'avons déjà souligné, ce dernier est parfois un redoutable prédateur carnivore : avant d'engager son travail, il convient donc que le nettoyeur s'assure de ses bonnes intentions. L'hôte met d'ailleurs le *cleaner* en confiance en se déplaçant vers le « poste de nettoyage » – propriété du nettoyeur – et en adoptant une posture dite de pose ou de sollicitation ayant valeur d'acquiescement et d'invitation au nettoyage : position verticale, tête ou queue dressée vers le haut, nageoires érigées, ouïes écartées, bouche grande ouverte. Le nettoyeur, ainsi rassuré, commence alors son service de toilettage, n'hésitant pas à pénétrer dans la gueule de son client et à œuvrer au niveau de ses redoutables dents.

Divers degrés ont été reconnus dans les liens qui unissent les *cleaners* à leurs clients. Certaines espèces comme le **labre** *Thalassoma bifasciatum* et le **poisson-papillon** *Chaetodon striatus* sont considérées comme des « intermittents » du nettoyage : ces nettoyeurs facultatifs ne se livrent qu'occasionnellement à des prélèvements de parasites sur des clients, leur régime alimentaire habituel étant fait de crustacés planctoniques libres. D'autres espèces sont au contraire des nettoyeurs attitrés et ne manifestent que très rarement des activités trophiques autres que celles consacrées à leurs clients. Ces « professionnels » du nettoyage sont spécialisés : leur clientèle est constituée d'espèces bien précises. Ainsi, le **gobie** *Elacatinus figaro* des récifs brésiliens a pour clients préférés des petits poissons-demoiselles (pomacentridés), des poissons-papillons (chaetodontidés) et des poissons-grogneurs (haemulidés), et également quelques espèces de grande taille : mérous (*Epinephelus* sp), lutjans (*Bodianus* sp) et requins (*Carcharhinus* sp). Ce petit gobie qui ne mesure que 3 à 4,5 centimètres accueille ainsi dans sa station de nettoyage des clients longs de 4,5 à 55 centimètres, soit 1 à 20 fois sa propre taille. Les nettoyeurs adaptent les « horaires d'ouverture » de leur poste de nettoyage aux « exigences » de leurs clients. Les larves d'isopodes gnathiidés qui parasitent les poissons émergeant durant la nuit, l'infestation parasitaire est importante le matin, et les visites des clients sont plus fréquentes à ce moment-là. Un fait amusant : chez une espèce voisine, *Elacatinus evelynae* des Caraïbes, le couple de gobies « officie » sur une même station de nettoyage, mais le rendement diffère selon le sexe du travailleur. La femelle est beaucoup plus active et efficace que le mâle : elle passe 5 fois plus de temps à nettoyer son client et prélève sur lui davantage de parasites que ne le fait le mâle.

L'activité du nettoyeur est corrélée à la charge parasitaire du nettoyé. Comment l'apprécie-t-il ? Le mucus tégumentaire produit par le client en réponse à l'infestation parasitaire peut constituer un signal chimique détecté par le poisson-nettoyeur. Les poissons faiblement parasités ne sont pas pris en considération et certains seraient même mis en fuite par des morsures ayant valeur de punition pour tricherie. Les relations privilégiées établies entre nettoyeurs et nettoyés relèvent donc davantage du mutualisme et de la symbiose que de l'altruisme. Les poissons-nettoyeurs exercent en fait une fonction écologique « d'intérêt public » et un « service d'hygiène » car ils limitent les risques de propagation de parasites et d'épidémies.

À noter que des petits malins profitent de la passivité des clients pendant les opérations de nettoyage pour se faire passer pour des nettoyeurs. Ainsi, la blennie tropicale *Aspidontus taeniatus* imite la livrée de *Labroides dimidiatus* et copie ses odeurs mais elle ne s'intéresse, en réalité, qu'aux tissus vivants de ses hôtes. Elle copie si bien l'uniforme et le comportement du professionnel qu'elle parvient à tirer profit de la naïveté du client, totalement abusé par ce déguisement.

Des multiples avantages du covoiturage

Les **rémoras** *Remora remora* et *Echeneis naucrates* présentent la particularité de se fixer sur un hôte. Celui-ci est généralement une espèce pélagique de grande taille : de préférence un requin, parfois une tortue marine ou un cétacé. Les rémoras accompagnent leur hôte sur de grandes distances et profitent pleinement de ce « covoiturage ». Outre les bénéfices qu'ils tirent du transport et de la protection contre les prédateurs, cette association leur procure des opportunités alimentaires. Et lorsqu'un rémora ne parvient pas, ce qui est rare, à s'attacher les services d'une bonne monture animale, la solitude lui pesant et sa capacité de nager par ses propres moyens étant réduite, il lui arrive de jeter son dévolu sur un objet flottant avec lequel il forme des associations lâches et non spécifiques jusqu'à la rencontre d'une meilleure occasion. Les rémoras peuvent ainsi se fixer sur la coque d'un navire. Toutefois, si cette dernière lui assure effectivement un transport gratuit et parfois la nourriture, elle ne lui procure pas la même convivialité.

Pour se fixer à leur hôte, les rémoras utilisent un disque adhésif ovale disposé au-dessus de leur tête, constitué de lamelles juxtaposées fonctionnant comme une ventouse au contact d'une surface lisse. C'est pourquoi ces poissons sont parfois surnommés « sucets » ou « ventouses de requin ». Ce disque exerce une force adhésive considérable, au point que des pêcheurs des Caraïbes pratiquent la pêche au rémora pour capturer des tortues marines : le poisson est libéré en mer, attaché par la queue à un fil de pêche ; il se fixe sur une tortue et entraîne celle-ci avec lui lorsque la ligne est tirée jusqu'à un bateau.

Bien tolérés par leur hôte, les rémoras ne subissent aucune réaction de rejet ou, pire, de prédation de la part de l'espèce qu'ils ont choisi d'accompagner, parfois durant fort longtemps. Leur fidélité à un convoyeur n'est cependant ni totale, ni définitive. Le rémora conserve une certaine autonomie de mouvement, pouvant à tout moment se détacher pour nager au voisinage de son hôte, dont il récupère à son profit les restes alimentaires et même les matières fécales. Il sait également se montrer « reconnaissant », en débarrassant ce dernier de ses parasites externes… dont

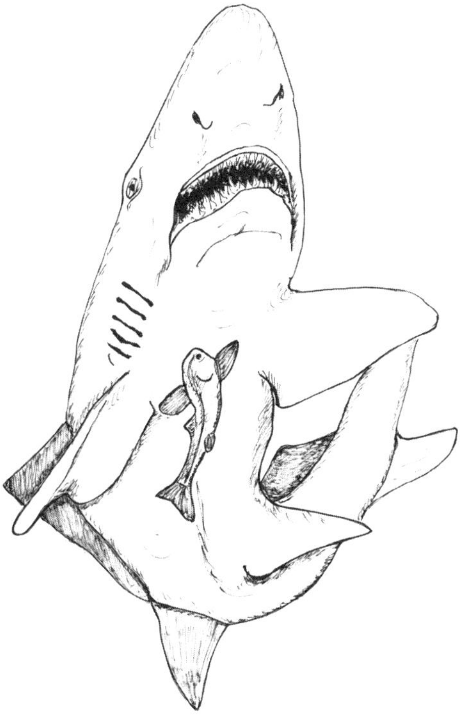

Un rémora fixé sur le ventre d'un grand requin blanc. Le rémora consomme les restes alimentaires de son hôte, qu'il débarrasse « en retour » de ses parasites externes.

il se nourrit. Un tel échange de bons procédés entre également dans le cadre du mutualisme ou même de la symbiose.

Les rémoras ont fasciné les Anciens. Pline les a même accusés d'être responsables de la mort de l'empereur Caligula, dont le bateau fut dans l'impossibilité de fuir car il aurait été freiné et retenu par des rémoras.

Des poissons mangeurs d'autres poissons

Notre visite dans l'univers des poissons va maintenant nous conduire dans un monde fort éloigné du havre paisible que l'on imagine parfois sous la surface des eaux. Car bien des poissons mangent d'autres poissons. Nous allons croiser la route de prédateurs mythiques comme le brochet, le silure, le grand requin blanc ou encore les terribles piranhas rouges. Nous constaterons que la compétition est rude et les attaques féroces, qu'il s'agisse de chasse à courre, à l'affût ou en solitaire. Malheur à celui qui est faible ou malade.

Le brochet, un prédateur malin et solitaire…

Le **brochet européen** *Esox lucius* n'est pas seulement l'un des poissons favoris des pêcheurs. C'est également l'un des plus grands carnassiers des eaux européennes avec le silure et le huchon. Il est doué d'un solide appétit. Ne l'a-t-on pas surnommé « goulu » et « grandgousier » par allusion au père de Gargantua ? C'est un solitaire et un sédentaire qui règne en maître sur un territoire dont il a chassé tous les rivaux. On le trouve dans les eaux calmes des étangs, lacs, réservoirs, canaux ou sablières, ainsi que dans les eaux lentes des fleuves et rivières. Très vorace, il apprécie toutes sortes de proies animales. Il s'agit surtout de poissons : gardons, carpes, tanches et même brochetons, puisqu'il n'hésite pas à se montrer cannibale. Il ne répugne toutefois pas à déguster d'autres proies : écrevisses, grenouilles, oisillons (canetons, poussins de poules d'eau) ou petits mammifères (musaraignes et rats d'eau).

Le brochet attaque ses victimes avec une certaine férocité, au point qu'on l'a parfois qualifié de « requin des eaux douces ». Il fait preuve de voracité lorsque l'appétit vient et que la faim le tenaille, mais cela ne l'empêche pas de savoir économiser ses forces : grand paresseux, il limite au maximum les efforts pour se procurer sa nourriture, évitant ainsi de

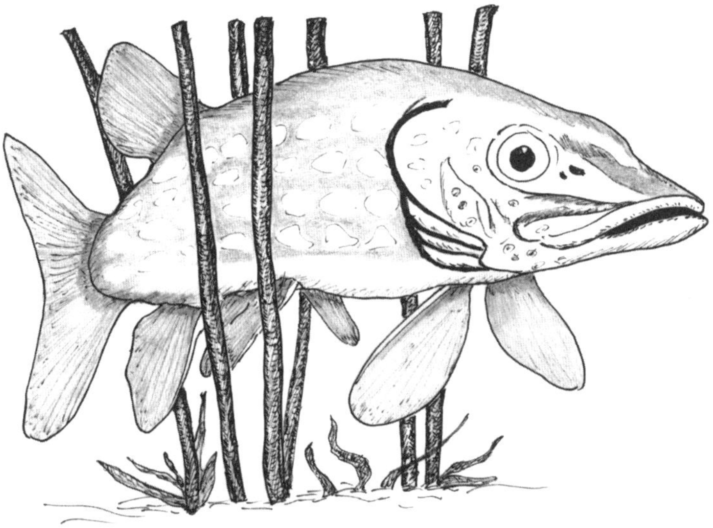

Un brochet dans son poste de chasse. Dissimulé dans les roseaux, il se tient en embuscade. Malheur à toute proie qui passe à sa portée !

coûteuses dépenses d'énergie. Adepte de la stratégie du *« sit and wait »* (attendre et voir venir), il capture souvent à bon compte la proie la plus disponible, la plus accessible et la plus rentable pour satisfaire son appétit. Pour parvenir à ses fins, il ne parcourt pas le terrain en tous sens à la recherche d'une hypothétique pitance qu'il risquerait de devoir pourchasser sur de grandes distances. Il se contente de se dissimuler dans des caches situées à proximité des berges, dans des endroits de pénombre (une cuvette ou une cassure du relief) et encombrés d'obstacles (plantes aquatiques ou racines des arbres bordant les rives). Dans son repaire, il se tient immobile pendant de longues heures, en embuscade. Il passe totalement inaperçu grâce à sa livrée jaune-vert et vert-olive à vert-foncé, zébrée de bandes transversales brunes et ponctuée de taches jaunes, qui lui assure un parfait camouflage.

Le poste de chasse du brochet est généralement situé à proximité de son « garde-manger ». Il repère ses proies grâce à son excellente vue : ses yeux, disposés sur le dessus de sa tête, assurent une vision binoculaire favorisant l'appréciation des distances. Il possède en outre un sens olfactif très développé qui lui permet de capter des signaux chimiques (sécrétions épidermiques) bien utiles pour repérer des proies immobiles. Toutefois, la cible potentielle se signale généralement à l'attention du brochet par les vibrations engendrées par ses propres mouvements de nage. Ces dernières sont captées par des cellules sensorielles de la ligne latérale (dénommées neuromastes). Une telle sensibilité à des ondes de basses fréquences (10 à 100 Hz) est d'ailleurs mise à profit par les pêcheurs qui utilisent des leurres (cuillers métalliques tournantes ou ondulantes) dont les vibrations imitent parfaitement celles émises par les poissons-proies.

La stratégie de capture du brochet consiste d'abord à observer discrètement la proie qu'il convoite afin de disposer de toutes les informations nécessaires concernant sa position, sa trajectoire et sa nature. Il s'en approche alors très lentement et furtivement, son corps rigide étant uniquement mû par de faibles et discrets battements de ses nageoires pectorales. Lorsqu'il est parvenu à faible distance de la proie (15 centimètres), il bondit sur elle avec soudaineté, tel un ressort, à la vitesse de 1,2 mètre par seconde (soit 50 km/h). L'accélération est explosive. La cible est donc interceptée et non pas poursuivie. Le brochet la saisit d'abord sous n'importe quel angle (de préférence par le côté) grâce à sa puissante mâchoire garnie de très nombreuses dents (plus de 500) qui, dirigées vers l'arrière, interdisent tout espoir de fuite. Il retourne ensuite habilement le poisson-proie de façon à l'avaler tête la première, les rayons des nageoires et les écailles de ce dernier ne constituant pas dans ces conditions des forces de résistance importantes lors du transfert vers l'œsophage puis l'estomac. La taille des proies ainsi capturées peut être égale au tiers de sa propre longueur. Cependant, l'opération de « manipulation buccale » est délicate, car certaines d'entre elles possèdent des dispositifs antiprédateurs efficaces. Chez les épinoches par exemple, les plaques osseuses latérales et les épines dorsales des nageoires constituent des obstacles au retournement et à la déglutition, qui obligent parfois le brochet à recracher ce qui s'avère être une véritable « boule piquante ». Les perches, dont les nageoires possèdent également des rayons épineux, posent le même problème. Le brochet acquiert ainsi une expérience au gré de ses échecs. Il préfère les rotengles, poissons dont les nageoires sont pourvues de rayons mous, aux perches. En outre, selon leur morphologie, il attaque ses proies de façon différente : il saisit plus fréquemment les perches par la tête que les rotengles, ce qui lui permet de rabattre vers l'arrière les rayons épineux lors de leur ingestion.

Satisfait d'une prise qui ne lui a coûté qu'un effort bref mais violent, et pour peu que celle-ci soit de belle taille, notre brochet regagne son poste de repos pour digérer tranquillement. Sa « vidange gastrique » dure de 4 à 12 jours selon la taille de la proie et la température ambiante, de sorte qu'il peut ne se nourrir que quelques heures par semaine, jusqu'à ce que la faim le conduise à rejoindre son poste d'affût pour de nouvelles chasses. Est-ce à dire que ce seigneur des eaux douces sort toujours vainqueur ? En réalité, les poissons-proies ne sont pas toutes des victimes passives et sans défense, toujours promises à terminer leur carrière dans l'estomac du carnassier. En effet, de nombreuses espèces dépourvues des outils antiprédateurs que nous venons d'évoquer ont développé d'autres stratégies de défense : comportement d'inspection, regroupement en bancs offrant une vigilance accrue, sécrétion de substances d'alarme fonctionnant comme signaux de défense, fuite favorisant une confusion visuelle chez le prédateur (voir chapitre 2)... La tâche du brochet s'en trouve donc compliquée d'autant, ce qui explique une partie des échecs qu'il essuie.

Le plus connu des carnassiers des eaux françaises a longtemps été considéré comme un redoutable prédateur et une terreur des eaux douces. On a ainsi accusé le brochet de décimer les populations des autres espèces de poissons, mais cela s'est révélé en partie faux et exagéré. Car s'il est effectivement responsable d'un prélèvement non négligeable dans les populations de « poissons blancs » (cyprinidés comme les gardons, les rotengles, les carpes...), il s'attaque en priorité aux individus les plus faibles, parasités ou malades. Les brochets constituent ainsi une sorte de « police sanitaire » des eaux douces et contribuent à la sélection naturelle des individus les plus vigoureux. À ce titre, on reconnaît aujourd'hui qu'ils jouent un rôle essentiel dans la régulation des populations de poissons.

Même s'il est lavé des soupçons précédents, le brochet doit toujours affronter le plus terrible des prédateurs : l'homme, qui, depuis des temps remontant peut-être au Néolithique, a tenté de capturer cette espèce « noble », d'abord pour se nourrir et, bien plus tard, pour l'exhiber en trophée dans le cadre ludique de la pêche-loisir. De nos jours, les pêcheurs déploient tout un arsenal d'engins de capture à proximité des zones d'habitat probable du brochet, au bord des lacs, étangs ou rivières. Cela va du poisson-proie vivant ou « vif » naturel (goujon, gardon, carpillon frétillant) jusqu'à d'innombrables leurres artificiels (cuillers, mouches artificielles de tous types, de toutes tailles et de toutes couleurs simulant des petits poissons). Ces derniers sont destinés à vaincre la méfiance du brochet, dont l'appétit est tel qu'il le conduit à succomber très fréquemment à la tentation alimentaire. Ils visent également à stimuler l'agressivité dont il fait montre de façon instinctive lorsqu'il s'agit de défendre son territoire de chasse vis-à-vis d'un rival potentiel. Ainsi, tel est pris qui croyait prendre et le brochet, ce carnassier-roi, bien que réputé malin, finit trop souvent sa carrière piteusement en quenelles ou, un peu plus glorieusement, sous la forme d'un trophée naturalisé dans la salle à manger d'un pêcheur.

Un autre danger guette le brochet. S'il a longtemps régné en « monarque » incontesté de nos rivières, ce statut est remis en question depuis plusieurs décennies déjà avec l'arrivée d'« envahisseurs » qui tendent à le supplanter. Il est en effet souvent handicapé par la présence de concurrents comme le sandre et le silure, originaires d'Europe centrale, ou encore le *black-bass* provenant d'Amérique du Nord. Volontairement introduits en vue d'activités de pêche en Europe dans les habitats des brochets, et particulièrement en France, ces autres piscivores constituent des compétiteurs performants. Nous allons découvrir pourquoi.

Le silure, croque-mort de la rivière

Arrêtons-nous quelques instants sur l'un de ces compétiteurs venus de l'Est, qui causent tant de soucis à « notre » célèbre brochet. Le **silure glane** *Silurus glanis* a été introduit dans notre pays vers 1860. Il a progressivement colonisé le Rhin, la Seine, le Rhône et la Garonne, ainsi que des rivières comme la Meuse, la Moselle, la Saône et son affluent la Seille, qui est aujourd'hui considérée comme le site mythique de la pêche au silure. Peuplant des eaux lentes, profondes et souvent obscures, il affectionne les fosses comportant des abris de roches et de branchages. Ce poisson parmi les plus grands de la faune européenne a été considéré comme un monstre en raison des tailles considérables qu'il peut atteindre : 1 à 2 mètres de longueur pour un poids allant de 30 à 100 kg en France (le record européen est de 5 mètres pour 306 kg pour un silure pêché dans le Dniepr). Ce poisson lourd et visqueux est également surnommé « baleine des eaux douces ».

Il possède un solide appétit et sa grande ouverture buccale l'autorise à engloutir des proies de grande taille parmi les gardons, les brèmes et les rotengles, mais également des écrevisses, des moules d'eau douce, des grenouilles, des poules d'eau ou des ragondins. Ce grand carnassier est à la fois vorace et opportuniste, n'opérant pas de sélection parmi ses cibles. Il lui arrive même de consommer des poissons morts et donc de se comporter en nécrophage. Il chasse surtout au crépuscule et la nuit, quittant les fonds où il demeure caché durant le jour pour rechercher ses proies dans la colonne d'eau et, parfois, jusqu'à la surface. Le silure n'apprécie guère la lumière et, dans les eaux sombres qu'il fréquente, sa vue est mauvaise. Il fait donc appel à d'autres capacités sensorielles pour détecter ses proies. Sa ligne latérale, riche en cellules sensibles aux ondes, lui permet de détecter de loin les vibrations produites par les poissons qui nagent. L'olfaction, le goût et le sens tactile – ce dernier impliquant six longs barbillons sensoriels – sont également mis à contribution.

Celui que l'on a parfois qualifié de « monstrueux carnassier venu de l'Est » a beaucoup frappé les esprits et a été soupçonné (à tort !) de manger des canards ou des chiens tombés à l'eau (pourquoi pas des enfants ?). Ce poisson impopulaire et fascinant a donné lieu à nombre de légendes et de rumeurs, ses premières captures dans la Seille ayant justifié dans la presse locale son appellation de « dents de la Saône », alors qu'en réalité, sa gueule est seulement tapissée de très nombreuses dents minuscules qui servent à la rétention des proies. Sa mauvaise réputation paraît tout à fait injustifiée et excessive. En effet, si le silure consomme effectivement une quantité non négligeable de poissons-proies et contribue souvent à un déclin des populations de cyprinidés, il joue également, de même que son concurrent le brochet, un rôle de régulateur et exerce une fonction de « croque-mort de la rivière », éliminant les poissons malades ou parasités et débarrassant les plans d'eau de leurs cadavres. De tels comportements contribuent à réduire les risques d'épidémies. Le silure participerait également à la régulation des populations d'autres espèces introduites qui sont devenues envahissantes, comme les écrevisses américaines et les poissons-chats.

La gloutonnerie du silure a été mise à profit par les pêcheurs, pour lesquels il représente l'espoir d'un trophée de choix. Ainsi, les pêcheurs du Danube ont inventé un moyen de le « réveiller » en frappant la surface de l'eau avec un morceau de bois de forme spéciale dénommé *« klonck »*. Cela produit des vibrations rythmiques semblables à celles que génèrent les mouvements saccadés d'une proie en difficulté. Elles se propagent dans l'eau et tendent à attirer, pour son plus grand malheur, le silure en quête « d'un bon coup alimentaire » à réaliser.

La baudroie ou l'art de la pêche à la ligne

Il est des poissons qui vont jusqu'à emprunter aux pêcheurs certains de leurs stratagèmes favoris pour tendre un guet-apens à leur proie. Tel est le cas de la **baudroie** *Lophius piscatorius*, également dénommée « lotte de mer » lorsqu'elle est présentée étêtée sur les marchés. Ce poisson sédentaire, que l'on trouve dans l'océan Atlantique et la mer Méditerranée, est un mauvais nageur. Il passe son existence immobile et posé sur le fond (c'est un poisson benthique), se camouflant dans une dépression qu'il aménage grâce à des mouvements de ses nageoires. Il est ainsi partiellement recouvert de sable ou de vase. Seuls émergent ses yeux, sa nageoire dorsale et ses ouïes, ces dernières étant libérées par des mouvements de « toux » qui permettent d'expulser les particules fines susceptibles d'obstruer ses voies respiratoires. Il est alors quasiment invisible sur le sédiment, dont il épouse fidèlement la coloration jaunâtre à brunâtre. Sa tête, très large et aplatie, est énorme : elle représente la moitié de sa longueur totale. Sa bouche est très grande, aussi large que la tête. L'ensemble donne donc une créature plutôt hideuse. Ne se contentant pas d'être laid, ce « crapaud de mer » ou « diable des mers » comme on le surnomme parfois est un poisson très vorace. On a ainsi retrouvé dans l'estomac de certains individus des proies nombreuses et variées, allant jusqu'à des oiseaux plongeurs (guillemots par exemple). Il est vrai que ses mâchoires et son palais portent de nombreuses dents fortes, pointues et recourbées vers l'arrière. Un tel arsenal ne laisse que bien peu de chances d'évasion aux proies. Mais encore faut-il les capturer. Comment la baudroie s'y prend-elle ?

Chasseur à l'affût, elle se contente de faire tomber ses victimes dans un piège qu'elle leur tend très habilement. À l'extrémité d'un long rayon de sa nageoire dorsale, se trouvent des excroissances charnues. Ce lambeau cutané (nommé illicium ou esca) constitue l'appât d'un véritable « filament pêcheur » : lorsqu'une proie s'approche dans un rayon de 5 mètres environ, la baudroie place cet illicium devant elle, à proximité de sa bouche, et l'agite vivement afin d'attirer l'attention de sa cible potentielle. Elle se fait alors encore plus discrète en « retenant son souffle », c'est-à-dire en réduisant de moitié son rythme respiratoire d'exhalaison d'eau. Tel un chat prêt à bondir sur une souris, la baudroie demeure ainsi figée sur place, concentrant toute son attention sur sa proie. Lorsque cette dernière, particulièrement curieuse et attirée par ce qui ressemble à une crevette en train de nager, s'approche de ce leurre appétissant, la gueule du prédateur s'entrouvre promptement dans une brusque détente et la proie, violemment aspirée, disparaît en un instant. Un tel processus de capture ne lui coûte que bien peu d'énergie. Essentiellement piscivore, la baudroie – également dénommée « poisson-pêcheur » ou « poisson-piège » – est capable d'ingérer des poissons d'assez grande taille, parfois presque aussi grands qu'elle (congre, grondin, hareng). Mais elle ne rechigne pas à déguster également un crabe ou un calmar. Une fois la victime avalée, la baudroie reprend sa posture d'attente, au même endroit ou dans un site voisin. Réinstallé dans son poste de guet, ce « chevalier de la gaule », comme la surnomment les pêcheurs à la ligne, patiente bien camouflé jusqu'à ce qu'une nouvelle proie se fasse leurrer à son tour. Il est vrai que des poissons survivants, qui seraient susceptibles d'avoir acquis une salutaire méfiance, sont particulièrement rares tant l'efficacité du piège buccal paraît considérable.

D'autres poissons (**poisson-grenouille** *Histrio histrio*, **poisson-crapaud** *Antennarius sanguineus*) ont également développé une stratégie de « pêche à la ligne » de même type que celle que nous venons de décrire. Alors, l'homme est-il l'inventeur de la pêche à la ligne, comme il se l'imagine généralement, ou bien n'est-il qu'un simple et vil imitateur des poissons-pêcheurs ?

Des proies innocentes livrées à l'appétit de maîtres de la dissimulation

D'autres espèces marines côtières mènent également une vie benthique et pratiquent la dissimulation pour capturer leurs proies. Leur objectif est de parvenir à une parfaite ressemblance de forme et de couleur avec le substrat dans lequel elles évoluent. Les **rascasses** *Scorpaena* sp et le **poisson-pierre** *Synanceia verrucosa* sont passés maîtres en cet art du camouflage, car ces poissons présentent des caractéristiques morphologiques qui contribuent à un mode de vie dit cryptique : ils possèdent des excroissances charnues et des lambeaux de peau imitant des algues et servant aussi de support à ces dernières. Ils se maintiennent immobiles et parfaitement confondus avec leur environnement rocheux, sédimentaire, corallien ou algal, parfois partiellement enfouis dans le substrat, et attendent patiemment le passage d'un poisson-proie à portée de leur bouche extensible. Cette dernière leur permet, lors d'un bond d'une vitesse incroyable, de happer la victime en une fraction de seconde et de l'engloutir dans une cavité buccale le plus souvent de grande capacité.

Le plus dangereux carnivore de tous les prédateurs : le grand requin blanc

Le **grand requin blanc** *Carcharodon carcharias*, ou grand blanc, est un poisson majestueux à profil esthétique qui mesure jusqu'à 7 mètres de long pour une masse de plus de 3 tonnes. Le record est de 7,10 mètres et 3,5 tonnes. Il doit son nom à la couleur blanche de son ventre, son dos et ses flancs étant grisâtres. On le rencontre surtout dans les mers tropicales et subtropicales. La perfection de ses lignes hydrodynamiques ainsi que sa nage fluide et élégante, au cours de laquelle ses nageoires pectorales rigides le soutiennent telles les ailes d'un avion, symbolisent à la fois la puissance et la grâce de ce squale qui incarne ce que l'homme craint le plus de la mer. À la fois admiré et redouté, déifié par certains – le dieu-requin est nommé *Kamo-hoa-lui* par les pêcheurs hawaïens et *Taputapua* par leurs homologues tahitiens – il est considéré comme le plus grand prédateur vivant au monde, digne héritier du *Megalodon* disparu il y a 1,5 million d'années et dont les restes fossiles ont impressionné les paléontologues avec leurs 15 mètres de longueur et leurs dents longues de 20 centimètres, pour un poids estimé à 20 tonnes.

Ce seigneur des mers est également un mal-aimé. Il colle au requin une réputation de tueur insatiable et sauvage, de machine à tuer et de mangeur d'hommes. Il incarne la « mort blanche » dans la croyance populaire et une fausse étymologie du mot requin (que certains attribuent à Buffon) laisse croire que ce dernier trouve son origine dans le fait que, lorsque l'on est mordu par ce prédateur, la seule chose qui reste à faire est de chanter le requiem… Les récits anciens (ceux d'Hérodote par exemple) et les histoires rapportées par les pêcheurs ou les plongeurs à propos de son comportement alimentaire expliquent pour beaucoup cette terrible réputation. Ils nourrissent les légendes et entretiennent un mythe (dieu pour les uns, démon pour d'autres) qui a été savamment cultivé, en particulier par des films de fiction excitant une imagination macabre (que l'on songe par exemple au film *Les dents de la mer*, réalisé par Steven Spielberg en 1975). Le grand requin blanc a été également diabolisé dans de nombreux récits (comme le livre de Jules Verne *20 000 lieues sous les mers*, publié en 1870) où, généralement peint aux couleurs du sang, il a toujours le mauvais rôle. Bref, le requin, héros maudit, véhicule dans l'opinion publique une très mauvaise réputation qui lui coûte cher. Qu'en est-il en réalité ?

Le grand requin blanc rôde en silence dans les eaux côtières. Il dispose de dons assez exceptionnels pour la détection de ses proies. Ses yeux sont assez peu sollicités et semblent seulement intervenir dans la phase finale d'approche. Sa capacité de détection visuelle d'une proie située en surface, au-dessus de lui et à contre-jour, n'est pas bonne, et il lui est ainsi arrivé d'attaquer une planche à voile qu'il aurait confondue avec l'une de ses proies naturelles. Le grand blanc détecte en fait surtout ses proies à l'aide de son odorat, si fin qu'il parvient à reconnaître la présence de quelques gouttes de sang dans 100 m^3 d'eau ! À cause de cette sensibilité aux fragrances de son environnement, on le surnomme « nez nageur ». Il met également à contribution son ouïe : il est capable de détecter à plus de 100 mètres de distance les vibrations de basse fréquence (50 à 200 Hz) produites par les mouvements d'un poisson qui nage ou qui est pris à la ligne ou au harpon. Ce squale utilise enfin un sixième sens : le sens électrique, qui lui permet de détecter un millionième de volt grâce à la sensibilité d'organes céphaliques spécialisés (les ampoules de Lorenzini). Cette sensibilité au champ électrique créé par un poisson lorsqu'il nage joue un rôle complémentaire important dans la reconnaissance de ses proies, celle-ci s'avérant donc multisensorielle.

Ce grand chasseur patrouille le plus souvent aux abords des récifs coralliens ou en pleine eau à la recherche d'une victime. Un individu solitaire se montre généralement circonspect vis-à-vis d'une proie, effectuant des cercles de reconnaissance autour d'elle avant de passer à l'attaque. En prélude à cette dernière, il adopte parfois une posture d'exhibition que l'on interprète comme une démonstration de force et l'expression d'une volonté de domination. Il s'agit d'une nage impliquant un dandinement corporel avec une courbure latérale du corps et un balancement céphalique. Au contraire, dans d'autres circonstances, l'assaut est fulgurant, brutal et sanglant : selon une trajectoire verticale, le requin jaillit à la vitesse de l'éclair sur sa proie, sans prélude postural. Ce dernier type d'attaque est significatif du caractère imprévisible du comportement de ce requin souligné par tous ceux qui l'ont approché dans son milieu naturel. La proie est avalée rapidement si elle est de petite taille ou, lorsqu'elle est volumineuse (thons, espadons, dauphins, phoques, otaries, marsouins, éléphants de mer, lions de mer, baleines, tortues marines, manchots...), se voit déchiquetée en lambeaux.

Les yeux du grand requin blanc sont protégés par une sorte de paupière protectrice au moment de l'attaque, car cette dernière est d'une extrême brutalité et la violence avec laquelle les débris de chair sont éjectés risquerait de les endommager. La puissance des mâchoires est considérable : elles exercent sur la proie une pression évaluée entre 3 et 5 tonnes par cm^2. À chaque coup de mâchoire, une vingtaine de kg de chair sont arrachés. Les dents, disposées sur 7 rangées et remplacées continuellement au cours de la vie, sont de grande taille (5 centimètres), triangulaires et à bords denticulés comme certaines lames de poignards. Sur chacune d'elle s'exerce une force de 60 kg. Elles sont davantage faites pour déchirer et arracher les chairs que pour les trancher, ce qui n'empêche pas que le requin puisse sectionner net un bras ou une jambe humaine, voire même couper un corps en deux. La pointe acérée des dents de requins a d'ailleurs été utilisée par certaines peuplades pour la fabrication d'armes de chasse ou de guerre.

Lorsque les requins blancs sont en groupe et convergent vers la même proie, leur comportement est sensiblement différent de celui des individus solitaires. La présence de concurrents créée un esprit de compétition et stimule l'activité prédatrice. Cela se traduit par un état de frénésie alimentaire collective, chacun cherchant à tirer pour son propre compte le meilleur profit de la proie. La hargne dont font alors preuve les requins à l'encontre de la malheureuse victime peut d'ailleurs s'étendre à leurs congénères blessés, qui deviennent victimes d'un massacre quasi généralisé : le sang répandu, les fragments de chair arrachés et dispersés dans l'eau, tout cela contribue à un aveuglement des prédateurs qui, de plus en plus excités, se ruent à l'attaque de tout ce qui bouge, y compris parfois des embarcations proches ou des cages métalliques abritant des plongeurs. Le déchaînement est alors total. Seuls les rémoras et les poissons-pilotes bénéficient de la mansuétude du grand fauve des mers, qui les laisse l'accompagner dans ses déplacements et tolère qu'ils puissent profiter des restes de ses festins…

Alors, la mauvaise réputation du grand requin blanc est-elle malgré tout justifiée ? Certes, il exerce une importante prédation sur les mammifères en certains secteurs. C'est par exemple le cas des phoques et des otaries à fourrure ainsi que des manchots en Afrique du Sud. Il lui arrive même de s'attaquer en pleine mer à des baleines à bosse. Mais cette prédation est d'une part modulée par une longue digestion – qui durerait un mois et demi après la consommation d'un éléphant de mer de 140 kg – et, d'autre part, elle a pour effet de réguler les populations des mammifères considérés. En outre, les grands requins blancs joueraient un rôle écologique de taille en favorisant l'élimination des poissons, tortues et mammifères marins âgés, blessés, malades, voire même morts, ces prédateurs se comportant souvent autant en charognards qu'en amateurs de chair fraîche. Ils se révèlent donc d'utiles éboueurs des mers, de même que le silure et le brochet dans les eaux douces.

Voilà qui redore quelque peu le blason de ce squale. Reste toutefois sa dangerosité pour l'homme. Il est vrai que face à cet animal, l'homme a souvent perdu son statut privilégié de chasseur pour devenir une proie. Les attaques dirigées contre l'homme, baigneur ou plongeur, font l'objet d'une très grande publicité médiatique, mais elles demeurent en fait limitées à quelques dizaines de cas répertoriés chaque année dans le monde et elles ne se produisent que très rarement dans les eaux tempérées. Par exemple, on a comptabilisé 33 attaques ces 53 dernières années le long des côtes de Californie, dont 4 seulement ont été fatales. De telles agressions pourraient en outre ne pas procéder d'un simple besoin alimentaire mais plutôt résulter d'un instinct de combat dans le cadre d'une rivalité avec les autres espèces. Il a été en effet suggéré qu'un nageur puisse être confondu avec un phoque ou une otarie par le grand blanc. Une telle erreur d'appréciation serait imputable à sa mauvaise vue. Les attaques de requins se produisent d'ailleurs particulièrement dans des régions où vivent des colonies d'otaries (Afrique du Sud, Australie). Il a ainsi été recommandé aux plongeurs australiens de s'équiper de combinaisons rayées, du style « serpent de mer », afin de clairement signaler leur différence et d'éviter toute regrettable confusion. Certaines agressions pourraient également être liées à la présence de poissons que les chasseurs sous-marins attachent, morts et sanguinolents, à leur ceinture après les avoir capturés.

La meilleure dissuasion d'attaque semble être d'ordre chimique : elle consiste à utiliser des répulsifs. La pardaxine extraite du mucus de la sole de la mer Rouge *Pardachirus marmoratus*, qui contient des saponines à propriétés toxiques pour les poissons, constitue une substance antirequins efficace mais d'utilisation limitée. Des substances de synthèse comme le laurylsulfate de sodium, le phénoxy-poly-ethoxy éthanol Triton X et, d'une façon générale, tous les détergents, pourraient conférer une bonne protection, mais leur dilution rapide dans l'eau de mer limite leur efficacité. Pour la protection des plages, on a également recours à l'installation de filets antirequins et à la mise en place de rideaux émetteurs de champs électromagnétiques à fonction dissuasive. Il y a enfin une autre solution, excitante… mais quelque peu risquée : elle consiste à caresser avec la main les ampoules de Lorenzini disposées autour de la gueule du requin, ce qui aurait pour effet de le faire entrer en catalepsie !

Ce squale reste indubitablement dangereux pour l'homme, bien que de nombreuses attaques soient en fait imputables à d'autres requins (en particulier au **requin-tigre** *Galeocerdo cuvieri*) et que le nombre de leurs victimes demeure modéré. Il véhicule donc une image très négative et fait l'objet d'une vindicte toute particulière de la part des pêcheurs, qui rêvent tous d'afficher un grand blanc à leur tableau de chasse pour en faire un trophée. C'est pourquoi le grand requin blanc est poursuivi et traqué dans toutes les mers tropicales du monde, en particulier sur les côtes australiennes, américaines et sud-africaines. Il est donc souvent décimé, et pas seulement pour finir en trophée. Ses ailerons sont très prisés des gastronomes chinois ou japonais et l'huile extraite de son foie est riche en squalène, un hydrocarbure utilisé pour le graissage de mécanismes d'horlogerie et de moteurs ou pour la fabrication de cosmétiques et de médicaments. Le foie est également source de vitamines A et E. Ce requin est aussi chassé pour sa chair comestible ainsi que pour ses dents et ses mâchoires, appréciées des touristes. Pour finir, sa carcasse est convertie en farine ou en engrais. Résultat : les populations mondiales de grands blancs sont aujourd'hui menacées en raison d'une pêche effrénée – qu'elle soit industrielle, artisanale ou sportive – et des pertes de juvéniles qui s'emmaillent dans les filets antirequins.

Ce monarque silencieux dans son royaume liquide, l'une des espèces non domesticables qu'il n'est pas possible de maintenir longtemps en vie dans un bassin, mérite donc infiniment mieux que de finir en farine de poisson ou en croquette pour chien ! Le requin blanc, mais également tous les sélaciens sont actuellement en danger. Des mesures de protection ont été édictées à l'échelle internationale et leur pêche est réglementée en de nombreux pays. Mais d'autres activités humaines les menacent : le développement récent du « tourisme halieutique » et du *« sea-watching »* prisé des amateurs de plongée et de photos sous-marines, ainsi que la valeur marchande sans cesse croissante des sélaciens. Ainsi, un nouveau sport, le *« shark feeding »*, pourtant interdit, est pratiqué dans certains lagons et rencontre un grand succès auprès des touristes amateurs de grands frissons. Car comme son nom l'indique, il s'agit de nourrir – à la main – des requins attirés dans une sorte de zoo sous-marin. Ces squales qui perdent (momentanément ?) leur instinct de chasseurs sauvages et se gavent de nourriture à bon compte ne sont-ils pas devenus de pâles caricatures des grands fauves qu'ils n'auraient dû jamais cesser d'être ? Décidément, quand il ne la détruit pas, l'homme s'évertue à pervertir la nature !

Des hordes sauvages et féroces de piranhas ne laissant derrière elles que des squelettes

Poursuivons notre revue aquatique avec un autre chasseur mythique : le piranha. La réputation de ce prédateur carnivore n'est plus à faire… et elle est en partie justifiée. Parmi les 35 espèces de piranhas présentes en Amérique du Sud dans le bassin de l'Amazone, de l'Orénoque et du Rio de la Plata, 5 espèces, dont le **piranha rouge** *Serrasalmus* ou *Pygocentrus nattereri*, sont particulièrement redoutables. De taille moyenne (les plus grands mesurent 60 centimètres), ces poissons sont grégaires et territoriaux. Ils vivent en bancs de centaines ou de milliers d'individus constamment à la recherche de nourriture animale, qu'elle soit vivante ou morte. Nous allons voir que les plus grands poissons ne sont pas forcément les plus féroces et que le calme apparent des eaux amazoniennes du nord du Brésil et du sud du Venezuela est tout à fait trompeur, car le danger est omniprésent sous la surface. À tout instant, la menace peut provenir des piranhas, toujours prêts à l'attaque, sans oublier les caïmans, les anacondas, les raies-pastenagues et, nous en reparlerons, les anguilles électriques.

Les eaux sont fréquemment opaques, ce qui rend la vision difficile, mais l'ouïe et l'odorat très aiguisés des piranhas font d'eux les princes des ténèbres. Après avoir repéré très rapidement leur proie grâce à leur sens olfactif très développé, ils fondent sur elle en nombre et sous tous les angles, dans une sarabande soudaine, fulgurante et effrénée. Ils entreprennent avec férocité de la dépecer : la victime est dévorée à l'instant même où elle prend conscience qu'elle est attaquée. Pourquoi une telle efficacité ? Le maxillaire proéminent et les dents triangulaires des piranhas, très aiguisées, tranchantes comme des rasoirs, leur permettent de découper la chair et de cisailler les proies (quand ce n'est pas les filets des pêcheurs dans lesquels sont emmaillés des poissons). Les Indiens utilisent d'ailleurs ces dents pour fabriquer des pointes de flèches et confectionner des rasoirs. Solidement implantées dans de massives mâchoires actionnées par des muscles puissants, elles incisent la peau de la victime puis arrachent et déchiquettent la chair, les poissons secouant leur corps pour extraire des morceaux de viande ou de viscères. La voracité de ce carnivore est telle qu'avec un groupe de congénères, il est capable de réduire n'importe quel gros animal (alligator, cabiai, cheval et éventuellement homme) à l'état de squelette en l'espace de quelques minutes.

Cette horde déchaînée qui fait bouillonner l'eau, animée d'une frénésie meurtrière jamais assouvie, ne laisse généralement aucune chance de survie à sa proie. Malgré tout, des poissons parviennent parfois à leur échapper, car les piranhas ne sont pas des chasseurs très habiles : tout en étant capables d'accélérations spectaculaires, ils ne sont pas doués pour les manœuvres. Mais les « miraculés » sont souvent mutilés, ayant dû par exemple abandonner à l'appétit vorace de leurs poursuivants un fragment de leur nageoire caudale… Lorsqu'un groupe de piranhas se trouve bloqué dans une mare au cours de la saison sèche et que le manque de nourriture se fait sentir, ces poissons deviennent particulièrement agressifs et ne tardent pas à s'entredévorer, le moindre signe de faiblesse de l'un d'eux le désignant immédiatement comme victime.

Par sa voracité, son agressivité et son intrépidité, ce poisson au profil ingrat et à l'œil mauvais a nourri les légendes sud-américaines : une véritable incarnation des « dents de la rivière » ! Frappés par son comportement sauvage, impressionnés par sa nervosité, ses attaques frénétiques, sa cruauté et l'efficacité de ses morsures, les conquistadors explorant l'Amazonie, tel le navigateur Alexandre de Humbolt en 1800, ont décrit celui qu'ils qualifiaient de « ventre rouge » comme « le plus féroce de la Création » et ont vu en lui une « machine à tuer ». Lors d'une expédition au Brésil en 1914, Theodore Roosevelt les a comparés, en raison de leur instinct meurtrier, au « fléau absolu » et à « l'incarnation vivante du Mal ». Ces récits ont enflammé les imaginations et contribué à la réputation mythique de ce « poisson mangeur d'hommes » qui a alimenté les cauchemars des témoins de ses attaques. C'est ainsi que de terribles histoires sont colportées. On raconte par exemple qu'un bateau chargé de 300 personnes aurait chaviré dans une rivière brésilienne en 1981 et que les féroces piranhas n'auraient laissé aucun survivant ! Ou que, lors de la traversée de l'Orénoque ou de tout autre passage à gué, les gardiens de troupeaux étaient contraints d'offrir aux piranhas une vache en sacrifice pour que le reste du bétail puisse changer de rive sans trop de perte. Les piranhas étaient en outre redoutés des éleveurs riverains des cours d'eau car ils étaient soupçonnés de dévorer les testicules des mâles des troupeaux (on les qualifiait d'ailleurs de « poissons-castrateurs »).

Ces récits terrifiants sont-ils tous exacts ? S'il semble aujourd'hui admis que des accidents aient pu se produire dans des conditions particulières et extrêmes, les piranhas ne sont pas en permanence aussi redoutables qu'on l'a longtemps cru. Tous les baigneurs croisant la route d'un piranha ne passent pas systématiquement de vie à trépas. Ils peuvent s'en tirer avec de « simples » morsures, assez graves mais uniques, sous la forme d'une lacération circulaire en forme de cratère des tissus musculaires et cutanés des membres inférieurs. Ces blessures ne seraient pas dues aux forts besoins alimentaires des piranhas, mais plutôt à leur comportement agressif de défense de leurs territoires de ponte. La saison des baignades et des activités nautiques récréatives coïncide en effet avec la période de reproduction de ces characidés. Aussi, selon les dires des Indiens, tout humain victime des piranhas n'aurait pas été malchanceux, mais simplement imprudent et stupide.

Si le pouvoir destructeur de ces poissons a été maintes fois souligné, et souvent exagéré, ces derniers n'en demeurent pas moins des intervenants utiles au plan écologique. Ils éliminent, de même que plusieurs prédateurs à qui nous avons déjà rendu visite, les organismes aquatiques les plus faibles, blessés ou malades (tout poisson qui présente des signes de fragilité signe immédiatement son arrêt de mort) et favorisent ainsi l'assainissement des voies d'eau, qu'ils débarrassent également des cadavres. Le piranha, hyène des eaux et éboueur des rivières, contribue donc à l'équilibre sanitaire des écosystèmes amazoniens et guyanais. Il occupe en outre une place de choix dans la vie des populations indigènes de l'Amazonie, qui ne le considèrent pas comme un fléau et ont appris non seulement à « vivre avec », mais également à l'exploiter. Elles pratiquent sa pêche artisanale à des fins alimentaires et, en dépit d'une chair fade, on rencontre couramment le piranha sur les étals des marchés vénézuéliens et brésiliens. La soupe de têtes de piranhas est d'ailleurs réputée dans toute l'Amérique du Sud pour ses vertus aphrodisiaques. Notons enfin que les piranhas ne restent pas les maîtres incontestés du fleuve, puisqu'ils font l'objet d'une prédation par des poissons comme les piracurus *Arapaima gigas* (de grande taille) et les loups-paons *Cichla monoculus* (piscivores très actifs), ou encore par des oiseaux (cormorans), des dauphins de rivières et des caïmans.

Les aquariophiles peuvent élever ce poisson mythique en aquarium à condition d'agir avec prudence en le manipulant (afin d'éviter ses morsures) et de prendre garde à ne pas le placer dans un bac collectif (son agressivité est telle qu'il tue et dévore tout autre poisson, fut-il un congénère). Certains d'entre eux, lassés d'avoir cherché en vain à en faire des animaux familiers, n'ont pas hésité à s'en débarrasser dans la rivière la plus proche. Ainsi, plusieurs piranhas ont été pêchés dans divers cours d'eau européens. Des pêcheurs vietnamiens se sont également émus de la présence de piranhas dans le Mékong, ce qui, aux yeux des gestionnaires des pêches de ce fleuve, pourrait constituer un désastre. Aussi, afin d'éviter qu'ils ne disséminent leur funeste réputation hors des rivières amazoniennes et guyanaises, les piranhas sont-ils aujourd'hui interdits d'exportation à destination des États-Unis et de l'Europe.

La perche, adepte de la chasse à courre

La **perche** *Perca fluviatilis* est un autre grand prédateur de petits poissons, mais il s'agit cette fois d'une adepte de la chasse à courre. Elle adopte un comportement grégaire et, à l'exception des individus grands et âgés qui tendent à devenir solitaires, elle vit durant le jour en groupes composés de quelques dizaines d'individus, généralement de même âge. Ces derniers se séparent la nuit pour se regrouper au petit matin.

Les perches sont localisées dans les zones des rivières, lacs ou étangs riches en obstacles immergés (végétation aquatique, racines d'arbres ou piles de pont) qui sont souvent fréquentées par des bancs de petits poissons, en particulier sous les arbres et les buissons des berges. Pendant la journée, elles chassent en bande, de préférence à l'aube et au crépuscule, mais leur humeur est fantasque. Aucune activité apparente ne signale leur présence jusqu'à ce que, soudainement, un commando de chasse se mette à poursuivre en tous sens un banc de vairons, de goujons, de gardons ou même de perchettes (encore un cas de cannibalisme !). Les poissons-cibles, affolés par leurs poursuivants, giclent alors à la surface en faisant bouillonner l'eau. Lors de l'attaque, le groupe tend à se disperser, chaque individu repérant une proie précise qu'il poursuit et capture promptement à l'aide de sa bouche protractile. Douée d'une excellente vue, la perche repère visuellement ses proies. Elle engage la poursuite « toutes voiles dehors », sa nageoire dorsale étant dressée, déployée telle une voile de jonque. Elle virevolte en pleine eau et dans les couches superficielles des rivières ou des plans d'eau, comptant davantage sur sa maniabilité que sur sa vitesse. Le caractère collectif de cette chasse en meute accroît l'efficacité des captures. Très actives prédatrices, les perches opèrent ainsi des « razzias » plus ou moins dévastatrices parmi les alevins et les juvéniles de cyprinidés, ce menu fretin constituant leurs proies privilégiées.

Lors de cette chasse collective, il ne semble pas qu'un leader dirige la poursuite mais plutôt que chaque individu tire profit de la frayeur exercée par le groupe sur les petits poissons. L'attaque est généralement brève, ne durant que quelques dizaines de minutes, soit le temps de capturer et d'ingérer plusieurs alevins, juvéniles et petits poissons. La horde de « perches-chasseresses » disparaît alors aussi soudainement qu'elle avait fait son apparition, cela jusqu'à la prochaine chasse qui, au grand désespoir des pêcheurs, est tout aussi imprévisible dans le temps. Ces derniers tentent de leurrer les perches à l'aide de cuillers papillonnantes, de poissons-nageurs, de poissons d'étain ou de « vifs » dandinés auxquels ces« belles zébrées » finissent, tôt ou tard, par succomber.

Si les petits gardons constituent, vu leur nombre, des proies toutes désignées pour la perche qui affectionne de s'en repaître, les plus grands, ceux qui ont eu la chance de survivre à cette prédation, ne manquent pas de « se venger » : ils consomment fréquemment les œufs des perches, ces derniers étant fixés en cordons à la végétation aquatique ou à des supports solides (branchages) et abandonnés sans surveillance. Manger et être mangé…

Les ogres des grands fonds

Quittons maintenant la surface des eaux pour les grandes profondeurs. Nous avons déjà signalé certaines « trouvailles » lumineuses des poissons abyssaux : ces créatures qui, pour certaines, vivent à des profondeurs supérieures à 600 mètres dans des eaux océaniques froides et obscures, « clignotent » de tous leurs feux pour trouver l'âme sœur. Leur façon de se nourrir recèle également quelques originalités.

S'ils n'ont rien de monstres marins en raison de leur petite taille (de 15 à 30 centimètres), ces poissons ne se comportent pas moins en féroces carnassiers. Le **dragon-noir** *Idiacanthus* sp, les **poissons-dragons** *Stomias* sp, *Aristostomias grimaldi, Pachystomias microdon, Malacosteus niger*, le **poisson-vipère** *Chauliodus sloani* se signalent tous par une anatomie bien particulière : une tête volumineuse précédant un corps mince, des mâchoires spectaculaires et démesurées, une énorme denture faite de dents en forme de canines très pointues, acérées et incurvées comme des poignards, dont la taille peut excéder celle

Un prédateur des abysses : le dragon-noir. Il est doté d'une tête volumineuse avec des mâchoires extensibles et des dents en forme de dagues. Ses photophores latéraux et ventraux produisent des flashes lumineux qui lui permettent de communiquer avec des congénères.

de la tête de ceux qui les portent. Ces dagues courbes disposées en une double rangée servent à empaler les proies. Lors de la capture puis de l'ingestion d'une proie, les mâchoires s'abaissent et les opercules s'écartent afin d'agrandir la bouche et l'entrée du pharynx, qui forment alors un entonnoir béant dans lequel s'engouffre la malheureuse victime. On comprend pourquoi on donne parfois à ces poissons abyssaux le surnom rabelaisien de « grandgousiers ». De plus, l'estomac est capable de se dilater considérablement de sorte que la proie avalée peut parfois excéder la taille du prédateur lui-même. Ainsi, on a pêché un *Eurypharynx pelecanoides* de 15 centimètres contenant un poisson de 23 centimètres replié dans son estomac.

Les premiers observateurs ont été frappés par le corps disproportionné, tout en bouche et en estomac, de ces véritables « poissons-entonnoirs ». Ainsi, les **anguilles-pélicans** *Eurypharynx pelecanoides* et *Saccopharynx ampullaceus* possèdent une cavité buccale d'un volume égal à onze fois leur volume corporel. Les mœurs carnassières de ces prédateurs sont telles qu'aucune proie ne peut espérer s'échapper de leur gueule, parfaitement armée pour combler les besoins alimentaires d'« ogres » qui n'ont que peu d'occasions de satisfaire leur appétit. Car le milieu abyssal, particulièrement inhospitalier (obscurité, froid, forte pression), est pauvre en proies. Il n'est donc pas question de manquer les rares occasions qui se présentent de mettre fin à de longues périodes de disette. Certains poissons-pêcheurs, comme *Melanocetus johnsoni*, utilisent d'ailleurs un stratagème proche de celui qu'emploie la baudroie pour attirer ses proies : un « filament pêcheur » terminé par un bulbe lumineux sert de leurre et attire les poissons-proies dans ce monde des ténèbres.

Plonger dans des eaux froides pour se nourrir

Les grands prédateurs pélagiques des eaux chaudes subtropicales et tropicales que sont le **marlin bleu** *Makaira nigricans*, le **marlin rayé** *Tetrapturus audax* et le **voilier** *Istiophorus albicans* chassent le plus souvent durant le jour, à vue et en groupe. Leur capacité à voir les couleurs leur permet de détecter les proies dans les couches superficielles des océans, sur un fond d'intensité lumineuse changeante. La nage rapide et efficace de ces poissons leur permet de prospecter un grand volume d'eau afin de poursuivre et d'intercepter des proies pélagiques. Chaque espèce effectue des manœuvres et pratique des accélérations qui dépendent de sa morphologie corporelle et de celle de ses nageoires, de façon à minimiser le temps d'approche, à jouer sur un effet de surprise et à accroître l'efficacité de la chasse.

Ainsi, le **voilier** *Istiophorus albicans* (*« sailfish »*) est un nageur rapide : il peut atteindre la vitesse de 110 km/h pendant de courtes périodes durant lesquelles sa grande et très belle nageoire dorsale (ou voile) – d'une hauteur 2 fois supérieure à celle de son corps, d'une couleur bleu-cobalt avec des reflets violacés et constellée de taches noires – est repliée dans une gouttière dorsale. Il fréquente les eaux côtières et les hauts-fonds riches en bancs de sardines, maquereaux ou anchois, qu'il attaque en groupe, « sabre au clair » : il les assomme et les empale en effet avec cette arme redoutable qu'est son rostre (également appelé épée ou sabre, et qui résulte d'un allongement de sa mâchoire supérieure). Après avoir réalisé un carnage parmi ses proies, il les ingère une à une. Notons que ce poisson est très prisé des pêcheurs sportifs en Floride, dans le golfe du Mexique, en Afrique occidentale, en Afrique du Sud et en Australie. Il se défend avec vigueur lorsqu'il est pris à la ligne par des bateaux, réalisant alors des bonds aériens très acrobatiques de plusieurs mètres hors de l'eau, décollant à la verticale puis plongeant à maintes reprises dans des jaillissements d'écume. Il change de couleur, passant par des tonalités bleu-noir à bleu-vert fluorescent, ce que l'on interprète comme des réactions de « fureur ». Sa remarquable combativité lui vaut, lorsqu'il finit par se rendre à l'issue d'une bagarre acharnée qui peut durer une heure, d'être souvent remis à l'eau, après une photo souvenir, par les pêcheurs dont l'éthique est le *« no kill »*. Ce splendide « poisson-trophée » doit cependant être protégé, menacé qu'il est par un autre type de pêche trop intensive, pratiquée en particulier par les navires japonais équipés de longues lignes porteuses d'appâts (*long-liners*).

Ces grands prédateurs ne rechignent toutefois pas à quitter les eaux chaudes superficielles et à plonger. Ainsi, dans le Pacifique, le **thon** *Thunnus thynnus orientalis* effectue des plongées jusqu'à 100 mètres de profondeur, liées à la présence de proies potentielles. Mais elles sont de courte durée (une dizaine de minutes au maximum) à cause du choc thermique que subit le poisson. De même, le **marlin noir** à long rostre *Makaira indica* des côtes australiennes qui, de jour comme de nuit, passe la plus grande partie de son temps dans les 10 mètres sous la surface, plonge jusqu'à 140 mètres de profondeur à certains moments de la journée. Il pénètre alors durant quelques minutes dans des eaux plus froides de 8 °C.

Tous ces poissons pélagiques ne se maintiennent donc dans les eaux froides que fort peu de temps. Pourtant, ils ont développé une remarquable adaptation aux variations thermiques qu'ils subissent au cours de leurs plongées. Une déperdition de chaleur est évitée grâce à un système d'échange de calories au niveau de petits vaisseaux sanguins, ce qui maintient le corps à une température plus élevée que celle de l'eau ambiante. La température de leur œil, qui est de 10 à 15 °C supérieure à celle de l'eau, leur permet une très bonne perception visuelle des proies à ces profondeurs. De l'avantage de ne pas avoir froid aux yeux…

Comment profiter du « savoir-faire » des autres prédateurs

Les poissons pélagiques de petite taille (anchois, sardines, maquereaux…) servent naturellement de proies aux grands carnivores pélagiques que sont les **thons** *Thunnus thynnus* et les **espadons** *Xiphias gladius.* Si ces prédateurs

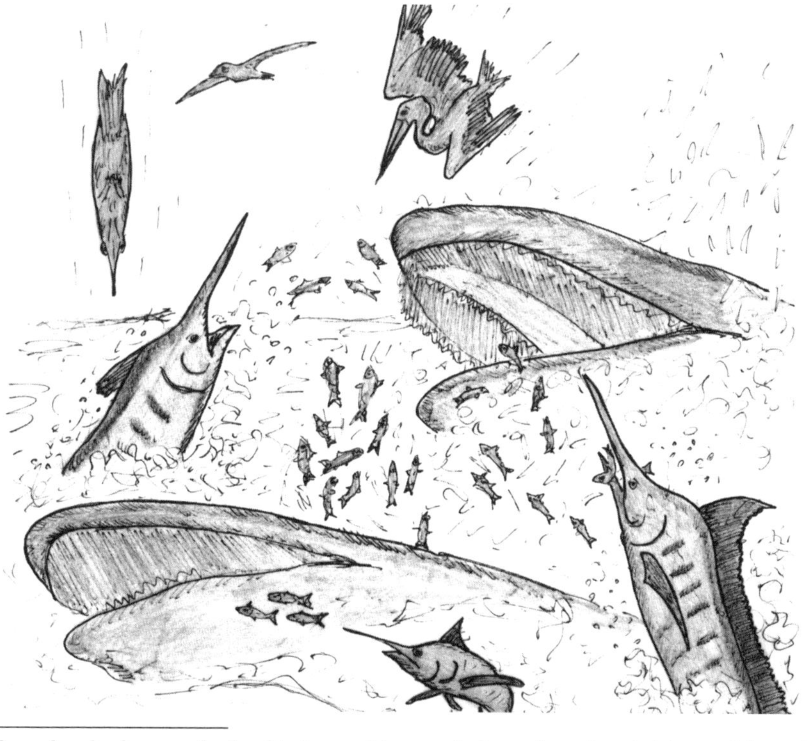

Une scène de chasse collective. Plusieurs prédateurs piscivores (espadons, baleines et frégates) attaquent simultanément un banc de petits poissons affolés.

savent parfaitement chasser en groupes pour leur propre compte, il n'est pas rare de les voir s'associer, le temps d'une attaque de quelques dizaines de minutes, à d'autres prédateurs piscivores comme les dauphins. De telles chasses collectives font appel à un comportement coordonné entre plusieurs partenaires, destiné à accroître l'efficacité des captures. Les dauphins (*Delphinus delphis, Stenella frontalis, Tursiops truncatus*) sont les initiateurs : ils commencent par encercler les bancs de petits poissons pélagiques, puis passent à l'attaque. Alors, profitant du travail réalisé par ces mammifères, les thons surgissent des zones plus profondes et, opportunistes, s'invitent au festin. Ils attaquent les poissons par-dessous, faisant d'ailleurs fuir les dauphins. Des oiseaux piscivores (frégates et puffins cendrés surtout) profitent également de cette aubaine et prélèvent leur part du gâteau, capturant les poissons épouvantés qui giclent au-dessus de la surface de l'eau. Lorsque la « curée » s'achève et que les survivants affolés se sont dispersés, les thons abandonnent la partie et repartent vers des zones plus profondes jusqu'à ce qu'une nouvelle opportunité se présente à eux. Les oiseaux piscivores sont d'ailleurs utilisés par les pêcheurs qui, en suivant leurs déplacements, sont informés de la présence des bancs de thons. Leurs « alliés » de pêche sont ainsi dénoncés au plus redoutable des prédateurs : le pêcheur-senneur (une senne est un filet traîné sur le fond).

Surprendre sa proie tel le loup vêtu d'une peau d'agneau

Le **robalo** brésilien *Centropomus mexicanus* est un prédateur carnivore grand amateur de poissons. Il utilise un subterfuge pour parvenir à ses fins. Pour éviter que sa proie ne soit alertée et ne s'enfuisse, il se « déguise » en un poisson inoffensif. Pour cela, il ne lui est même pas nécessaire de changer de livrée. Sa tactique consiste en effet à se joindre à un groupe d'*Eucinostomus melanopterus*, un gerridé qui lui ressemble par bien des points : morphologie corporelle comparable, livrée de même couleur et, surtout, présence d'une tache noire dans la partie supérieure de la nageoire dorsale. Ces gerridés sont jugés inoffensifs par les poissons-proies qui, demeurant sans méfiance, se font agresser par surprise par les robalos cachés parmi eux. Toutefois, les proies apprennent à détecter ces loups déguisés en agneaux cachés au milieu du troupeau : ils sont dénoncés par leurs odeurs, différentes de celles des poissons parmi lesquels ils se fondent. Ces derniers seraient-ils donc plus doués que le petit chaperon rouge ?

Un autre subterfuge : faire le mort

Quoi de plus inoffensif qu'un mort ? Divers animaux, dont des poissons, usent du stratagème qui consiste à « faire le mort » afin de se laisser approcher par des proies sans méfiance. Ainsi, le **cichlidé** *Haplochromis livingstoni* du lac Malawi se couche sur le flanc et demeure immobile sur le fond. Sa couleur devient blanchâtre et il ressemble alors parfaitement à un cadavre. De petits cichlidés nécrophages, attirés par cette belle opportunité alimentaire, s'approchent et se préparent à festoyer. Leur bonheur est hélas de courte durée : le faux-mort se réveille promptement et bondit sur ces imprudents poissons qui deviennent ses proies ordinaires. Chez les cichlidés, il est sage de bien respecter les morts.

L'anguille électrique fait parler la foudre lorsque l'appétit vient

Les piranhas ne représentent décidément pas le seul danger menaçant celui qui se risque à se baigner dans les eaux des rivières amazoniennes ou guyanaises : l'**anguille électrique** *Electrophorus electricus* guette. Ce poisson des eaux sud-américaines, parfois désigné sous le nom de gymnote, vit dans les eaux troubles, peu profondes et calmes des bras morts des fleuves ou des bords de leurs affluents. Il ressemble à une anguille par sa nage dite anguilliforme, faite de gracieuses ondulations, mais il s'en différencie à bien des égards, et en particulier par la possession d'un organe électrique qui lui confère la capacité de produire dans son environnement de violentes décharges électriques de 600 à 800 volts. La « secousse » qui en résulte est assez forte pour étourdir, dit-on, un cheval... Elle est en tout cas suffisante pour tétaniser des poissons-proies. Les hommes qui ont été frappés par de telles décharges reconnaissent que le choc électrique est plus violent que celui que l'on ressent après avoir mis le doigt dans une prise électrique. La décharge est produite par des cellules musculaires spécialisées, les électrocytes. De ce fait, les potentialités de nage active de l'anguille électrique sont réduites, une grande partie des cellules musculaires étant détournée de sa fonction locomotrice originelle. Les proies situées à moins de 40 centimètres de distance sont momentanément paralysées et se laissent capturer sans réagir. Quant à l'anguille elle-même, elle dispose d'un système de protection lui évitant d'être électrocutée par son propre courant : il s'agit d'un « matelas graisseux » qui enrobe sa musculature.

Créature redoutée représentant toujours un danger dans les eaux troubles de la forêt équatoriale, ce grand prédateur carnivore (long de 1,5 à 2 mètres, pesant plus de 20 kg), dont l'activité est surtout nocturne, est désigné localement sous le nom de « *tremblador* » (le poisson qui fait trembler). Les Indiens pensaient que ce « poisson qui paralyse » tirait son énergie électrique de la foudre, se rechargeant en quelque sorte après chaque orage. Redoutant leurs décharges, ils lâchaient des chevaux en travers des cours d'eau afin que les anguilles épuisent leurs « batteries », après quoi ils pouvaient traverser sans danger et même capturer ces poissons. L'anguille électrique est très prisée pour sa richesse en une graisse qui présenterait diverses vertus thérapeutiques. Cette graisse d'anguille est aujourd'hui encore vendue dans certaines officines d'Amérique du Sud. On ne connaît que peu de prédateurs à ce poisson, car les caïmans ou les anacondas lâchent prise dès les premières décharges électriques, et les piranhas se gardent bien d'être agressifs à son égard. L'anguille électrique est donc bien la reine du fleuve. Et l'Amazone n'est décidément pas un « long fleuve tranquille » : il y a danger en eaux troubles !

Des poissons cannibales

Que ce soit chez les brochets, les piranhas ou les perches, nous avons déjà rencontré plusieurs cas de cannibalisme. Ces mœurs qui peuvent nous sembler « barbares » ne sont pas exceptionnelles chez les poissons. C'est ainsi que des frères et sœurs peuvent s'entredévorer, ou qu'un mâle peut déguster certains de ses petits.

Des larves-tueuses qui dévorent leurs frères et sœurs

Nous relaterons ici l'histoire du petit **characidé** d'Amérique latine, *Brycon moorei*, remarquable par son appétit féroce et par le cannibalisme dont il fait preuve lorsqu'il n'est encore qu'une jeune larve. Ce comportement cannibale s'exerce sur ses frères et ses sœurs ayant éclos en même temps que lui. Il débute peu de temps après l'éclosion, alors même que ce nouveau-né possède encore des caractères embryonnaires. Dès que cette minuscule larve, qui pèse à peine plus d'un millième de gramme, se trouve pourvue de dents lui permettant de capturer et de retenir des proies, c'est-à-dire à sa naissance, elle attaque, de jour comme de nuit, les autres larves de taille à peu près équivalente à la sienne. Dans l'incapacité de les ingérer, elle saisit leur tête dans sa bouche, mais celle-ci reste bloquée au niveau de son œsophage de sorte qu'elle est réduite à en sucer les éléments nutritifs. Après quoi, 5 à 10 heures plus tard, elle régurgite et abandonne le reste du corps. Cependant, lorsqu'elle est en train de cannibaliser ainsi un frère ou une sœur, elle peut à son tour être attaquée par une autre larve de la même « portée ». Et ainsi de suite, au point que des chaînes d'individus cannibales se forment. Un tel chapelet peut comporter jusqu'à 7 larves.

Deux jours après son éclosion, la larve devient capable d'ingérer complètement dans son estomac ses proies « familiales » qu'elle digère promptement. Ce comportement trophique très actif – les larves ont la capacité d'ingérer chaque jour jusqu'à 130 % de leur masse corporelle – et le caractère très nutritif de ce régime alimentaire favorisent une croissance très rapide des survivantes. Ces dernières sont rares, la mortalité larvaire pouvant atteindre 98 % à la fin de la première semaine. La ou les seule(s) survivante(s) de la chaîne tire(nt) un profit évident de cette « mauvaise action ». La mort des uns nourrit la vie des autres… Une telle « loi de la jungle » larvaire est particulièrement impitoyable. Ce « sacrifice » d'une partie des portées favorise la survivance des plus forts. De la sorte, ce sont les individus de l'espèce qui régulent eux-mêmes leurs propres populations.

Quand l'infanticide permet de demeurer bon père et bon géniteur

Chez les poissons, le cannibalisme peut également être exercé par les parents à l'encontre de leur progéniture. C'est le cas chez l'**épinoche** *Gasterosteus aculeatus*. À l'issue de la ponte, la femelle quitte le nid confectionné par le mâle dans lequel elle a déposé ses œufs. Ceux-ci sont désormais sous la surveillance et la protection de son partenaire, seul préposé aux soins parentaux. Ce pauvre « mâle au foyer » dépense beaucoup d'énergie pour sa future progéniture : il ventile les œufs grâce aux battements de ses nageoires pectorales – assurant un courant d'eau oxygénée à l'intérieur du nid et une élimination des particules sédimentaires qui s'y déposent – et, surtout, il défend le nid contre les intrus et les prédateurs potentiels en quête d'un bon repas. Ces activités de gardiennage à plein-temps sont très coûteuses et notre malheureux père épuise ses réserves d'énergie au fur et à mesure qu'il prodigue ses soins parentaux. Or ces derniers sont si prenants qu'ils nécessitent sa présence permanente dans et autour du nid, ce qui lui laisse peu de temps pour s'alimenter. Il se trouve ainsi contraint à un jeûne prolongé pendant la durée du développement des œufs. Ce père laborieux peut-il prendre le risque de dépérir rapidement, ce qui condamnerait irrémédiablement sa progéniture ? Mourir est un renoncement auquel le mâle d'épinoche ne semble pouvoir se résoudre. Il succombe donc à la tentation et consomme généralement une partie de la ponte, le plus souvent les œufs les plus fraîchement pondus.

Un tel « ovocide », qui pourrait sembler « barbare », se justifie par la nécessité pour le mâle de demeurer coûte que coûte un « bon père », au grand bénéfice des survivants qui profitent de la poursuite des soins paternels. S'il est particulièrement affamé, il peut consommer une grande partie des œufs déposés dans son nid. C'est à ce prix qu'en plus de prendre soin de ses futurs petits, il ne compromet pas l'avenir. Ayant ainsi reconstitué ses forces, il peut envisager avec succès la production d'une nouvelle portée. Le « crime » est donc explicable : le mâle investit pour l'avenir en quelque sorte. Bien nourri et en bonne condition physique (embonpoint, couleurs vives de sa livrée nuptiale), il ne manquera pas de séduire ultérieurement une ou plusieurs belles femelles, d'obtenir d'elles des accouplements réussis et, étant sexuellement performant, de produire des gamètes de qualité, gages d'une belle et forte descendance. Face à cette alternative – dépérir et probablement mourir ou survivre en étant un mâle performant – notre mâle cannibale a donc effectué… « le bon choix ». Responsable mais… non coupable !

Les mâles d'épinoches ne sont pas les seuls poissons à être confrontés à un choix dramatique. Les **apogonidés** du genre *Apogon* doivent également résoudre un dilemme comparable. Le mâle pratique une incubation buccale des œufs. Or, si la ponte est trop abondante, la circulation d'eau dans sa bouche peut devenir insuffisante, ce qui menace de provoquer la mort des œufs par asphyxie. Face à la nécessité de « faire le vide » pour ménager un espace libre d'environ 30 % qui favorise une oxygénation satisfaisante des œufs, ce père incubateur n'hésite pas à avaler l'excédent d'œufs. Tuer certains de ses enfants – le moins possible – pour sauvegarder les autres – le plus grand nombre possible – tel est le choix qui s'offre à lui pour le « salut » de son espèce.

Des régimes très spéciaux

La compétition entre les espèces pour un même type de nourriture est parfois féroce, en particulier chez les amateurs de chair fraîche. En conséquence, on observe généralement une certaine partition des territoires d'alimentation. De plus, afin d'éviter de trop vives rivalités pouvant conduire à des exclusions alimentaires et à un jeûne, certaines espèces ont adopté des régimes très spécialisés : elles consomment des proies « difficiles » que les autres espèces n'exploitent pas.

Nourrir ses petits avec sa peau

À l'éclosion, les larves des poissons ont parfois presque totalement épuisé leurs réserves nutritives embryonnaires, qui proviennent du « jaune » de l'œuf, que l'on nomme la vésicule vitelline. Ils doivent donc impérativement se mettre en quête d'une nouvelle source de nourriture. Cette recherche n'est pas sans danger dans la mesure où elle accroît les risques de mauvaises rencontres avec des prédateurs. Le **poisson-disque** ou **discus** *Symphysodon discus* d'Amazonie développe une étonnante stratégie pour limiter ces risques : les nouveau-nés demeurent au voisinage immédiat de leurs parents et trouvent leur alimentation sur la peau de ces derniers. Ils consomment en effet les sécrétions muqueuses exsudées en abondance par le tégument des mâles et des femelles pendant la période d'élevage de leur progéniture. Cette nourriture est riche en substances nutritives et permet une croissance rapide des juvéniles. Dans une certaine mesure, ce mucus nourricier se rapproche des sécrétions lactées produites par les glandes mammaires des mammifères. Ainsi, en « tétant » alternativement durant un mois la peau de leur mère et de leur père, les jeunes discus courent de faibles risques de prédation et sont assurés d'une meilleure chance de survie que les jeunes d'espèces « non allaitantes », chez lesquelles les nouveau-nés doivent apprendre à rechercher leur nourriture, une opération souvent à haut risque.

Chaparder des fragments de chair de poissons vivants

Certains **cichlidés**, tels *Perissodus paradoxus* du lac Tanganyika, se nourrissent de mucus, de peau et d'écailles d'autres cichlidés pourtant beaucoup plus grands qu'eux, comme *Cyathopharynx* sp. Ils n'utilisent pas le prétexte d'un comportement de nettoyeurs, mais jouent sur un effet de surprise pour s'approcher de leurs cibles, en nageant flanc à flanc avec des poissons accompagnateurs qui ne présentent pas le même comportement alimentaire qu'eux. Ainsi dissimulés, ils attendent d'être à proximité du poisson dont ils convoitent la peau pour se précipiter promptement sur lui et arracher, à l'aide de leurs dents acérées, leur « butin cutané ». Après quoi, ils s'enfuient tout aussi rapidement qu'ils sont venus. Les poissons-cibles semblent ne réaliser que bien trop tardivement la rapine dont ils ont été victimes. Il ne reste plus alors à nos chapardeurs qu'à rechercher une nouvelle proie. Il suffit d'examiner le contenu de l'estomac de *P. paradoxus* pour se convaincre de l'efficacité de cette stratégie de prise de nourriture : il contient généralement des centaines d'écailles prélevées sur diverses victimes. Le poisson accompagnateur et protecteur involontaire des chapardeurs est souvent un grand prédateur. C'est par exemple le cas de la perche du Nil *Lates calcarifer* : elle capte l'attention de la proie, ce qui permet à nos petits cichlidés furtifs de l'approcher facilement puis de procéder rapidement et sans danger à leur ponction cutanée.

Comment venir à bout d'une forêt d'épines acérées ?

Les oursins du genre *Diadema setosum* ne sont pas des proies très convoitées des poissons car leurs très longs piquants, très acérés et perforants, rendent leurs parties comestibles bien difficiles d'accès. Malheur à quiconque s'y frotte… Pourtant, le **baliste** *Balistapus undulatus*, qui peuple la mer Rouge, possède un régime carnivore diversifié incluant parfois de tels oursins. La solution adoptée par ce poisson pour satisfaire son appétit sans risquer de se blesser consiste à éviter d'entrer en contact avec ce « hérisson des mers » dont l'approche est si peu engageante. Avec sa bouche, il projette sur cette cible un violent jet d'eau qui la déstabilise et provoque son retournement. Cela permet un accès aisé à sa face inférieure qui, n'étant pas garnie de piquants, constitue le point faible, le défaut de sa cuirasse épineuse. Après avoir « soufflé de l'eau » suffisamment fort sur l'oursin, le baliste attaque la paroi calcaire de l'animal avec sa forte denture en bec-de-perroquet et consomme le contenu des viscères, ne laissant derrière lui que les piquants. Un tel comportement n'est probablement pas inné : les juvéniles l'acquièrent sans doute lors d'un apprentissage au cours duquel ils copient des adultes expérimentés, ces derniers exerçant une fonction de poissons démonstrateurs.

Le baliste n'est pas le seul poisson à apprécier les oursins et d'autres stratégies très inventives de capture de ces proies piquantes ont été développées. Ainsi, le **labridé** de la mer Rouge *Cheilinus trilobatus* adopte à l'égard de ce même oursin *Diadema setosum* une tactique astucieuse et efficace : il le repousse avec sa tête en direction d'un rocher et parvient à l'y projeter afin de le briser. L'oursin ainsi « éclaté », ses viscères – très comestibles – deviennent accessibles à ce consommateur astucieux.

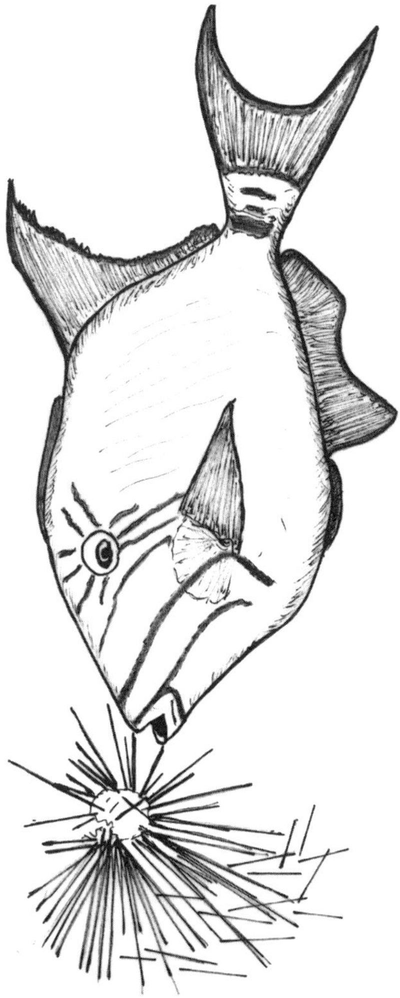

Un baliste s'attaquant à une véritable forêt d'épines. Le poisson est parvenu à fracasser le squelette externe d'un oursin à longs piquants afin de se nourrir de ses viscères.

Des brouteurs de coraux, marchands de sable des récifs coralliens

Certains poissons se nourrissent des coraux qui forment les récifs coralliens des Caraïbes, de la mer Rouge, de l'océan Indien ou de l'océan Pacifique. Qu'y trouvent-ils à manger ? Pour répondre à cette question, il convient de rappeler que les coraux sont des animaux coloniaux dont chaque individu, ou polype, participe à la construction de l'édifice récifal en déposant autour de lui des éléments d'une « muraille » calcifiée. Si la partie vivante du corail est biologiquement active, puisqu'elle assure la biosynthèse et la biominéralisation du récif, elle est quantitativement réduite par rapport à la partie minérale faite de carbonate de calcium inerte. Consommer des coraux revient donc à s'attaquer à une muraille particulièrement dure et résistante, puis à ingérer une grande masse de matériel minéral sans valeur nutritive afin d'extraire, de digérer et d'assimiler la faible biomasse vivante représentée par les polypes ainsi que par des algues associées aux coraux. Les **poissons-perroquets** du genre *Scarus* sont typiquement « corallivores ». En témoigne le contenu de leur estomac et de leur intestin : il est constitué d'une grande quantité de débris coralliens broyés dans l'arrière-gorge par des dents dites pharyngiennes puis triturés dans leur estomac, qui fonctionne comme un moulin à broyer. L'ingestion des coraux dépend d'un dispositif buccal constitué de dents fortes, volumineuses et résistantes, soudées entre elles pour former un bec qui ressemble à celui des perroquets (d'où l'appellation de ces poissons, également justifiée par leurs livrées de couleur vive). Les poissons-perroquets se positionnent à la verticale des coraux et actionnent leur denture grâce à de puissants muscles. Les plongeurs peuvent d'ailleurs entendre le bruit créé par la mastication des coraux, qui sont réduits à l'état de pâte à l'aide de dents pharyngiennes broyeuses très développées.

Ces poissons diurnes passent la majeure partie de la journée à brouter inlassablement la surface des coraux. Ces infatigables stakhanovistes de la destruction corallienne participent à une érosion biologique non négligeable du récif : deux tonnes de coraux seraient détruites chaque année par chaque poisson-perroquet adulte. Il est vrai qu'à la différence de la plupart des espèces de poissons, ils ne connaissent pas les effets d'une concurrence et d'une rivalité entre congénères ou avec d'autres espèces corallivores, tant le matériel récifal est abondant et varié. Leur transit intestinal est continu durant la période d'alimentation et la totalité de la partie minérale de leur bol alimentaire est rejetée sous forme de matières fécales blanchâtres. Ils émettent ces déjections minérales dans leur sillage au cours de leurs déplacements, participant ainsi à l'élaboration du sable corallien qui est particulièrement fin. Par cette « biosédimentation », les poissons-perroquets jouent un rôle important dans le cycle des éléments chimiques constitutifs des récifs coralliens qui sont chaque jour à la fois en permanente construction et en continuelle destruction. Leur journée de labeur accomplie, ces pacifiques poissons se retirent pour la nuit dans une cavité du récif et goûtent un repos bien mérité, enfermés dans une bulle de mucus qu'ils sécrètent chaque soir (voir chapitre 4).

Des parasites

La recherche de nourriture et la capture de proies vivantes nécessitent le plus souvent des efforts quotidiens répétés qui sont sources de dépenses énergétiques. Chaque espèce recherche donc un compromis entre ces dépenses et les gains procurés par l'ingestion des ressources alimentaires. De ce point de vue, le parasitisme peut être particulièrement avantageux (... pour le parasite s'entend). Donnons-en un exemple.

La **lamproie de mer** *Petromyzon marinus* (son nom de genre latin évoque sa capacité à « sucer les pierres » grâce à sa ventouse orale ou « bouche-ventouse » qui lui permet de se fixer temporairement à des rochers) naît et vit plusieurs mois ou plusieurs années en rivière où elle consomme de petites proies benthiques (essentiellement des algues microscopiques). Après une sorte de métamorphose, elle gagne la mer, devient carnivore et se comporte en parasite externe de nombreux poissons (morues, maquereaux, saumons) et également de cétacés. Elle se fixe sur eux grâce à sa ventouse orale munie de denticules cornés qui perforent leur peau, généralement au niveau d'un flanc. Elle se nourrit ainsi en suçant le sang et la lymphe de son hôte et en râpant les tissus dont elle absorbe les éléments nutritifs. Le poisson parasité dépérit et souvent meurt, ce qui contraint la lamproie à l'abandonner et à rechercher une nouvelle victime. Non contente de « vampiriser » son hôte, elle se laisse véhiculer passivement par lui, du moins jusqu'à l'épuisement de ce bien involontaire transporteur.

Après avoir passé une partie de sa vie en mer, la lamproie retourne dans des eaux douces continentales pour se reproduire. Dans certains cas, elle se sédentarise et devient alors redoutable pour les populations de poissons lacustres qu'elle parasite. Ainsi, les corégones des Grands Lacs nord-américains ont été décimées suite à l'ouverture du canal Welland en 1829. Ce dernier reliant ces lacs à l'océan Atlantique, il a permis leur colonisation par les lamproies. Le déclin spectaculaire des corégones a été progressivement réduit par l'emploi de « lampricides » dirigés contre les stades larvaires de ces poissons (ammocètes). Ces hôtes indésirables ayant été décimés, les populations de corégones ont pu de nouveau prospérer.

De paisibles consommateurs de plancton

Tous les poissons n'ont pas des mœurs semblant en apparence aussi « barbares » que celles de nombre de carnivores purs et durs que nous venons de décrire. C'est le cas des espèces qui ne consomment pas de poissons-proies vivants, et en particulier de celles qui se nourrissent du plancton, c'est-à-dire de la grande diversité de petits organismes végétaux (algues unicellulaires) et animaux (surtout des petits crustacés) flottant et nageant dans les eaux océaniques. Parmi ces placides planctonivores, nous allons évoquer des « monstres marins » dont la mauvaise réputation n'est pas justifiée : la raie-mante, le requin-pèlerin ou le requin-baleine.

Les raies-mantes : des monstres marins bien pacifiques

Les **raies-mantes** *Manta* sp (du latin *mantum* signifiant manteau) et *Mobula* sp (du terme *mobilis* signifiant mobile) ont presque tout de monstres avec leur envergure imposante de 6 à 7 mètres et leur masse de plus d'une tonne (pouvant atteindre 1,4 tonne). Leurs nageoires pectorales forment des sortes d'ailes dont les battements lents et réguliers leur permettent de « voler » avec une grande élégance au sein des eaux océaniques. Les déplacements de groupes de raies sont ainsi à l'origine de véritables ballets sous-marins. Ces grands et majestueux « vaisseaux pélagiques » atteignent jusqu'à 10 m^2 de surface et leur aspect est tout à fait impressionnant. Elles sont surnommées « diables des mers » en raison d'une sinistre apparence due à leur dos noir et à leur ventre blanc, ainsi qu'à la présence d'une queue longue et effilée munie à sa base d'une épine. Elles connaissent des amours tumultueuses : les femelles présentent souvent des séquelles de leurs accouplements avec des mâles particulièrement violents (nageoires cassées, queue brisée). Les raies-mantes sont dotées d'une énorme bouche disposée à l'avant du corps et entourée de deux cornes, ce qui a longtemps laissé croire qu'elles étaient capables d'engloutir des proies de grande taille… voire même des hommes. Des légendes ont ainsi circulé parmi les marins, où les raies-mantes saisissent des nageurs pour les dévorer et tirent des navires par leur ancre pour les entraîner dans les abysses…

En fait, en dépit de l'aspect redoutable et quelque peu terrifiant qui est lié à leur puissance, ces raies-mantes ne se montrent jamais agressives et n'ont rien de dangereux prédateurs. Paisibles et débonnaires, elles

« planent » souvent au voisinage de la surface océanique et se laissent facilement approcher par les plongeurs – ce qu'elles paient d'ailleurs parfois cher s'il s'agit de chasseurs. Elles possèdent bien un régime alimentaire carnivore, mais il est constitué de petits crustacés planctoniques ainsi que de crevettes et de petits poissons. Les raie-mantes se déplacent la bouche grande ouverte, les cornes canalisant le flux d'eau chargé d'organismes vivants en suspension dans l'eau vers leur pharynx, leur œsophage puis leur volumineux estomac. Elles consomment ainsi des masses importantes de plancton. Exploitant les « pâturages planctoniques » de la haute mer où sont concentrées d'importantes masses d'organismes flottants, elles viennent parfois festoyer dans les zones littorales. Ces doux géants deviennent toutefois dangereux lorsqu'ils sont blessés par un harpon : ils peuvent alors agresser – voire même détruire d'un coup d'« aile » – le bateau de pêche responsable de leurs souffrances.

D'autres Goliaths des océans, tels le **requin-pèlerin** *Cetorhinus maximus* et le **requin-baleine** *Rhyncodon typus* sont également de paisibles et inoffensifs mangeurs de plancton, qu'ils collectent en nageant la bouche grande ouverte et filtrent au niveau de leurs branchies. Ainsi, les plus grands requins (mesurant 15 à 20 mètres de long et pesant 15 à 20 tonnes) sont ceux qui consomment les plus petites proies. Leur dénomination anglaise de *« basking sharks »* fait allusion à la présence d'une corbeille branchiale fonctionnant comme un vaste collecteur d'organismes planctoniques. Ces géants filtreurs qui sillonnent avec lenteur et majesté les océans engouffrent d'énormes quantités d'eau pour se nourrir (environ 1 000 tonnes à l'heure). Placides et indolents, ils naviguent à la surface des océans, se déplaçant souvent avec la lenteur imposante qui convient à des créatures d'un tel gabarit. Ils sont cependant susceptibles de parcourir de grandes distances. On a ainsi pu mesurer que deux requins-pèlerins sur lesquels avaient été placés des émetteurs satellitaires avaient parcouru respectivement 4 500 et 8 025 kilomètres en quatre mois. Nageant souvent la nageoire dorsale à fleur d'eau, ils sont aisément repérables par voie aérienne et donc faciles à harponner depuis un bateau.

Ces véritables Léviathans des mers que sont le requin-pèlerin et le requin-baleine sont tellement pacifiques qu'ils se laissent approcher par des plongeurs, certains d'entre eux pouvant même se positionner à califourchon sur leur pédoncule caudal. Cela peut s'avérer intéressant pour les promoteurs d'un « écotourisme » en développement. Cependant, ces énormes poissons représentent aussi, pour leur infortune, une énorme source de protéines. Quant à l'huile riche en squalène extraite de leur foie, elle a longtemps servi en cuisine, pour des lampes à huile et en savonnerie. Aujourd'hui, elle est recherchée pour l'industrie des cosmétiques et la mécanique de précision. Leur valeur marchande est élevée en Extrême-Orient : environ un million de dollars par individu. Les risques sont donc grands de voir ces superbes créatures décimées par la pêche industrielle.

Des « jardins d'anguilles » à l'affût du plancton

Se nourrir de plancton n'est pas l'apanage des seuls poissons nageant inlassablement sur de grandes distances, tels ceux que nous venons d'évoquer ou, encore, les anchois, les sardines… Ainsi, les **hétérocongridés** *Heteroconger* sp et *Gorgasia* sp des mers tropicales, qui sont des poissons benthiques fixés, sont aussi des mangeurs de plancton. Ils vivent enfouis dans le sable corallien, ancrés par leur queue dans une galerie verticale au sein de laquelle ils se réfugient au moindre danger. La paroi de cette dernière, dont la longueur représente une fois et demi la taille du poisson, est consolidée par une sécrétion émise par une glande située au niveau de la queue. Ces poissons émergent de leur « terrier » pour s'alimenter. Dressés à quelques dizaines de centimètres au-dessus des fonds sableux, les deux tiers de leur corps hors de la galerie, tous orientés parallèlement les uns aux autres, ils ondulent face au courant qui leur apporte des proies planctoniques dérivantes. Ils effectuent une danse rythmée, se balançant continuellement au gré des mouvements d'eau. Des colonies de milliers – voire même de millions – de ces poissons dénommés à tort « anguilles » occupent certains secteurs sédimentaires des récifs où s'accumule le sable corallien (comme dans le golfe de Californie par exemple), formant ce que l'on appelle des « jardins d'anguilles ».

De tranquilles « végétariens »

Pour accéder au matériel végétal, la compétition est beaucoup moins vive que lorsqu'il s'agit de capturer des proies animales. Il en résulte une nette pacification des relations entre les espèces qui consomment des plantes, des fruits et/ou des graines. Certaines d'entre elles protègent toutefois leurs «jardins» et défendent âprement leur territoire d'alimentation.

Cultiver et défendre son jardin d'algues

Les **poissons-demoiselles** des récifs coralliens, comme *Stegastes planifrons* de la Grande Barrière australienne, sont des herbivores qui consomment différentes espèces d'algues dans un territoire qu'ils défendent contre les intrusions de congénères ou d'espèces rivales. Leur activité est diurne, bien synchronisée avec les synthèses chlorophylliennes algales liées à la lumière solaire. Jusque-là, rien d'extraordinaire. Sauf qu'à ce territoire d'alimentation est annexé un territoire de défécation, c'est-à-dire un secteur où sont rejetés tous leurs déchets d'excrétion urinaire et de défécation. Ces derniers sont riches en azote et vont ainsi fertiliser de nouvelles zones de production végétale. En bons agronomes, ces poissons savent donc recycler leurs déchets et pratiquer une gestion écologique durable de leurs ressources naturelles.

Chez *Plectroglyphidodon lacrymatus*, un autre poisson-demoiselle qui peuple les milieux récifaux de Nouvelle-Guinée et consomme également des algues, on a également mis en évidence un territoire de défécation. Il est localisé essentiellement en un site particulier qui borde le territoire d'alimentation. Une telle séparation territoriale est peut-être destinée à limiter les risques de reconnaissance de ces poissons par des prédateurs capables de détecter les signaux chimiques contenus dans leurs matières fécales. Elle pourrait également permettre de réduire les risques de transfert d'éventuels parasites intestinaux à l'intérieur de la population. Ces sites de défécation, respectés par toute la population, auraient donc une fonction hygiénique de «sanisettes pour poissons». Dommage que les chiens de nos villes ne soient pas spontanément animés du même respect écologique de leur environnement, qui est aussi le nôtre !

Manger des fruits et ensemencer la forêt

Dans divers bassins des grands fleuves américains, au moment des crues, les poissons se déplacent vers les plaines d'inondation qui sont occupées par la forêt. C'est ainsi que le **poisson-chat** *Ictalurus punctatus* peut consommer les fruits du mûrier rouge et du troène des marécages qui, parvenus à maturité, tombent dans l'eau à cette période. Les graines ingérées avec le fruit traversent le tube digestif sans être dégradées par les enzymes digestives et sont rejetées intactes avec les matières fécales, tout en conservant tout leur potentiel de germination. Par leurs défécations, les poissons sont donc des vecteurs de graines et jouent un rôle important dans la dispersion de ces végétaux. Les poissons au service de la forêt ! Toutefois, la réduction spectaculaire des plaines d'inondation fluviale suite aux travaux d'endiguement et aux aménagements de certains fleuves ne manquera pas de modifier l'habitat des poissons-chats et donc de se traduire par une diminution de la propagation naturelle de certains végétaux. Les conséquences des interventions humaines sur la nature sont parfois surprenantes…

Les poissons **characidés** tels *Brycon microlepis* de la forêt amazonienne brésilienne ont développé une autre stratégie pour récolter les graines et fruits qui sont à la base de leur alimentation. Ils profitent de l'activité d'alimentation d'autres animaux, en l'occurrence celle des singes capucins *Cebus apella* qui consomment des feuilles, des fruits et des graines dans les arbres surplombant la plaine d'inondation fluviale. Une partie de cette nourriture tombe dans l'eau. Les poissons nagent en groupe et suivent la progression des singes au-dessus de l'eau, attendant que la nourriture… leur tombe du ciel. Ils avalent certaines graines et, grâce à leurs puissantes mâchoires et à leur forte dentition, broient les fruits, y compris des noix aux enveloppes dures. Ces poissons savent également profiter avec opportunisme de l'activité des oiseaux frugivores comme le passereau *Piranga flava* qui, lorsqu'il s'alimente, fait chuter dans l'eau une partie des fruits et des graines dont il se nourrit. Les poissons doivent donc parfois savoir « suivre le singe » ou « suivre l'oiseau » pour obtenir à bon compte une nourriture venant du ciel.

De l'avantage de se contenter de peu

Bien des espèces exploitent des ressources nutritives peu attrayantes : sédiments, charognes, vomissures, matières fécales… Elles n'ont alors pas trop à se méfier de rivaux qui viendraient leur contester une si maigre pitance.

De paisibles racleurs de sédiment

Les **mulets** des genres *Mugil, Liza* et *Chelon* (également dénommés muges) fréquentent les eaux marines côtières, les eaux saumâtres et les eaux douces de la partie aval des fleuves et rivières côtiers. Nageant en pleine eau, ils ont tendance à gagner le fond pour rechercher une nourriture (microfaune de copépodes, microflore d'algues unicellulaires et de diatomées). Munis d'une bouche entourée de lèvres permettant de racler la surface du fond, le corps incliné et animé de mouvements de rotation, ils ingèrent la pellicule superficielle du sédiment faite de matière organique plus ou moins dégradée riche en bactéries ainsi que de particules minérales sableuses ou argileuses, et contenant des petits organismes. Ils absorbent indistinctement cette mixture et opèrent ensuite un certain tri grâce à un organe spécialisé (organe pharyngo-branchial). Ce dernier contient des expansions parallèles, les branchiospines, qui fonctionnent comme un filtre sélectif retenant les proies les plus grandes et éliminant par les ouïes, sous la forme d'un nuage turbide, une partie des éléments minéraux sans valeur alimentaire. Certaines particules sableuses sont cependant ingérées, ce qui n'est pas inutile : elles ont pour fonction d'aider à la trituration mécanique du bol alimentaire dans l'estomac, à la manière du gésier des poules.

Ces poissons peu exigeants disposent de réserves alimentaires considérables, la quantité de matière organique présente à la surface du fond étant quasi illimitée. La compétition est donc réduite, ce qui rend inutile tout comportement agressif de défense d'un territoire. Chaque espèce de mulet tend d'ailleurs à « brouter » un sédiment dont les caractéristiques physiques (taille des particules) et chimiques (nature de la matière organique) sont distinctes, ce qui limite encore tout risque de compétition. Non seulement ces poissons ne se concurrencent pas, mais ils font même preuve d'une certaine solidarité alimentaire. Lorsqu'il nage dans un groupe – où les individus, serrés les uns contre les autres, sont unis par des stimulis visuels – un muge a une activité alimentaire supérieure à celle d'un poisson isolé. Se nourrir avec des congénères est bien plus convivial et aiguise la faim !

Ces muges, qualifiés de limnivores ou de détritivores, prospèrent donc pacifiquement dans les eaux de nombreuses régions côtières, surtout celles où les sédiments sont riches en matière organique. Ils forment des groupes itinérants facilement identifiables lorsqu'ils nagent en surface et effectuent des sauts hors de l'eau. Ils sont considérés comme des éboueurs des fonds sédimentaires côtiers et portuaires qu'ils débarrassent de leurs détritus organiques. Se satisfaisant d'une nourriture qui ne suscite guère de convoitises de la part des autres espèces de poissons, ils mènent une existence plutôt tranquille, à l'écart des rivalités et des agressions qui sont l'apanage des carnivores et des espèces dites nobles. De l'avantage d'être un muge « d'en bas »...

Se régaler des charognes

Les **myxines** sont peu regardantes sur la qualité de leur nourriture et se comportent en charognards sur les fonds océaniques. Aux profondeurs où on les rencontre (de l'ordre 1 000 mètres), la vie est particulièrement difficile en raison d'un environnement bien peu hospitalier : obscurité totale, fortes pressions, températures basses et nourriture rare. Dans ce milieu parfois qualifié d'extrême, le bonheur provient essentiellement des zones superficielles de l'océan sous la forme de charognes : cadavres de crustacés (à l'origine d'une « pluie particulaire »), de grands poissons (thons, requins...) et de grands mammifères (baleines, cachalots, orques...) constituent une manne dont se régalent les myxines. Elles sont nécrophages. Ainsi, dans des zones profondes proches des côtes américaines, certaines d'entre elles pullulent (600 000 individus par km^2) en se repaissant de cette matière organique inerte dont elles débarrassent les zones abyssales, avant de devenir elles-mêmes à leur tour des cadavres à recycler. Disposer de la dépouille d'une baleine de 60 tonnes déposée sur le fond et « au frais » (la température ambiante se maintient toujours entre 2 et 4 °C) permet aux myxines de festoyer dans les abysses pendant environ... deux années. La raréfaction des baleines va-t-elle condamner les myxines à jeûner ?

Des poissons friands des déjections et des vomissures des dauphins

La concurrence est rude entre les nombreux poissons inféodés aux récifs coralliens. Il convient de ne pas gaspiller la moindre ressource nutritive disponible, quelles qu'en soient l'origine et la nature, pourvu que son contenu soit comestible et profitable d'un point de vue énergétique. Ainsi, les matières fécales et les vomissures des dauphins *Stenella longirostris* – qui se nourrissent de poulpes, de crevettes et de poissons – constituent une ressource alimentaire appréciable pour le **baliste noir** *Melichthys niger* des côtes brésiliennes. Il est donc qualifié de coprophage. Ces poissons suivent les dauphins lorsque ces derniers nagent lentement et guettent attentivement les signes précurseurs d'une émission de produits stomacaux ou intestinaux. Ils savent en effet reconnaître les postures de courbure et les contorsions corporelles adoptées par ces mammifères marins peu avant de vomir ou de déféquer. Le moment venu, ils peuvent donc converger rapidement vers la source prévisible d'arrivée de cette manne alimentaire puis ingérer rapidement le matériel partiellement digéré et les particules organiques qu'elle contient, avant que celles-ci ne se dispersent dans l'eau. La compétition pour cette nourriture est toujours sévère mais ne donne lieu à aucune bataille entre concurrents. En effet, la taille du groupe de balistes est proportionnelle à celle du groupe de dauphins, comme si ces poissons savaient évaluer la quantité d'apports alimentaires accessibles à chacun d'eux et s'en satisfaire. Cette compétition pour l'accès à ces déjections s'étend également à diverses autres espèces opportunistes, comme des **poissons-perroquets** (*Sparisoma* sp) et des **labres** (*Thalassoma* sp), qui ne laissent pas passer une si bonne occasion et viennent se mêler au festin.

La consommation de matière fécale est loin d'être exceptionnelle chez les poissons. On la rencontre surtout chez des espèces marines qui se nourrissent les déjections d'autres poissons (requin-baleine *Rhincodon typus*) et de mammifères marins (dauphins, baleines et orques). Elle concerne également des espèces d'eau douce qui récupèrent les particules organiques des déjections de mammifères amphibies (hippopotames et dugongs) ou de mammifères terrestres (singes de la forêt amazonienne).

Apprendre pour se nourrir mais aussi savoir innover

Le poisson-archer apprend à diriger son «jet d'eau» contre ses proies. Le baliste apprend à se saisir d'un oursin aux piquants acérés. Ces deux exemples sont significatifs : les stratégies développées par les poissons pour se nourrir ne sont pas seulement innées (c'est-à-dire reposant sur une base génétique), elles résultent aussi d'acquis obtenus par un apprentissage. Les juvéniles acquièrent souvent, au contact de congénères plus âgés et plus expérimentés, les comportements de recherche de nourriture, de capture et de manipulation des proies. Au cours de leur développement et au contact de leurs aînés, qui se comportent en démonstrateurs, ils apprennent ainsi où manger, quoi manger et comment manger. Bien que difficile à mettre en évidence en milieu naturel, une telle éducation a été révélée par voie expérimentale. Ainsi, les poissons issus de piscicultures n'ont pas été «convenablement éduqués» dans la mesure où ils n'ont pas été au contact de leurs congénères sauvages et n'ont donc pas pu copier les stratégies de recherche de nourriture qui sont à l'œuvre dans un environnement naturel aux conditions variées et changeantes. Relâchés dans un tel milieu, les poissons d'élevage ont donc de moindres chances de survie.

Un apprentissage social pour accéder à la nourriture

Les juvéniles du **guppy** *Poecilia reticulata* savent se montrer fins observateurs. Ils manifestent un comportement grégaire et sont unis à des groupes organisés de congénères plus âgés et mieux expérimentés qu'eux. Ces derniers leur dispensent un véritable apprentissage social en leur montrant les voies conduisant aux ressources alimentaires. Plus tard, s'ils se trouvent seuls, ces jeunes guppys témoignent d'une nette préférence pour les trajets qui leur ont été enseignés et dont ils ont su mémoriser certains éléments caractéristiques, probablement sous la forme de signaux visuels et olfactifs.

Des études conduites en aquarium ont cependant révélé que les informations transmises par les démonstrateurs ne sont pas systématiquement appropriées pour une recherche optimale de nourriture. Un tel apprentissage semble, dans de nombreux cas, limiter les capacités d'innovation des jeunes guppys. Or les poissons doivent parfois faire face à des situations inédites qui leur imposent un comportement nouveau, par exemple s'ils sont dans l'obligation de localiser des sources de nourriture dans un environnement non familier. Dans ces conditions, ce sont les poissons jeunes – donc les moins imprégnés de l'apprentissage – qui se montrent les plus innovants. Deux autres composantes entrent également en jeu : le sexe et la faim, les femelles ou les individus privés de nourriture s'avérant plus innovants que les mâles ou les individus bien nourris. Bref, si « apprendre des autres » se révèle souvent utile, un tel processus présenterait des limites et pourrait freiner la créativité et l'initiative individuelle. Il arrive d'ailleurs que des poissons solitaires soient plus capables d'innover dans leur recherche de nourriture que lorsqu'ils sont réunis en groupes.

Certains mécanismes à la base des processus que nous venons de décrire ont été décryptés par les biologistes. Ils ont montré que chez le poisson-zèbre *Danio rerio*, un inhibiteur de l'histamine (la chlorphéniramine) induit une « amnésie ». Cette substance chimique intervient donc dans les processus d'apprentissage et de mémorisation des comportements. Il s'agit d'un neurotransmetteur-neuromodulateur du système nerveux central, c'est-à-dire d'une molécule nécessaire à la transmission du message nerveux entre deux ou plusieurs neurones.

Illustrons pour finir les effets de l'absence d'apprentissage social chez les poissons d'élevage. Les jeunes **saumons** *Salmo salar* qui sont produits dans des écloseries ont été privés de relations avec des démonstrateurs et n'ont pas reçu un enseignement leur permettant de bien s'alimenter dans le milieu naturel. Lorsqu'ils sont libérés à des fins de repeuplement, eux qui n'ont connu que les distributeurs de nourriture placés dans leurs bassins et sont demeurés ainsi « ignares », ne savent pas faire face aux situations difficiles de recherche des proies sauvages, d'où leur mortalité accrue. Toutefois, ceux qui parviennent à survivre suffisamment longtemps dans la nature acquièrent progressivement une expérience au contact de poissons sauvages (à moins qu'il ne s'agisse d' « autodidactes » ?). Les plus « studieux » d'entre eux améliorent peu à peu leurs capacités à se nourrir convenablement. Ainsi, des jeunes **turbots** d'élevage *Psetta psetta* lâchés dans la nature et complètement inexpérimentés commencent par attaquer des petits cailloux qui leur rappellent les granulés secs avec lesquels ils ont été nourris et auxquels ils ont été conditionnés. Puis, grâce à l'observation de congénères expérimentés (et s'ils ne sont pas précocement morts de faim), ils apprennent à préférer progressivement des crevettes. De l'importance de pouvoir disposer de bons maîtres !

Savoir profiter des activités de pêche des hommes

L'exploitation de niches alimentaires nouvelles créées par les activités de pêche fournit une belle preuve des capacités d'innovation et d'opportunisme des poissons. Ainsi, la **limande** *Limanda limanda* a su s'adapter aux modifications environnementales dues aux pêcheurs professionnels qui utilisent des chaluts de fond. Ces engins traînés par les chalutiers labourent le fond de la mer afin de faire sortir de leurs abris et de capturer tous les organismes qui vivent à proximité du fond : poissons, crustacés, mollusques, ophiures… Toutefois, certains de ces animaux ne sont pas happés par l'engin de pêche, mais seulement choqués, blessés ou tués. Ils deviennent alors des proies faciles pour les limandes, qui profitent de cette bonne occasion pour se nourrir à bon compte. À condition bien sûr de savoir échapper au piège que constitue le chalut qui progresse ! En temps normal, ces poissons plats chassent à l'affût, dissimulés sur le fond, et doivent s'en remettre à la « chance » pour voir passer une proie vivante à portée de leur bouche. Ils semblent donc avoir su profiter au mieux de l'aubaine représentée par ce surplus alimentaire mis à leur disposition par l'homme. Les populations de limandes sont d'ailleurs souvent prospères en mer du Nord dans les zones les plus exploitées par la pêche chalutière.

Ce type d'opportunisme alimentaire tend à se généraliser avec l'accroissement des activités halieutiques au large des côtes européennes. Sur les côtes anglaises, des **trigles** (*Eutrigla* sp, *Aspitrigla* sp), le **merlan** *Merlangus merlangus* et la **petite roussette** *Scyliorhinus canicula* migrent rapidement vers les lieux où les chaluts de fond sont à l'œuvre, afin de consommer les organismes benthiques perturbés ou blessés. Dans la baie du Mont-Saint-Michel, où l'élevage des moules *Mytilus edulis* s'est beaucoup développé ces dernières décennies, les **loups** *Dicentrarchus labrax* se sont révélés novateurs et ont opté pour un nouveau régime alimentaire : alors qu'ils consomment habituellement des crustacés et des poissons, ils sont devenus molluscophages – ce que leurs ancêtres n'étaient pas – et profitent de cette nouvelle nourriture abondante en toutes saisons et facilement exploitable. Certaines espèces (**pageots** *Pagellus acarne* et *P. bogaraveo,* **vives** *Trachinus draco* et **petites roussettes** *Scyliorhinus canicula*) ont appris également à se nourrir des cadavres des poissons de faible valeur commerciale rejetés à la mer par les chalutiers et sont devenues nécrophages, un comportement alimentaire dont ne témoignaient pas leurs ancêtres.

Tous ces poissons montrent qu'ils savent s'adapter et profiter de nouvelles conditions engendrées par les activités humaines, et qu'ils peuvent survivre – voire même prospérer – malgré la surpêche. Pour une fois que l'homme rend service aux poissons…

Des effets du sexe sur l'alimentation

Chez les poissons, on observe parfois des interférences entre la sexualité et la prise de nourriture : dans certains cas, la présence d'un partenaire sexuel potentiel stimule l'appétit ou, au contraire, inhibe l'activité d'alimentation.

Quand les femelles stimulent par leur présence l'appétit des mâles

Le **tilapia** du Nil *Oreochromis niloticus* fait l'objet d'un élevage intensif en Afrique. Il s'habitue rapidement aux conditions de vie en bassin et en particulier à une alimentation artificielle en « libre-service ». En réponse à une sensation de faim, il lui suffit de solliciter un distributeur de granulés secs.

Les éleveurs ont constaté un surcroît d'activité alimentaire dans les populations comprenant à la fois des mâles et des femelles, par comparaison avec les élevages unisexes de mâles. La présence de femelles aux côtés des mâles provoque chez ces derniers une stimulation de leur activité de prise de nourriture. Leur croissance ne s'en trouve pas pour autant améliorée et elle est même inférieure de 20 % à celle de mâles vivant parmi des congénères du même sexe. La « mixité » des élevages est donc peu recommandée et un « apartheid sexuel » se révèle profitable aux élevages de mâles, dont les performances digestives sont améliorées par une cohabitation entre poissons de même sexe. En revanche, chez les femelles, l'alimentation et la croissance s'avèrent supérieures en présence de mâles qu'en élevage unisexe. En fait, il convient de garder à l'esprit que, dans la nature, aucune promiscuité n'est imposée chez la plupart de poissons en dehors de la période des amours. On rencontre même souvent une ségrégation des habitats entre mâles et femelles du type « chacun chez soi ».

De la difficulté de se nourrir convenablement à cause d'un harcèlement sexuel

Les **guppys** américains *Poecilia latipinna* sont remarquables par leur viviparité – les embryons se développent dans les voies génitales des femelles – ainsi que par leurs cycles sexuels courts (25 jours) et répétés. Après avoir mis bas, les femelles sont de nouveau fécondables dans les jours qui suivent et engagent un nouveau cycle de reproduction. De telles dépenses énergétiques leur imposent de se nourrir convenablement pour assurer la réussite de leurs « portées » successives. Elles éprouvent cependant de grandes difficultés à s'alimenter car, en plus des grands mâles qu'elles ont choisis comme partenaires sexuels, elles sont sans cesse importunées par de nombreux petits mâles qui tentent des fécondations furtives forcées. À raison de plusieurs tentatives d'accouplement par minute, un tel harcèlement sexuel a pour conséquence une diminution de l'apport énergétique résultant d'un manque de temps consacré à la recherche de nourriture. Cela se traduit par un affaiblissement relatif des femelles qui présentent alors une moindre fécondité. De plus, durant leur gestation, elles sont handicapées par leur profil moins hydrodynamique et par une certaine « lourdeur » les rendant moins agiles et plus vulnérables face aux prédateurs. La perte d'énergie causée par le comportement des petits mâles risque donc de leur coûter cher au moment où il faut parvenir à s'enfuir avec la plus grande célérité possible. Un « conflit » peut ainsi se produire entre le nécessaire besoin de s'alimenter et celui – non moins impérieux – d'assurer la pérennité de l'espèce. Il faut un temps pour manger et un autre temps pour aimer.

CHAPITRE 4

Se protéger

Être un poisson est souvent bien périlleux tant l'environnement est plein de risques : les embûches et les agressions, qu'elles soient de nature physique, chimique ou biologique, peuvent provenir à la fois du ciel, de l'eau et de la terre. Dans l'eau, la température, la salinité, la concentration en oxygène ou encore le pH peuvent atteindre des valeurs critiques et menacer la survie des poissons. Ces menaces peuvent être temporaires (lorsqu'elles sont liées à des événements météorologiques ou à l'action de l'homme), saisonnières (en rapport avec des fluctuations climatiques type hiver/été ou saison sèche/saison humide) ou chroniques (dans certains milieux dits extrêmes : eaux polaires, lacs d'altitude, eaux profondes lacustres ou marines). Indépendamment de la qualité de l'eau, une foule d'organismes hostiles peut mettre en péril la vie des poissons, soit parce qu'ils sont responsables de maladies virales, bactériennes, fongiques ou parasitaires (parasitoses causées par des protozoaires, des vers ou des crustacés), soit parce qu'il s'agit de prédateurs. Ainsi, des vertébrés piscivores aquatiques (poissons, cétacés), amphibies (crocodiles, loutres), aériens (oiseaux tels que hérons, martins-pêcheurs ou cormorans) et terrestres (grizzlis) pratiquent une prédation plus ou moins considérable sur les poissons. Ces multiples causes de mortalité font que la survie des larves et des juvéniles est généralement faible – parfois inférieure à 1 % – ce qui peut mettre en péril le maintien de certaines populations.

Contre les prédateurs, les poissons disposent d'une panoplie de moyens de protection. Les uns sont passifs et permanents, en relation avec leur anatomie (rayons épineux de nageoires, plaques osseuses, épines) et leur physiologie (couleurs de camouflage). Les autres sont actifs et ajustables, d'ordre physiologique (changements rapides de coloration, émission de substances répulsives ou toxiques, sécrétion de venins) ou comportemental (fuite, recherche de caches, migration). Ces procédés de lutte antiprédation sont à la fois innés, reposant sur des bases génétiques, et acquis, fruits d'un apprentissage au contact des aînés et d'une expérience individuelle. Enfin, pour affronter les aléas physiques et chimiques de leur milieu de vie, les poissons ont développé toute une série d'adaptations, parfois très sophistiquées.

Vivre dans des milieux hostiles

Affronter le manque d'eau

Le **protoptère** *Protopterus aethiopicus* appartient au groupe des dipneustes, qui se caractérisent par la présence de poumons alvéolés fonctionnels leur permettant d'utiliser l'oxygène de l'air. Ce poisson vit dans les eaux de marécages africains qui s'assèchent périodiquement. Ses poumons ne lui

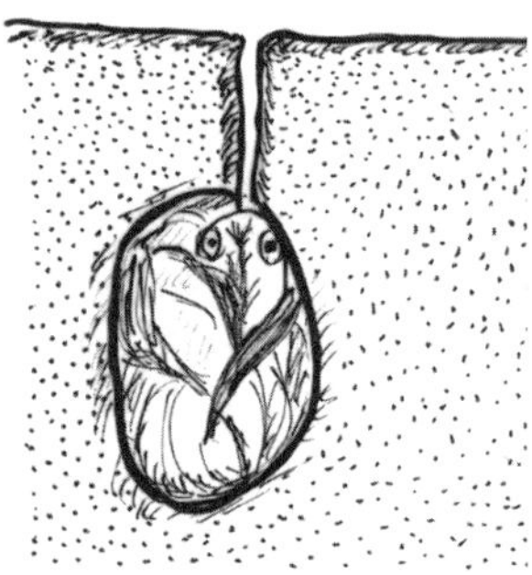

Le protoptère des marais africains (à gauche) estive dans un cocon de boue (à droite) durant la saison sèche.

permettent pas à eux seuls d'affronter le milieu aérien. Pour survivre à la période d'assèchement, il doit donc déployer une stratégie spécifique : il estive en s'entourant d'un cocon de boue. Pour cela, il s'enfonce dans le sédiment argileux humide à une profondeur de 30 centimètres environ et il entre « en dormance » : sa respiration (aérienne) est réduite de 90 %, sa circulation sanguine ralentie et sa production d'urine interrompue. Il survit ainsi à la dessication (c'est-à-dire au dessèchement) de son milieu de vie durant plusieurs mois, jusqu'au retour de la saison des pluies.

Des adaptations à un assèchement périodique s'observent également chez les actinoptérygiens. Ainsi, des **cyprinodontes** tels que *Cynolebias* sp d'Amérique du Sud et *Notobranchus* sp d'Afrique tropicale vivent dans des mares temporaires. Leur cycle de vie est court, rythmé et synchronisé avec l'alternance climatique saison humide-saison sèche. Ils naissent « avec la pluie », car l'éclosion des œufs « dormants » enfouis dans le sol des marais se produit immédiatement après que les premières gouttes soient tombées du ciel. Les nouveau-nés atteignent rapidement leur maturité sexuelle et s'accouplent dès les premiers signes d'assèchement des marécages. Les pontes sont enfouies par les femelles dans le substrat humide et les parents meurent avec l'abaissement du niveau des eaux au cours de la saison sèche. Ne pas être né d'hier et naître à la première pluie sont une preuve d'astuce.

Sortir de l'eau

La plupart des poissons ne survivent que peu de temps à une émersion, leurs branchies ne leur permettant de « respirer » l'oxygène que s'il est dissous dans l'eau. Pourtant, de rares espèces peuvent sortir des eaux et mener plus ou moins temporairement une vie amphibie. S'ils peuvent vivre hors de leur milieu naturel qu'est l'eau, c'est que ces poissons ont développé des adaptations de survie dans le milieu hostile (pour eux) qu'est l'air. En voici quelques-unes.

Les poissons qui vivent dans la zone de balancement des marées doivent affronter de manière cyclique des périodes d'émersion longues de plusieurs heures. Le risque de dessèchement est donc grand. L'un d'eux, la **blennie** brésilienne *Lupinoblennius paivai*, utilise à marée basse des cavités creusées par certains mollusques dans les troncs, les branches et les racines de la végétation des mangroves ou bordant les estuaires. Elle vit ainsi pendant quelques heures dans ces abris qui sont certes hors de l'eau, mais dont l'atmosphère est humide, « respirant l'air » par la peau et par sa cavité bucco-pharyngée, toutes deux recouvertes d'un abondant mucus permettant le transfert vers l'organisme de l'oxygène qui sature l'atmosphère ambiante. Autre exemple, plus spectaculaire encore. Les **périophtalmes** *Periophthalmus* sp (gobiidés), qui vivent dans les mangroves, manifestent aussi des affinités terrestres. Ils quittent le milieu aquatique pour vivre quelques heures sur les plages, dressés sur leurs nageoires pectorales dont les rayons assurent soutien et propulsion (à la manière de pattes en quelque sorte). Grâce à leur grande agilité, ces poissons peuvent grimper sur des rochers, sauter de flaque en flaque, escalader les racines de palétuviers et ainsi rechercher de la nourriture. Des yeux très proéminents dressés sur le dessus de leur « tête de bouledogue » leur permettent d'être toujours en alerte et de guetter l'éventuelle attaque de prédateurs aériens. Ils ne s'éloignent cependant jamais du milieu aquatique dont ils restent rigoureusement tributaires pour leur respiration : leurs branchies doivent demeurer constamment humides et, durant leurs excursions dans le milieu aérien, de l'eau est emmagasinée en permanence dans leur cavité branchiale. L'**anguille** *Anguilla anguilla* peut également supporter des périodes d'émersion. Au stade dit argenté, elle quitte les points d'eau isolés (étangs, mares, marais) puis traverse des prairies humides pour rejoindre les rivières et les fleuves. Il s'agit de la première étape de la longue migration fluviatile puis océanique qui les conduira jusqu'à la mer des Sargasses.

D'autres espèces amphibies peuvent survivre à de plus longs séjours hors de l'eau : sept jours pour le **gobie** *Oxyleotris marmoratus* qui vit dans les mangroves des régions côtières tropicales, et jusqu'à un mois pour le **cyprinodontidé** *Rivulus marmoratus*. L'exposition prolongée à l'air atmosphérique qui résulte de ces excursions terrestres suppose des capacités de respiration réellement aérienne, c'est-à-dire la possibilité d'absorber l'oxygène gazeux de l'atmosphère. Ces poissons possèdent donc un appareil respiratoire annexe. Ainsi, la **loche d'étang** *Misgurnus anguillicaudatus* des rizières du Sud-Est asiatique respire durant la saison sèche l'air ambiant par voie intestinale. Outre le problème de la respiration, se pose également la question de l'excrétion. Les poissons éliminent en effet leurs déchets azotés sous forme d'ammoniac, une molécule très toxique mais qui se trouve fortement diluée en milieu aquatique. Lors d'un long séjour aérien, les poissons doivent

Un groupe de périophthalmes quitte temporairement le milieu marin et progresse sur une plage.

impérativement mettre en œuvre des modalités particulières d'excrétion afin de limiter l'accumulation d'ammoniac : ils volatilisent ce déchet du métabolisme qui est habituellement éliminé dans l'eau ambiante.

Des biologistes se sont interrogés sur la signification de ces sorties de l'eau n'ayant aucun rapport avec celles des tétrapodes de l'ère primaire qui ont permis la colonisation des continents. Jusqu'à présent, ils n'ont pas trouvé de réponse pleinement satisfaisante... Ils sont fous ces poissons !

Affronter des eaux glacées

Les poissons qui peuplent les hautes latitudes doivent résister au froid intense qui règne durant la longue période hivernale (voire même en permanence). Ils ont développé des réponses physiologiques leur permettant de survivre à des températures très basses, en particulier sous la forme de dispositifs qui réduisent les risques de congélation de leurs liquides corporels. On rencontre de telles adaptations aussi bien chez des espèces marines (l'eau de mer gèle à environ – 1,8 °C) que chez des espèces continentales d'eau douce. Ainsi, l'**éperlan** *Osmerus mordax* des eaux marines canadiennes se protège du gel grâce à une augmentation de la concentration des substances dissoutes dans son plasma sanguin (plus précisément, c'est l'osmolarité du plasma qui augmente) : ions et… glycérol, la même substance que celle utilisée en qualité d'antigel dans les radiateurs de nos voitures ! La synthèse de ce glycérol présente ainsi un caractère saisonnier dans les populations qui s'adaptent aux conditions hivernales. Chez les espèces polaires antarctiques (qui supportent des températures aussi basses que – 2,2 °C) et arctiques, ce sont des protéines (glycopeptides et peptides) qui jouent le rôle d'antigel et empêchent la formation de cristaux de glace dans leurs fluides corporels. Dans certains milieux lacustres des hautes latitudes, comme le lac Baïkal, les hivers sont rigoureux : la surface des eaux prend en glace, tandis que des températures très froides règnent dans toute la colonne d'eau. Les espèces rencontrées dans de tels milieux se caractérisent par une surcharge lipidique protectrice et une augmentation de la concentration en ions des fluides corporels qui leur permettent de résister aux contraintes thermiques. Bref, les poissons ont inventé les antigels bien avant nous ! Nous n'avons fait que les copier.

Affronter l'instabilité de son milieu de vie

Les poissons doivent parfois faire face à des variations plus ou moins brutales des caractéristiques de leur milieu de vie comme la température, la concentration en oxygène, la salinité, la qualité des eaux ou encore le débit des fleuves et des rivières. Nous allons découvrir quelques dispositifs qui leur permettent de s'en accommoder.

Chaque espèce vit dans un intervalle de température correspondant à ce que les zoologistes nomment son *preferendum* thermique, et tout écart brutal de température peut provoquer un stress thermique susceptible de compromettre l'alimentation, la croissance, la reproduction et la survie même des poissons. Ainsi, des molécules aussi vitales que les protéines sont très sensibles aux sautes d'humeur du thermomètre. Elles sont protégées grâce à des molécules chaperonnes dites de stress thermique qui s'associent à elles de façon à éviter leur dénaturation et leur dégradation. Pour se protéger du froid, une autre stratégie consiste à rechercher des abris d'hivernage comme, par exemple, les fosses, particulièrement utiles dans les eaux douces des hautes latitudes. La survie hivernale des **saumons cohos** *Oncorhynchus kisutch* dans les rivières nord-américaines dépend du nombre et de la qualité de tels abris.

Dans les zones d'estuaires, de deltas et de lagunes, dans les mangroves ou encore dans les marais maritimes, des changements de salinité importants sont observés. Ils dépendent du rythme des marées ainsi que des variations saisonnières de pluviosité et d'évaporation. Or, quand la concentration en sels (chlorure de sodium principalement) augmente, les liquides corporels tendent à s'enrichir en ions chlorures dont l'excès est toxique pour l'organisme. Les espèces de poissons qui peuplent ces milieux (qualifiées d'euryhalines) s'adaptent à l'augmentation de salinité grâce au développement de pompes ioniques localisées à la surface de cellules spécialisées des branchies (les cellules à chlorures). Ces pompes expulsent activement l'excès d'ions chlorures hors de l'organisme.

La quantité d'oxygène dissous dans l'eau peut diminuer dans plusieurs situations : par exemple, lorsque la température ou la salinité augmentent, lors de crises liées à une utilisation excessive de ce gaz par des bactéries ou d'autres organismes vivants, ou encore lors d'épisodes de pollution de nature aussi bien organique que chimique. Les poissons risquent alors de se trouver dans une situation d'hypoxie ou d'anoxie, où leurs tissus manquent d'oxygène. C'est particulièrement vrai pour les espèces dont les besoins respiratoires sont élevés comme les salmonidés, qui exigent des concentrations en oxygène supérieures à 6 mg par litre d'eau. Des valeurs de concentration de 3 ou 4 mg/L, que l'on rencontre par exemple dans des eaux de température supérieures à 20 °C, sont préjudiciables à la santé des truites et des saumons. Des mécanismes respiratoires de résistance à l'hypoxie peuvent alors temporairement réduire les risques d'asphyxie, en particulier par un accroissement du rythme de la ventilation branchiale ou par une augmentation de l'affinité de l'hémoglobine sanguine pour l'oxygène. De surcroît, dans les milieux confinés tels les nids où de nombreuses espèces déposent leurs œufs, la teneur en oxygène est également basse. Pour pallier cet inconvénient, les poissons les « ventilent » par des battements de nageoires ou des ondulations du corps qui créent un courant d'eau favorisant un apport continu d'oxygène dissous.

Dans les fleuves et rivières, les crues qui surviennent après des pluies abondantes ou lors de la fonte des neiges provoquent une augmentation de la vitesse du courant et menacent d'entraîner les poissons vers l'aval. Dans ces conditions, la **truite de rivière** *Salmo trutta* recherche des caches qui lui servent d'abris dits hydrauliques : blocs de pierre, abris sous les berges, végétation des rives. La vitesse du courant constitue également un facteur-clé pour les œufs, les larves et les juvéniles de nombreuses espèces. De nombreux poissons protègent leurs œufs des risques d'entraînement par les courants, soit en fixant leurs pontes sur le fond ou sur des plantes, soit en les déposant dans des anfractuosités ou dans des sédiments. Ainsi, les salmonidés enfouissent leurs œufs dans les graviers, cailloux ou galets du fond des cours d'eaux et les juvéniles recherchent des abris hydrauliques à proximité des berges abritées ou dans les plaines d'inondation, ces dernières fonctionnant comme de véritables nurseries. Outre les crues, les étiages peuvent également menacer la survie des poissons des fleuves et des rivières en raison de l'assèchement de certains secteurs peu profonds et de la limitation d'accès aux berges qui en résulte. Dans ce cas, ce sont des fosses qui servent d'abris hydrauliques.

De nombreux types de pollutions peuvent altérer la qualité des eaux : polluants physiques (effluents chauds industriels), chimiques (pesticides, polychlorobiphényls – les fameux PCB – métaux lourds…) et bactériologiques (bactéries pathogènes). Chacun d'eux affecte plus ou moins gravement les principaux organes des poissons – foie, branchies, gonades, systèmes nerveux et musculaire – et perturbe leurs fonctions vitales. Ces effets sont particulièrement criants chez les espèces les plus « polluo-sensibles », comme les salmonidés, pour lesquelles les concentrations en produits toxiques que l'on peut rencontrer dans certains cours d'eau sont susceptibles d'induire une forte mortalité (concentrations sub-létales, voire létales). Des mécanismes cellulaires de résistance se mettent en place sous la forme d'une détoxification par des cytochromes et des métalloprotéines hépatiques qui, en se liant aux molécules toxiques, les neutralisent et les dégradent.

Les poissons disposent donc de tout un arsenal de mécanismes de résistance et de protection qui leur a permis d'occuper tous les milieux, même les plus inhospitaliers. Seul, l'homme est trop souvent capable de rendre certains milieux invivables pour les poissons ! Triste privilège…

Se protéger des prédateurs

Pour la plupart des poissons, la menace principale est celle des prédateurs. Nous avons par exemple déjà eu l'occasion de constater que les récifs coralliens, ces « oasis de vie et de couleur », ces « paradis sous-marins faits de beauté et d'harmonie », cachent un monde féroce. Les rivalités entre les espèces et entre les individus y sont particulièrement vives, les rapports de force permanents, et de nombreux prédateurs de poissons rôdent.

Le comportement de prédateur piscivore se rencontre en fait dans tous les milieux et chez de nombreux êtres vivants. À commencer par les poissons eux-mêmes : *Piscis pisci lupus* (le poisson est un loup pour le poisson) ! Mais d'autres prédateurs sont à redouter : serpents, crocodiles, oiseaux (cormorans, aigles pycargues, faucons-pêcheurs, martins-pêcheurs, hérons), mammifères (loutres, ours, grizzlis, phoques, lions de mer, cétacés, sans oublier le super-prédateur qu'est l'homme). Quelques exemples permettent d'apprécier l'ampleur de la menace. Il a été calculé que, dans un stock d'anchois, 73 % des adultes sont consommés chaque année par divers prédateurs « naturels », dont 27 espèces de poissons et 29 espèces d'oiseaux piscivores. La loutre consommerait un kilo de poissons par jour et la ration annuelle d'un grizzli serait de plus de 900 kg de saumons, celle d'un phoque atteignant la tonne. Les fous de Bassan exercent une forte prédation sur les populations marines de saumons atlantiques sur la côte nord-est de Terre-Neuve, ce qui a pu contribuer au déclin de cette espèce à cet endroit.

Un prédateur piscivore vorace : le cormoran.

Chez des petits poissons d'eau douce et d'eau saumâtre, les juvéniles sont soumis à une forte prédation par les égrettes, hérons, cormorans ou martins-pêcheurs. Des invertébrés peuvent également être dangereux pour les poissons. C'est le cas pour l'épinoche dans les zones humides de Camargue. Ses larves et ses juvéniles peuvent être attaqués par les larves des dytiques et des libellules dans les eaux douces ou par les crevettes et les crabes dans les eaux marines. Lors de l'installation des juvéniles de plies sur les fonds sédimentaires qui constituent leur habitat, les crabes exercent une prédation évaluée à 10 % par jour (en nombre d'individus).

Très souvent vulnérables, les poissons sont donc constamment « sur le qui-vive ». Ils peuvent détecter le danger, anticiper l'attaque et éviter le prédateur, en particulier grâce à leur capacité d'émission ou de réception de signaux visuels, olfactifs ou auditifs (voir chapitre 2). Ils sont capables d'adapter leurs comportements en recherchant des compromis entre le risque d'être victimes de prédateurs et les avantages liés à des activités tout aussi vitales que sont l'alimentation et la reproduction.

La réponse à une menace peut être individuelle (camouflage, utilisation d'épines, de glandes venimeuses, de substances répulsives ou de toxines) ou collective (constitution de bancs, sécrétion de substances d'alarme). L'objectif premier du poisson est le plus souvent de se mettre à l'abri du prédateur même si, comme nous le verrons, la menace et l'intimidation sont parfois également employées. La réponse intègre fréquemment une composante innée et une composante acquise. Toutes les espèces possèdent une aptitude innée à se méfier des prédateurs : une prudence atavique les conduit naturellement à demeurer sur leur garde… La présence d'un prédateur provoque généralement chez elles un « stress psychologique » qui se traduit, par exemple chez le poisson rouge *Carassius auratus*, par la synthèse d'une protéine de stress dans les cellules nerveuses de son cerveau. Cette réaction dont le déterminisme est génétique n'est généralement pas suffisante. Elle doit être complétée par la mise en œuvre d'autres tactiques, qui supposent une certaine « initiative » de la part du poisson et résultent d'un processus que nous avons déjà plusieurs fois rencontré : l'apprentissage au contact des congénères. Certaines stratégies de protection vis-à-vis des prédateurs (fuite ou changement de couleur par exemple) impliquent ainsi une expérience individuelle acquise au cours des jeunes années. Par exemple, lorsqu'il vit dans des eaux dépourvues de brochets, un cyprinidé ne réagit ni à la vue, ni à l'odeur de celui-ci, tandis que ses congénères provenant d'eaux fréquentées par ce prédateur réagissent rapidement et intensément à sa présence. Rappelons que la nécessité d'un tel apprentissage social apparaît nettement lorsque l'on étudie des poissons de pisciculture libérés dans la nature, volontairement ou accidentellement. Leur « naïveté » se révèle préjudiciable à leur survie, leur inexpérience en faisant des proies faciles, à la différence de leurs homologues sauvages qui, en observant les comportements de congénères démonstrateurs et en les copiant, ont appris à se protéger des prédateurs. Relâchés dans le « monde sauvage », moins de 5 % de jeunes saumons atlantiques d'élevage *Salmo salar* atteignent l'âge adulte !

La panoplie des dispositifs défensifs ou offensifs mis en œuvre par les poissons pour se protéger des prédateurs est très vaste. Nous en proposons un petit aperçu.

Détecter le prédateur et alerter les congénères

Pour se protéger des prédateurs, un poisson doit être capable d'identifier le plus rapidement possible la présence, l'origine et la nature d'un danger potentiel afin de fournir une réponse immédiate appropriée. Cela suppose des organes des sens très performants et constamment en éveil. Il convient de disposer, selon les cas, d'une bonne vue, d'un odorat subtil, d'une ouïe fine, d'un sens mécanique ou électrique aiguisé. Dès qu'un prédateur a été identifié, il importe rapidement de s'informer sur ses intentions et, parfois, de le faire savoir à la collectivité.

Deux yeux qui en valent quatre

L'**anableps** *Anableps* sp du Mexique, dénommé « quatre-yeux » (« *four-eyed fish* »), se déplace juste sous la surface des eaux. Cette position le rend particulièrement vulnérable aux attaques provenant à la fois du dessous et du dessus. Mais il dispose d'un système optique de double détection tout à fait original. La ligne d'eau passe au milieu de ses yeux : une partie émerge et l'autre est immergée. Chaque œil est dédoublé, comportant une double cornée, un cristallin ovoïde dont la courbure diffère entre la partie haute et la partie basse et une double rétine. Sa capacité de perception visuelle est donc grande : il ne cesse de guetter tout signal correspondant à une menace d'origine aussi bien aérienne (oiseau) qu'aquatique (poisson, crocodile, mammifère amphibie). On est jamais trop méfiant dans un milieu où rôde la mort.

Être à l'écoute du moindre signal de danger

Diverses espèces de poissons disposent d'une ouïe particulièrement fine. Nous avons déjà évoqué au chapitre 2 la **morue** *Gadus morhua* et les **harengs du Pacifique** *Clupea pallasii* qui détectent les ultrasons émis par leurs prédateurs (cétacés). En outre, de nombreuses espèces classées comme ostariophysaires, parmi lesquelles les cyprinidés (carpe, tanche), possèdent un système auditif spécialisé comportant des pièces osseuses (osselets de Weber) qui relient l'oreille interne à la vessie gazeuse. Celle-ci amplifie les signaux acoustiques reçus, ce qui permet d'accroître la vigilance du poisson. Un bon prédateur se doit donc d'être le plus silencieux possible et les pêcheurs à la ligne ont grand intérêt à faire « silence radio ». Attention, les oreilles (internes !) des poissons veillent en permanence !

Inspecter le prédateur

Le **scalaire** *Pterophyllum scalare*, poisson d'eau douce bien connu des aquariophiles par sa silhouette gracieuse et ses nageoires « en échelons », présente une organisation sociale avec des degrés hiérarchiques variés de dominance et de soumission des individus. Le statut social des juvéniles détermine leur comportement d'inspection du prédateur et conditionne leurs chances de survie. Les individus dominants sont très prudents et s'approchent brièvement du prédateur, avec lequel ils conservent une distance de sécurité de 10 à 20 centimètres. En revanche, les poissons de rang social inférieur mais non subordonnés s'approchent plus près du prédateur. Le nombre et la durée de leurs visites d'inspection sont plus grands, ce qui accroît leur vulnérabilité potentielle. Quant aux individus subordonnés, ils évitent complètement le prédateur, probablement parce que leur « stress social » a provoqué une diminution de leurs réserves énergétiques musculaires (protéines, glycogène) et que leur potentiel de fuite s'en trouve limité d'autant : ils sont en moins bonne condition physique que les autres catégories de poissons.

À quoi servent ces inspections ? Les individus dominants, qui sont donc les plus précautionneux, obtiennent des informations relatives au prédateur en observant le comportement « d'inspecteurs » des autres catégories sociales, ce qui constitue la plus sage et la plus économique des stratégies d'antiprédation. Il faut savoir être courageux… mais pas trop téméraire ! Le comportement de la deuxième catégorie de poissons n'est pas évident à interpréter. S'agit-il d'un véritable dévouement au service des individus dominants ? C'est peu probable. En fait, il n'est pas facile d'évaluer les bénéfices (« un poisson averti en vaut deux ! ») et les coûts (accroissement du risque de mortalité) d'une telle approche d'inspection qui consiste en fin de compte souvent à se jeter « dans la gueule du loup ». L'analyse est compliquée par le fait qu'il est expérimentalement difficile de faire la différence entre une simple curiosité du poisson et une approche plus ou moins audacieuse destinée à acquérir une information relative à la nature de la menace et à la probabilité d'être attaqué, en vue d'alerter les congénères et, éventuellement, de dissuader le prédateur de passer à l'attaque.

Alerte générale aux prédateurs !

Comme nous l'avons déjà évoqué au chapitre 2, les poissons ont la capacité d'émettre des signaux d'alarme antiprédateurs sous la forme de molécules diffusant dans l'eau : les phéromones. Ces substances à perception olfactive jouent un rôle important d'avertissement à destination de la collectivité. Elles sont émises par la peau des **gardons** *Rutilus rutilus*, des **vairons** *Phoxinus phoxinus*, des **poissons-chats** brésiliens *Pseudoplatystoma coruscans* et de bien d'autres poissons encore, soit à la vue d'un prédateur, soit après une rencontre avec ce dernier s'étant soldée par une morsure. Chez les poissons-chats, la perception du signal d'alarme émis par un congénère se traduit par une réaction d'immobilisation des individus qui le perçoivent, ces derniers demeurant « figés » sur place, ou par une fuite précipitée vers un refuge (réponse de panique).

Toutefois, les individus soumis à un jeûne ou placés dans un environnement pauvre en nourriture ne réagissent pas à ces signaux chimiques d'alerte. Ils privilégient la recherche de nourriture, comme si la faim inhibait leur peur et leur comportement de défense antiprédateur. C'est particulièrement le cas chez les juvéniles qui, face au dilemme « manger ou être mangé » et « s'alimenter ou fuir », donnent priorité à l'activité trophique, car ils doivent avant toute chose assurer leur croissance et constituer rapidement des réserves énergétiques. Tout au plus marquent-ils un temps d'arrêt lorsqu'ils captent un message d'alarme mais, dominant leur crainte et tenaillés par la faim, ils reprennent rapidement leur quête de nourriture… Ventre affamé n'a pas d'oreille (ou plutôt de nez) !

S'enfuir au plus vite

Si, malgré toute son attention aux signaux émis par ses congénères, un poisson se retrouve face à face avec un prédateur, que peut-il faire ? Le plus simple est encore de s'enfuir.

Éclater sous le nez du prédateur médusé

Les **vairons** *Phoxinus phoxinus* tendent à se regrouper en bancs comportant plusieurs dizaines à plusieurs centaines d'individus dont la nage est synchronisée. Lorsqu'ils se sentent menacés, par exemple par un brochet, ces petits cyprinidés adoptent une manœuvre défensive en deux temps. Elle consiste d'abord à « serrer les rangs » au sein du banc : les poissons se rapprochent davantage les uns des autres, ce qui leur procure une certaine sécurité dans la mesure où le prédateur éprouve une plus grande difficulté à cibler une proie au sein d'un banc dense. Ensuite, dès que le prédateur lance son attaque, les vairons ne cèdent pas à un mouvement éperdu de panique générale, mais procèdent plutôt à un mouvement de fuite organisé selon un plan « préétabli » : ils se dispersent très rapidement de sorte que le banc « éclate » littéralement dans toutes les directions. La dispersion est immédiatement suivie de la reconstitution du banc derrière le prédateur, dans l'attente d'une éventuelle nouvelle attaque qui donnera lieu à la même dispersion « planifiée » suivie d'un nouveau regroupement. Cette stratégie de défense collective, dite en effet de fontaine, se perfectionne au cours d'un apprentissage pratiqué par les juvéniles. Elle réduit – plus ou moins – les risques de capture, car le prédateur peut rater sa proie et même parfois se décourager. Il en faut cependant souvent davantage pour dissuader un brochet affamé !

S'enfuir dans les airs en bondissant

Retournons dans l'enfer des eaux amazoniennes dont nous avons déjà longuement évoqué les dangers. Les **poissons-hachettes** *Gasteropelecus sternicla* vivent dans ces eaux infestées de prédateurs. Ils se déplacent en groupe, à proximité de la surface, les yeux dirigés vers le haut, guettant le moindre danger venant des airs (cormorans ou autres oiseaux piscivores). Grâce à leur ligne latérale, ils sont également sensibles aux menaces en provenance de l'eau : anacondas, caïmans, loutres, poissons piscivores comme le poisson-paon et, surtout… les piranhas. Lorsqu'ils sont alertés par un signal de danger, ils effectuent des sauts hors de l'eau à une hauteur pouvant atteindre un mètre. La propulsion aérienne est assurée par leurs nageoires pectorales, qui sont actionnées par de puissants muscles pectoraux hypertrophiés. Ces derniers représentent 25 % de leur masse corporelle, soit davantage que celle des muscles pectoraux de la plupart des oiseaux. Ces muscles sont insérés sur une plaque osseuse qui remplit la même fonction que le bréchet des oiseaux. Ces poissons peuvent ainsi « voler dans l'eau » et s'élever dans les airs par un procédé de « vol battu » qui rappelle celui de certains volatiles. Tout le groupe de poissons gicle alors dans les airs en une sarabande associée à d'innombrables projections d'eau, ce qui est susceptible de troubler les prédateurs et de contrarier leur chasse.

Des poissons-volants (exocets) prenant leur « envol » pour échapper à un prédateur.

Le vol n'est pas l'apanage des seuls poissons-hachettes. Les **poissons-volants** regroupent en fait une quarantaine d'espèces des mers tropicales et tempérées chaudes qui sont capables de sortir de l'eau. Après un décollage impliquant un mouvement de godille de leur nageoire caudale, ces poissons peuvent effectuer un vol plané sur une distance d'une quarantaine de mètres pendant 3 à 30 secondes et à la vitesse de 50 km/h. Notons que certains poissons-volants sont des « monoplans » (ils possèdent deux « ailes » comme l'**exocet** *Exocetus volitans*), alors que d'autres sont des « biplans » (pourvus de quatre « ailes » comme *Cypselurus* sp). La signification de ces vols n'est pas clairement établie, mais l'hypothèse d'une fuite devant l'attaque d'un prédateur (thon, espadon) a souvent été formulée. Un envol vers un paradis aérien pour fuir un enfer aquatique ?

S'abriter pour éviter les mauvaises rencontres

Outre la fuite, l'une des réactions immédiates face au danger que représente un prédateur est de chercher à s'abriter le plus rapidement possible. L'abri, sous la forme d'un habitat hors de l'atteinte du prédateur, permet d'assurer à l'individu menacé une sécurité qui est, selon les circonstances, totale ou partielle, réelle ou illusoire. Il est fourni par le milieu physique (rochers, cavités des berges), les végétaux (herbiers de plantes aquatiques ou d'algues, arbres et branchages immergés) ou les animaux (tentacules urticants de cnidaires, coquilles vides de mollusques, coraux, oursins…).

Les mille et une cachettes d'un littoral rocheux

La **girelle** *Coris julis* et le **labre** *Symphodus ocellatus* des côtes rocheuses de la Méditerranée sont distribués, surtout au stade juvénile et durant l'été, dans les eaux peu profondes (moins de 10 mètres), sur des fonds durs faits de rochers et de blocs de toutes tailles généralement recouverts d'algues. Ces habitats benthiques présentent une topographie d'une grande complexité, avec des cavités et des trous de toutes dimensions qui constituent de très bons abris antiprédateurs. Les différents individus se partagent ces refuges en fonction de leur âge : plus ils sont vieux et de grande taille, plus ils occupent une cache profonde. Le labre et la girelle ne sont pas les seuls candidats pour l'occupation de ces refuges et la compétition pour « l'accession à la propriété » est souvent rude avec d'autres espèces littorales tels les serrans (*Serranus*), les barbiers (*Anthias*) et les castagnoles (*Chromis*). Même sur le littoral marin, la crise du logement se fait cruellement sentir ! Les poissons savent également mettre à profit des abris artificiels pour se protéger des prédateurs. Il peut s'agir d'épaves de bateaux, particulièrement appréciées par les espèces dites cryptiques tels les **congres** *Conger conger* et les **murènes** *Muraena helena*, ou des structures alvéolaires de récifs artificiels volontairement mis en place par l'homme pour servir de refuges à des poissons comme les rascasses et, parfois, les mérous bruns.

Trouver refuge parmi les branches des coraux

Par la diversité de leur taille et de leur forme, les coraux qui constituent les récifs représentent des abris protecteurs idéaux pour de nombreuses espèces de petits poissons menacés par des prédateurs. Au moindre signe de danger, ils utilisent les anfractuosités coralliennes comme des refuges salvateurs. Ainsi, les **gobies** du genre *Gobiodon* de la Grande Barrière australienne ont élu domicile au milieu des branches des coraux du genre *Acropora*. Chaque espèce de gobie est attachée à une espèce donnée de corail branchu dont l'abondance conditionne assez strictement celle des poissons-hôtes. Or plusieurs menaces pèsent actuellement sur les coraux. Ils souffrent tout d'abord d'un « violent » broutage par une étoile de mer corallivore, la couronne d'épines *Acanthaster planci*, qui provoque leur mort. Ils sont également victimes d'un phénomène appelé blanchiment ou « peste blanche ». Apparu en 1997, il résulte de la rupture de la symbiose qui associe les polypes – c'est-à-dire les organismes coloniaux qui construisent le récif – et certaines algues unicellulaires. Suite à l'augmentation de la température des eaux des Caraïbes – associée au réchauffement climatique actuel et donc aux activités humaines – les algues symbiotiques produisent par photosynthèse une quantité accrue d'oxygène et ce dernier devient toxique pour les polypes. Les algues symbiotiques sont alors rejetées et les coraux affaiblis sont attaqués par l'algue *Halimeda opunta* et la bactérie *Aurantimonas coralicida*, dont la prolifération est favorisée à la fois par la température plus élevée de l'eau et par le rejet d'effluents côtiers. Les gobies perdent donc progressivement leurs habitats spécialisés et leurs caches, pourtant si bien sélectionnées depuis des millénaires. Pour l'instant, ils ne semblent pas disposer de solution de rechange. Témoins directs des souffrances des récifs coralliens, seront-ils les premiers poissons condamnés à subir l'impact négatif d'un changement climatique qui engage, au moins en partie, la responsabilité de l'homme ?

Se protéger dans l'enfer urticant des anémones

S'il est un poisson dont la façon de se protéger des prédateurs est connue du public, c'est bien l'**amphiprion** *Amphiprion* sp, plus célèbre sous le nom de **poisson-clown**. Il est ainsi désigné en raison de ses couleurs éclatantes et de sa bande blanche transversale bien soulignée qui rappellent le maquillage

Un couple de poissons-clowns (amphiprions) au sein des tentacules urticants d'une anémone de mer leur servant d'abri antiprédateur.

des clowns. Les poissons-clowns vivent dans les récifs coralliens de la mer Rouge, des Caraïbes et de l'océan Pacifique (Polynésie, Micronésie). Dans ces environnements tropicaux riches en prédateurs (mérous, murènes, lutjans), ils pourraient être très vulnérables s'ils ne disposaient pas de refuges particulièrement efficaces capables de dissuader les plus audacieux piscivores. Ces abris antiprédateurs leur sont fournis par des organismes vivants disposant eux-mêmes de moyens mécaniques ou chimiques de protection. Le territoire vital des amphiprions est en effet constitué par la couronne de tentacules d'anémones de mer avec lesquelles ils ont établi des relations spécifiques. Surnommés également « poissons-anémones » (*anemonefish*), ils ne s'éloignent que rarement à plus d'un mètre de distance de leur habitat protecteur et s'y précipitent au moindre signe de danger. Car ces anémones possèdent dans leurs tentacules un très grand nombre – 10 000 par mm^2 – de cellules urticantes, les cnidocytes, qui produisent des substances toxiques. Ces véritables venins sont capables de provoquer la paralysie et même la mort d'une proie telle une crevette ou un petit poisson. Ils sont inoculés par les petits harpons dont sont pourvus les cnidocytes dès qu'un corps étranger entre en contact avec eux. Mais seul le poisson-clown parvient à échapper à ce terrible danger, trouvant ainsi un refuge idéal et quelque peu surprenant au sein des tentacules urticants.

Pourquoi l'étreinte protectrice de ces derniers est-elle sans risque pour l'hôte de l'anémone ? La cohabitation poisson-anémone suppose en fait une reconnaissance spécifique qui confère au poisson-clown une protection antiurticante. Chaque espèce d'amphiprion tend à sélectionner une espèce déterminée d'anémone et chaque espèce d'anémone héberge préférentiellement une espèce donnée d'amphiprion. Une compétition s'établit d'ailleurs pour l'accès aux « bonnes anémones » : les plus grands poissons-clowns occupent les anémones les plus grandes ou les mieux situées. Le couple d'amphiprions « élu » défend alors son territoire avec agressivité. Si le taux de mortalité des poissons-clowns de rang social supérieur (les couples dominants qui sont de grande taille) est faible grâce à la protection dont ils bénéficient, les individus de rang social inférieur (hiérarchiquement subordonnés et de petite taille), qui sont rejetés par le couple dominant, sont moins bien protégés s'ils ne trouvent pas d'anémone-hôte. Plus vulnérables vis-à-vis des prédateurs, ils présentent alors un taux de mortalité plus élevé. Une grande inégalité sociale règne donc parmi les poissons-clowns à cause de ce système hiérarchique. Il vaut mieux être grand et fort pour être bien protégé !

La reconnaissance poisson-anémone repose sur une communication chimique à support olfactif. La protection de l'amphiprion est assurée par son revêtement cutané, constitué d'un mucus jouant le rôle de signal chimique de reconnaissance pour l'anémone. Une fois que cette dernière l'a identifié, elle s'abstient de décharger ses harpons sur son hôte habituel. Une telle coexistence pacifique ne s'établit pas automatiquement : elle suppose que les poissons-clowns soient devenus familiers de l'anémone. Comment le poisson et l'anémone apprennent-ils à se connaître ? Peu après son éclosion, à l'issue de combats entre congénères pour obtenir les « meilleures » anémones, le poisson-clown est capable d'identifier l'odeur des sécrétions muqueuses de l'anémone. Une telle empreinte olfactive lui permet de reconnaître avec précision une anémone particulière non encore habitée. Il copie alors le signal chimique émis par cette dernière en produisant un mucus riche en glycoprotéines dont la partie polysaccharidique est identique à celle synthétisée par sa future protectrice. Un tel « mimétisme moléculaire » constitue un camouflage chimique. Il permet ainsi à l'amphiprion de s'installer dans l'anémone, cette dernière apprenant alors à tolérer un hôte dont la «carte de visite» chimique (son mucus) permet une identification individuelle ayant valeur de «laissez-passer». D'ailleurs, tout poisson débarrassé de son mucus, suite à un raclage expérimental, perd son immunité et se fait tuer puis dévorer par son implacable hôte aux mœurs carnassières…

Si le poisson-clown profite largement de la sécurité offerte par son anémone, il sait se rendre utile à son tour en assurant sa défense contre des prédateurs comme les poissons-papillons et en la débarrassant de ses parasites. Un tel système à bénéfices réciproques a été considéré comme un modèle de mutualisme (vie associative entre deux organismes d'espèces différentes) et même de symbiose. Cette association n'est cependant ni stricte, ni obligatoire, car les deux compères sont également capables, dans certains cas, de vivre séparés et indépendants l'un de l'autre.

S'abriter sous le parapluie urticant des méduses

Les anémones de mer ne sont pas les seules à offrir aux poissons un abri protecteur urticant. Également riches en cellules urticantes, les tentacules des méduses abritent une cohorte de juvéniles. L'abri est parfois de taille puisque certaines méduses dépassent deux mètres de diamètre. Ainsi, en mer du Nord, de jeunes carangidés tels que les **chinchards** *Trachurus trachurus*, de même que les jeunes **morues** *Gadus morhua* et les jeunes **harengs** *Clupea harengus* trouvent refuge sous l'ombrelle de méduses. En mer de Béring, jusqu'à 30 juvéniles du **gadidé** *Theragra chalcogramma* sont parfois réunis durant la journée dans les tentacules urticants d'une scyphoméduse qui leur procure un abri antiprédateur. Ces méduses sont pourtant de redoutables prédateurs carnivores, mais ces poissons possèdent, comme le poisson-clown, un revêtement muqueux cutané qui serait reconnu par leur hôte et leur conférerait une immunité contre ses cellules venimeuses. Des laboratoires pharmaceutiques ont d'ailleurs tenté d'utiliser des composants de synthèse proches des substances protectrices contenues dans le mucus des poissons pour la formulation de pommades antiméduses visant à prémunir les baigneurs de brûlantes rencontres avec ces cnidaires. Les poissons nagent parfois à quelque distance des méduses mais, au moindre danger, ils se réfugient promptement dans leur forêt de tentacules. Ils restent parfois fidèles à leurs protecteurs au point de suivre leurs migrations verticales : ascension nocturne vers la surface et plongée diurne en profondeur. L'association est toutefois facultative car ces poissons peuvent aussi vivre indépendamment des méduses, mais ils courent alors des risques bien plus importants d'être attaqués et dévorés par des prédateurs.

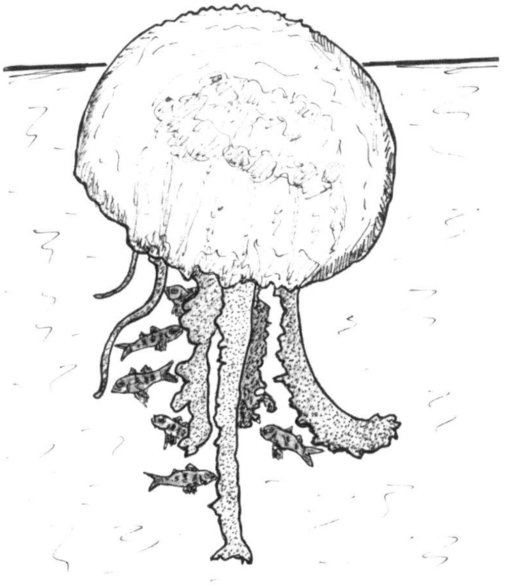

Des petits poissons marins ont trouvé sous une méduse un abri protecteur efficace.

Se placer sous la protection d'un redoutable prédateur

Savoir fréquenter un redoutable protecteur et s'associer à lui constitue une « assurance-vie » pour diverses espèces de poissons sans défense. Ainsi, les jeunes **carangues** *Gnathanodon speciosus* des mers tropicales de la région Indo-Pacifique se positionnent à proximité du serpent venimeux *Pelamis platurus* et nagent de concert avec lui. Ils ne s'en éloignent guère et reviennent se réfugier près de lui dès qu'une menace se fait se sentir, assurés qu'aucun prédateur ne se hasardera à s'aventurer dans le voisinage d'un si dangereux compagnon de voyage ou ne sera suffisamment imprudent pour venir le défier. Avec son alternance de bandes verticales grisâtres sur un fond jaune, la livrée de ces poissons « profiteurs » rappelle d'ailleurs fidèlement le patron de couleur du serpent. Ils tentent ainsi d'imiter un uniforme qui constitue un efficace signal de menace. Le serpent présente un régime carnivore à base de poissons d'assez grande taille (congres, murènes), mais n'attaque pas ses « protégés ». Quant à ses prédateurs (requins-tigres, phoques, éléphants de mer), ils ne s'intéressent pas au menu fretin… Dans un monde périlleux, il faut savoir choisir ses relations !

Un autre exemple bien connu d'utilisation des services d'un puissant prédateur est celui des **rémoras** *Remora remora* et *Echeneis naucrates*. Ces poissons voyagent « en satellites » de diverses espèces de poissons (espadons, requins-baleines, requins blancs, raies-mantes), de tortues marines et de mammifères (dauphins, dugongs). Ils sont fixés à leur hôte pendant de longs moments grâce à leur ventouse céphalique, mais peuvent également nager librement dans leur sillage pendant de brèves périodes. Le compagnon de voyage, outre qu'il assure le transport et l'alimentation des rémoras, leur garantit une protection totale : aucun prédateur n'ose venir s'aventurer dans les parages du dangereux et généreux protecteur. Celui-ci tolère d'ailleurs parfaitement la présence de ces « fidèles vassaux » qui lui collent à la peau : il ne manifeste aucune réaction d'intolérance ni tentative de rejet à leur égard, lui qui, pourtant, pourrait n'en faire qu'une bouchée.

Vivre en colocataires dans l'intestin d'un concombre de mer

Certains poissons vont jusqu'à trouver refuge… à l'intérieur même du corps d'un autre organisme. Tel est le cas des **fiersafers** du genre *Carapus*. Ces petits poissons à la peau nue, au corps mince et effilé, s'introduisent en effet à reculons dans l'orifice digestif postérieur d'un concombre de mer (ou holothurie), organisme qui appartient, comme les oursins, au groupe des échinodermes. Ainsi, en Méditerranée, *C. hornei* et *C. boraborensis* se logent respectivement dans les holothuries des genres *Stichopus* sp et *Holothuria* sp. Ces poissons trouvent là non seulement un abri, mais également une eau bien oxygénée, car la partie de l'intestin qu'ils « habitent » sert aussi d'organe respiratoire à l'holothurie et elle est donc parcourue par un courant d'eau. Ils cohabitent généralement avec deux à sept congénères qui, tous, profitent de cette « eau courante ».

Les fiersafers sortent périodiquement – surtout la nuit, lorsque les prédateurs sont moins nombreux – pour se nourrir de petits crustacés (amphipodes, crevettes, crabes), de vers polychètes et de petits poissons, y compris de petits congénères qu'ils cannibalisent. Puis ils regagnent leur gîte en marche arrière. Ils ne quittent même pas celui-ci pour évacuer leurs déjections puisqu'ils disposent du « tout à l'égout », leurs propres matières fécales étant libérées à l'extérieur par l'orifice digestif du concombre de mer en même temps que les excréments de ce dernier. Une telle association poisson-holothurie se met en place précocement, lorsque les fiersafers sont au stade larvaire de leur développement. L'holothurie ne semble pas importunée par ses hôtes et ne fait rien pour s'en débarrasser… même lorsque les fierasfers poussent l'audace jusqu'à se nourrir de ses gonades ! Comme elle n'a que peu de prédateurs, le petit poisson est assuré d'une certaine sécurité d'habitat. Il doit seulement changer de toit (d'intestin devrait-on dire !) lorsque l'holothurie vient à mourir ou en cas de confinement, le logement pouvant devenir trop étroit compte tenu de sa propre taille ou du nombre trop élevé de locataires.

Construire soi-même un abri

Il est parfois difficile et risqué de devoir s'en remettre aux autres ou aux éléments naturels pour sa protection. Il est donc intéressant de chercher à « s'autosuffire » en construisant soi-même son abri. On est jamais si bien servi que par soi-même !

Dormir tranquille dans son cocon de nuit

Nous avons déjà rencontré au chapitre précédent ces paisibles brouteurs de corail que sont les **poissons-perroquets** du genre *Scarus*. Après avoir passé leur journée à consommer leur mets favori, le soir venu, ils se retirent dans une cavité du récif corallien qui leur sert d'abri nocturne puis sécrètent en une demi-heure une bulle de mucus (produite par des cellules muqueuses). Cette enveloppe les entoure presque totalement : elle n'est ouverte que devant la bouche et derrière la nageoire caudale afin d'assurer une circulation d'eau permettant au poisson de respirer. La bulle se fixe aux anfractuosités du récif, ce qui lui évite d'être entraînée au gré des courants. De surcroît, ce cocon constitue une barrière qui limite efficacement la diffusion dans l'eau de signaux chimiques émis par le poisson. Ces derniers seraient en effet susceptibles de trahir sa présence auprès de prédateurs tels les murènes *Gymnothorax* sp et divers requins qui sont justement actifs durant la nuit sur le récif. Ainsi, confortablement installés au creux d'un massif de coraux, protégés dans leur « sac de couchage », les poissons-perroquets demeurent immobiles, leur rythme respiratoire étant réduit, et ils passent une nuit paisible. Au petit matin, ils quittent leur enveloppe et reprennent sans tarder leur inlassable travail d'érosion diurne du récif et la production fécale de sable corallien qui l'accompagne. Ils regagnent le soir leur abri nocturne familier et fabriquent un nouveau cocon de nuit. Notons que cette protection antiprédateur n'est pas absolue, puisqu'un un petit

Un poisson-perroquet dans le cocon de nuit qu'il a sécrété. Après avoir passé sa journée à brouter des coraux, ce paisible poisson sécrète une bulle de mucus dans laquelle il pourra passer la nuit à l'abri des prédateurs.

gastéropode fasciolariidé profite de l'immobilité du poisson-perroquet pour se positionner sur le cocon et introduire sa trompe dans la bouche du poisson. Il perce alors sa muqueuse buccale et suce son sang… Difficile d'être vraiment tranquille dans l'univers impitoyable du récif !

Bâtir chaque soir plusieurs chambres pour s'assurer d'un sommeil sécurisé

Restons dans les récifs coralliens, et dirigeons-nous vers la région Indo-Pacifique pour observer le **labre** *Novaculichthys taeniourus.* Chaque soir, dans son territoire, ce poisson construit plusieurs dortoirs qui vont lui servir d'abris nocturnes. Il s'agit de deux ou trois monticules faits d'un amoncellement de sable surmonté de débris coralliens. La construction de chacun d'eux demande de 30 à 50 minutes pendant lesquelles il transporte du sable dans sa bouche sur une distance allant jusqu'à un mètre, puis il amasse des fragments de corail de forme arrondie ou aplatie dont la masse sèche peut dépasser 2 kg. Il pratique ensuite dans chaque monticule une ouverture servant d'entrée. Certains morceaux de coraux fonctionnent comme un volet de protection empêchant l'entrée d'autres labres et s'opposant à l'intrusion de prédateurs. Il profite de son activité de bâtisseur pour s'alimenter en dégustant les vers, mollusques ou crabes cachés sous les fragments de coraux qu'il prélève. Durant la construction de ses abris nocturnes, il se montre agressif vis-à-vis de ses congénères et des autres espèces de labres qui s'approchent de son territoire.

Peu avant le coucher du soleil, le labre « plonge » à l'intérieur d'un monticule et échappe ainsi à ses prédateurs. Il en visite généralement plusieurs avant de fixer son choix sur l'un d'eux. En multipliant ses domiciles potentiels, il parvient à tromper ses éventuels prédateurs, tout comme un chef de guerre limite le risque d'un attentat en occupant chaque jour une résidence différente de celle de la veille. Au petit matin, peu avant le lever du soleil, il émerge du monticule après une nuit de sommeil « sécurisé ». Le fait de pouvoir disposer de plusieurs chambres à coucher permet aussi au labre de faire face au risque d'occupation de l'une d'entre elles par des « squatters » et d'être ainsi quasi certain de pouvoir toujours trouver un refuge nocturne. Il serait bien trop risqué de devoir coucher dehors. Il n'y a pas de SDF chez ces labres !

Creuser un nid dans le sédiment meuble des estuaires

Le **gobie japonais** *Taenioides cirratus* mène une existence souterraine dans la zone de balancement des marées des estuaires (zone intertidale). Sa vie fouisseuse le conduit à rechercher des proies animales (annélides, crevettes) dans les abondants sédiments argileux et sableux qui caractérisent son territoire. Pour se protéger des prédateurs, notre gobie aménage un véritable nid souterrain. Il creuse les sédiments, les transporte avec sa bouche ou les déplace grâce au courant d'eau créé par des battements de queue et des ondulations de son corps. Il construit ainsi des galeries à plusieurs branches terminées en cul-de-sac et aménage trois à quatre ouvertures dont l'une fait office d'orifice de sortie. Cette dernière est repérable en surface, car elle est surmontée d'un monticule de 20 centimètres de diamètre et de 4 centimètres de haut dont le centre est déprimé en cratère. Creuser et aménager son logement réclame environ deux jours de travail au gobie japonais. Après quoi, il sort pour s'alimenter à proximité des ouvertures des galeries souterraines, mais trouve rapidement refuge dans ces dernières en cas de danger. S'enfouir pour se rendre inaccessible aux prédateurs « se paye » chez ce poisson par un déclin de la vision, suite à une régression des yeux. Être malvoyant pour pouvoir vivre en paix ?

Se camoufler

Si l'on est invisible, point besoin d'abri. Certains poissons se protègent ainsi des prédateurs en pratiquant l'art du camouflage. Les procédés utilisés créent une certaine similitude entre l'animal et son milieu ambiant (son « paysage ») de façon à gommer les différences. Le poisson se fond ainsi dans l'arrière-plan en réduisant les contrastes entre lui et son environnement, que ce dernier soit minéral, végétal ou uniquement aquatique. Ces stratégies destinées à « brouiller » sa silhouette en l'intégrant au paysage environnant mettent en jeu des dispositifs anatomiques (forme), chromatiques (couleur de livrée) et un comportement adapté à la recherche d'une discrétion la plus grande possible, tant vis-à-vis des prédateurs potentiels que des proies d'ailleurs.

Des maîtres du camouflage

« Voir sans être vu » constitue une stratégie particulièrement utilisée par le **dragon de mer feuillu** *Phycoduras eques* du sud de l'Australie. Ce poisson n'a rien d'un monstre marin cracheur de feu comme son nom vernaculaire pourrait le laisser penser. Il s'agit d'un paisible poisson de la même famille que l'hippocampe, auquel il ressemble par sa « tête de cheval » et par une incubation des œufs assurée par le mâle. Ses mouvements sont lents et il est bien incapable de s'enfuir devant un prédateur. Il compense cette faiblesse par une pratique spectaculaire de l'art du camouflage. Il présente en effet une silhouette festonnée de guirlandes de « fausses algues » : il s'agit d'excroissances cutanées verdâtres et brunâtres disposées sur tout son corps, qui imitent à la perfection des algues brunes ou vertes parmi lesquelles il trouve abri et au sein desquelles on a beaucoup de peine à le distinguer. Ce « poisson-algue à tête de cheval » qui, par ses appendices foliaires, ressemble à un tas de varech, présente un aspect quelque peu surréaliste. Sa nage est faite d'un balancement du corps qui rappelle celui d'un cheval de course et sa silhouette évoquerait celle de dragons et de monstres marins sortis du bestiaire des contes fantastiques. Le mimétisme de forme et de couleur de cette « salade vivante »

Un expert du camouflage : le dragon de mer feuillu. Grâce à ses excroissances foliacées (ici céphaliques), il imite à la perfection une algue.

qui semble osciller entre le monde animal et le monde végétal met en jeu des cellules pigmentaires, ou chromatophores, contenant divers types de pigments (caroténoïdes, mélanines, ptérines). Un tel équipement lui permet de pratiquer un jeu de « cache-cache » permanent au milieu des algues et constitue un moyen très efficace de camouflage vis-à-vis des innombrables prédateurs peuplant les hauts fonds. La qualité de l'imitation des algues dérivantes est telle que divers petits crustacés (surtout des crevettes) cherchent à trouver refuge dans ce « poisson-algue » et se font capturer, car ce supposé protecteur chasse à l'affût et aspire, par son long museau tubulaire, les proies animales de petite taille passant à sa portée. Ce poisson « végétalisé », qui ne quitte presque jamais l'environnement algal dérivant lui assurant transport, nourriture et protection, est considéré comme un maître de l'illusion.

On trouve bien d'autres spécialistes du camouflage parmi les poissons. Ainsi, de très nombreuses espèces de **syngnathes** *Syngnathus* sp et de **rascasses** *Scorpaena* sp présentent des silhouettes et des livrées colorées qui les rendent invisibles dans leur environnement respectif d'herbiers de végétaux et de fonds rocheux. Certaines rascasses passent d'autant mieux inaperçues qu'en plus des excroissances de leur tégument imitant des algues, elles se recouvrent d'authentiques fragments d'algues vertes, brunes ou rouges. Nos fantassins et nos artilleurs qui garnissent leurs casques et leurs canons de branchages n'ont rien inventé ! Le **poisson-pierre** *Synanceia verrucosa*, espèce tropicale à tête large et à grande bouche, possède également une peau recouverte de verrucosités multicolores qui, au sein des lagons, accentuent son camouflage dans des dépressions peu profondes de sable ou de vase remplies de débris coralliens. Autre exemple : le **poisson-feuille** *Monocirrhus polyacanthus* présente un corps aplati comme une feuille d'arbre et un museau qui simule un pétiole. Sa couleur brune lui permet de se fondre dans la végétation aquatique. Il suit le balancement de l'eau et ressemble à une feuille morte flottante et dérivante, ce qui le rend quasi indétectable dans les eaux riches en débris végétaux de la forêt tropicale amazonienne.

Décidément, les astuces permettant de se fondre dans l'environnement ne manquent pas chez les poissons. En outre, comme nous l'avons déjà évoqué, ces différentes stratégies de dissimulation sont utilisées non seulement pour se protéger des prédateurs, mais également pour chasser des proies à l'affût.

Se fondre dans la « grande bleue »

Certaines espèces ne peuvent espérer trouver aucun refuge lorsqu'il s'agit d'échapper à un prédateur : c'est le cas de celles qui évoluent en pleine eau (espèces pélagiques parfois réunies sous l'appellation de « poissons bleus »), comme la **sardine** *Sardina pilchardus*, l'**anchois** *Engraulis encrasicholus*, le **maquereau** *Scomber scombrus*, le **thon** *Thynnus* sp, l'**espadon** *Xiphias gladus*, le **marlin** *Makaira* sp… Elles doivent donc tout d'abord éviter à tout prix d'être repérées par les prédateurs en se confondant avec leur environnement marin : leur dos sombre bleu ou noir plus ou moins marbré ne présente, vu de dessus, aucun contraste avec le bleu sombre des profondeurs océaniques et leur ventre clair, argenté et réfléchissant la lumière, se confond parfaitement, vu de dessous, avec le fond lumineux des couches superficielles traversées par les rayons solaires. Mais ce n'est pas tout. Ces poissons possèdent des flancs argentés et brillants (en raison de la richesse en guanine et en hypoxanthine de leurs cellules) capables de réfléchir la lumière, ce qui est susceptible de troubler la vue du prédateur au moment de l'attaque. En effet, les très nombreux « flashes » émis par les centaines ou les milliers de surfaces réfléchissantes que constituent les innombrables poissons groupés en bancs sont une source de perturbation visuelle : le prédateur est face à un ballet « d'étincelles d'argent » qui s'allument et brillent à chaque instant au sein d'une population frétillante. Toutefois, bien qu'en partie aveuglé par de tels dispositifs, il ne semble généralement pas pour autant dissuadé d'attaquer… Quoi qu'il en soit, une telle livrée argentée doit avoir une signification écologique importante. En effet, peu avant leur arrivée dans les eaux océaniques, des espèces migratrices comme les anguilles, les truites de mer et les saumons adoptent ce type de tenue. Ces derniers l'abandonnent d'ailleurs à leur retour dans les eaux intérieures pour se parer d'une livrée plus sombre, brunâtre ou verdâtre, comparable à celle de bon nombre d'espèces sédentaires des eaux douces et assurant un meilleur camouflage dans ce type de milieu. Remarquons qu'il est aussi possible de passer inaperçu en pleine eau lorsque l'on est transparent, comme le sont les œufs et les larves de nombreux poissons, ainsi que certains adultes tels que le gobie *Cristallogobius*, qui porte bien son nom.

Jouer au caméléon des mers

Une autre manière de se camoufler consiste à changer de tenue en fonction de l'environnement dans lequel on évolue. Une telle stratégie a été adoptée par le **turbot** *Psetta psetta*. Au chapitre précédent, nous avons déjà rencontré ce poisson plat vivant posé sur les fonds sableux, vaseux ou graveleux et qui, pour guetter ses proies, s'enfouit sous la surface du sédiment en laissant seulement dépasser ses yeux. Cette tactique du « voir sans être vu » est, une fois encore, tout aussi rentable lorsqu'il s'agit de se protéger. Elle est rendue d'autant plus efficace que le turbot possède en plus la remarquable capacité, lorsqu'il est posé à la surface du substrat, d'adopter une couleur qui ressemble parfaitement à celle du fond et d'imiter la texture des éléments minéraux qui le composent, qu'ils soient homogènes ou hétérogènes. La couleur de ce poisson résulte de la répartition des cellules pigmentaires du tégument contenant des pigments de couleurs noire, jaune et rougeâtre : l'étalement des pigments favorise un assombrissement de la livrée et leur contraction son éclaircissement. Cette faculté de camouflage-réflexe permet au turbot de modifier la tonalité générale de sa livrée en quelques secondes et de « brouiller » ainsi sa silhouette en l'intégrant au paysage environnant du fond, y compris si ce dernier est fait de sédiments irréguliers formant des taches ou des marbrures dont le tégument du turbot peut produire une « copie » tout à fait fidèle. Ce caméléon des mers est ainsi protégé contre des prédateurs qui ne voient… que du sable. On l'aura compris, cette livrée mimétique favorise également l'approche des crustacés et des petits poissons qui, pénétrant sans méfiance dans le territoire du turbot, se font happer et constituent son menu ordinaire. Se rendre invisible grâce à une tenue de campagne qui se confond avec le terrain n'est pas non plus un stratagème propre à l'armée de terre !

Tromper l'adversaire

Utiliser un faux œil

Les prédateurs attaquent souvent leurs proies en des points particuliers de leur corps. D'une façon générale, leur attention est fortement attirée par les yeux. Les pêcheurs à la ligne ont tiré parti de cette constatation en concevant des leurres artificiels (cuillers, streamers) comportant des perles brillantes qui imitent des yeux et sont destinées à exciter l'agressivité du prédateur. Chez certains poissons-proies, la sélection naturelle a favorisé les poissons dont les yeux sont dissimulés au sein de masques céphaliques noirs ou jaunes. Ces cibles privilégiées étant ainsi noyées dans la masse, les prédateurs, victimes de cette « confusion visuelle », peuvent marquer un moment d'hésitation ou se tromper d'angle d'attaque, une erreur salutaire pour le petit poisson qui en profite pour s'enfuir. De nombreuses espèces vivant dans des milieux très éclairés, comme les zones côtières et surtout les récifs coralliens, utilisent un stratagème de ce type : **scalaire** *Pterophyllum scalare*, **poisson-papillon** *Pygoplites* sp, **poisson-ange** *Pomacanthus* sp, **baliste** *Balistoides* sp, **poisson-cocher** *Zanclus canescens* et **poisson-pomme de pin** *Cleidopus* sp fondent leurs yeux dans le « décor corporel », ce qui les sauve souvent de leurs prédateurs.

D'autres poissons vont même plus loin avec la présence d'un faux œil (ocelle) disposé sur le flanc ou sur le pédoncule caudal. Ainsi, les **poissons-papillons** du genre *Chaetodon* sp – petits poissons aux formes élégantes évoluant au milieu des récifs coralliens et dont la nage saccadée et virevoltante évoque celle d'un papillon – ne possèdent qu'une faible aptitude de fuite face à un prédateur. Leur survie passe donc par la capacité à tromper l'ennemi. Outre un camouflage assuré par une livrée faite de bandes verticales noires, rouges et argentées (qui « cassent » visuellement leur silhouette), ils possè-

Un poisson-papillon et son faux œil latéral. Cet ocelle est destiné à tromper un éventuel agresseur sur sa direction de fuite, l'œil « vrai » étant masqué par une bande sombre céphalique.

dent à l'arrière de leur corps un faux œil de couleur vive alors que leur œil vrai, en position céphalique, est dissimulé par une bande colorée sombre qui le rend peu détectable par un prédateur. Or les signaux visuels sont très importants pour les prédateurs piscivores. Les vrais yeux masqués et les faux yeux, qu'ils soient latéraux ou caudaux, trompent l'ennemi qui confond l'avant et l'arrière du poisson et ne peut prévoir la direction de fuite de la proie. Ce type de stratagème semble assurer de bonnes chances de survie aux poissons-papillons, car bien peu d'entre eux sont retrouvés dans l'estomac des prédateurs.

Se fondre dans la masse

Être solitaire constitue généralement un handicap sérieux pour un poisson. Le repérage visuel d'un individu isolé est aisé et permet à un prédateur de le « cibler » facilement. De nombreuses espèces grégaires d'eau douce (gardons, ablettes) et marines (sardines, anchois) pratiquent une défense collective antiprédateur par un regroupement en banc ou en troupe. L'un des cas les mieux étudiés est celui du **vairon** *Phoxinus phoxinus*. Ce poisson est dépourvu de toute protection morphologique. Nous avons déjà évoqué l'effet protecteur de la rapide dispersion d'un banc de vairons lors d'une attaque (« effet fontaine »). Mais avant même qu'il n'éclate, le banc est en lui-même un gage certain de sécurité pour les poissons. Le groupement permet d'abord de s'alimenter avec un certain succès grâce à une détection collective de la nourriture. Mais il garantit surtout une protection en cas de risque de prédation. D'une part, le prédateur est plus efficacement détecté grâce à la vigilance des nombreux yeux du banc. D'autre part, ce dernier assure une moindre probabilité de capture pour un individu donné en raison d'une dilution du risque et, surtout, parce que le prédateur, confronté à un groupe de proies de même taille et de même couleur, est victime d'un effet de confusion au point qu'il ne sait pas toujours où frapper. Victime du « dilemme de Buridan », il hésite avant de savoir quelle proie individuelle il doit attaquer.

L'efficacité de la protection dépend non seulement de la taille du banc (du nombre d'individus qui le compose), mais aussi de son homogénéité (une taille quasi uniforme des individus détermine une vitesse de nage identique et des livrées semblables évitent toute singularité). Ainsi, l'introduction dans un banc d'individus possédant une livrée originale ou une taille différente de la moyenne des individus du groupe crée un effet de bizarrerie (*oddity effect*) qui est favorable au prédateur. Celui-ci cible mieux ses attaques et connaît un taux de succès supérieur. Il est donc essentiel que l'homogénéité du banc soit préservée. Ainsi, les vairons qui ont subi une infestation parasitaire tendent à être rejetés du groupe, que le parasite soit externe ou qu'il soit interne et donc non visible, comme le ver *Schistocephalus* sp par exemple. En outre, les bancs sont généralement constitués de groupements familiaux, la parenté étant perçue à partir des signaux olfactifs que sont les phéromones (voir chapitre 2). Cette « familiarité » entre les individus se traduit par une meilleure cohésion du banc, et même par la mise en pratique d'une certaine coopération entre les individus, assimilable à une forme d'« altruisme réciproque ».

Diverses autres familles de poissons pratiquent cette stratégie de regroupement dans laquelle chaque individu doit obligatoirement être identique à tous les autres afin d'éviter d'attirer l'attention d'un prédateur. Pour mimer la livrée de leurs partenaires, les **poissons-perroquets** *Scarus sordidus* de la Grande Barrière australienne changent rapidement de couleur au moment de s'associer à un banc de congénères. Ils adoptent une livrée uniformément sombre et rayée, non spécifique, qui permet à chaque poisson d'être bien assorti à ses congénères et fait office de tenue antiprédatrice. De même, les **guppys** américains *Poecilia latipinna*, dont la livrée est noire ou blanche, se joignent préférentiellement à des bancs de congénères qui leur ressemblent : les noirs avec les noirs et les blancs avec les blancs…

Menacer l'adversaire

Se faire gros comme un bœuf au moindre danger

Quand on ne possède aucune des « armes » habituelles des poissons, c'est-à-dire la capacité de nager rapidement afin de fuir ou la possibilité de se camoufler dans l'espoir de passer inaperçu, il est nécessaire d'user d'autres tactiques pour assurer sa survie. L'une d'elles consiste à adopter une attitude d'hostilité, voire même de provocation à l'égard du prédateur, afin de le dissuader de lancer une attaque. Se réunir en banc permet collectivement de « se faire gros ». Les **poissons chauve-souris** *Platax* sp des zones récifales ne peuvent individuellement prétendre constituer une menace pour un prédateur compte tenu de leur petite taille (quelques dizaines de centimètres), mais utilisent un tel subterfuge pour paraître redoutables : former un banc compact, une boule dense et sombre, ressemblant à un organisme volumineux et *a priori* dangereux (gros poisson ? mammifère ?). Être crapaud et paraître bœuf peut parfois se révéler utile…

Les deux visages du poisson-porc-épic. En haut, la silhouette d'un individu en l'absence d'agresseur. En présence d'un danger, le poisson se gonfle d'air ou d'eau (en bas) afin de se rendre menaçant et… impossible à avaler.

La même stratégie peut être également mise en œuvre à l'échelle d'un seul individu. Les poissons de certaines espèces déploient leurs nageoires, les agitent et écartent leurs opercules afin de paraître plus gros qu'ils ne le sont en réalité. Augmenter son volume corporel apparent est une stratégie de « sécurisation » semblable à celle du chat qui hérisse son pelage. Elle a parfois un effet dissuasif sur les prédateurs. Ainsi, le **poisson-globe** (ou **poisson-ballon**) *Sphaeroides cutaneus* « se fait gros » pour éviter d'être ingéré. Au moindre danger, il avale de l'air ou de l'eau et se gonfle très rapidement par remplissage d'une chambre œsophagienne annexée au tube digestif. Son volume corporel peut alors tripler. Aux yeux du prédateur, il paraît menaçant et, surtout, impossible à avaler ! Le poisson-globe parvient ainsi parfois à lui échapper, mais, gonflé comme une baudruche, il perd son équilibre et, incapable de nager, flotte parfois à la surface de l'eau sous l'emprise des vents et des courants. Lorsque la menace a disparu, la contraction de ses muscles gastriques permet d'expulser l'air ou l'eau ingérés et il se « dégonfle » jusqu'à la prochaine alerte. À cette forme de dissuasion « mécanique » s'ajoute, chez les diodons comme *Diodon histrix*, surnommé **poisson-porc-épic**, l'existence d'une peau très résistante munie d'épines. Elle leur confère une invulnérabilité quasi totale. En plus de ces deux armes, ces tétraodontidés ont acquis une forme de résistance chimique : ils contiennent une neurotoxine très puissante – la tétrodotoxine – qui peut être mortelle, y compris pour l'homme. Ce dernier demeure d'ailleurs leur plus redoutable prédateur. La silhouette particulière des tétraodons a en effet justifié l'intérêt que leur portent les aquariophiles et, surtout, les touristes et les collectionneurs de poissons séchés. Nombreux sont ceux qui se retrouvent « convertis » en lampes éclairées par des ampoules électriques. Triste fin pour des poissons si originaux…

Attention, ma nageoire dorsale est venimeuse !

Les armes chimiques des poissons peuvent également prendre la forme d'un venin sécrété par un aiguillon rigide capable de traverser la peau l'agresseur. On rencontre de tels poignards imprégnés de substances toxiques chez les **vives** comme *Trachinus draco* et *T. vipera,* dont le système de perforation et d'injection de venins est constitué d'une épine venimeuse au niveau de chaque opercule et, surtout, d'aiguillons disposés sur les premiers rayons épineux de leur nageoire dorsale. Cette dernière est colorée en noir, donc bien visible. Les piqûres sont douloureuses et s'accompagnent d'une envenimation des plaies par un amino-polysaccharide neurotoxique, mais non mortel pour l'homme. La tache noire brillante observable sur la nageoire dorsale antérieure est interprétée comme un signal visuel signifiant : « Attention, je suis dangereux ! » En effet, la vive, qui est généralement enfouie dans le sédiment marin à l'exception de ses yeux, exhibe sa nageoire dorsale noire à la vue d'un prédateur comme si cette menace pouvait avoir une fonction de dissuasion. Au contraire, lorsqu'elle est embusquée dans le sédiment sablonneux dans l'attente d'une proie à capturer par surprise, selon son procédé rituel de chasse à l'affût, elle ne déploie pas sa nageoire dorsale et évite de se faire remarquer. Il faut savoir utiliser son signal antiprédateur à bon escient et seulement en cas de danger !

Une vive à demi enfouie dans le sable. À la vue d'un prédateur, elle agite sa nageoire dorsale venimeuse signalée par une tache noire afin de paraître menaçante.

Prenez garde à mon scalpel !

Les **poissons-chirurgiens** des genres *Acanthurus* et *Ctenochaetus* sont dotés de deux stylets érectiles tranchants qui sont symétriquement disposés de chaque côté du pédoncule caudal. Ces épines caudales ou lancettes sont insérées dans un sillon en position de repos et se dressent perpendiculairement au flanc du poisson en cas de danger. Tranchantes comme un scalpel chirurgical, elles peuvent infliger de sérieuses blessures à tout organisme agressif. Un tel stylet caudal semble constituer une arme dérisoire face aux gros prédateurs que sont les murènes et les mérous. Le mouvement de l'épine lors de son érection et sa brillance sont toutefois susceptibles d'intimider le prédateur qui se garde bien en tout cas de saisir ces poissons par la queue.

Touchez pas à la murène !

Les quelques exemples que nous venons de citer montrent que posséder des systèmes défensifs et être reconnu par les prédateurs comme un individu dangereux confèrent à certains poissons une relative invulnérabilité. Il n'est donc pas surprenant que des espèces ne disposant pas de semblables équipements morpho-anatomiques de dissuasion aient cherché à imiter celles qui en sont pourvues, à copier leur coloration et à mimer leur comportement afin de dissuader des prédateurs potentiels. Ainsi, afin de se rendre « indésirable » lorsqu'il se sent menacé par un prédateur, le **plésiopidé** *Calloplesiops altivelis* des îles Comores se fait passer pour une redoutable murène des récifs coralliens (*Gymnothorax meleagris*). Cette dernière, dont seule la tête émerge des crevasses qu'elle occupe, possède une livrée brun-sombre à noire parsemée de nombreux points blancs ou bleus. Le plésiopidé, lui, se caractérise par une nageoire caudale comportant plusieurs ocelles dont l'un

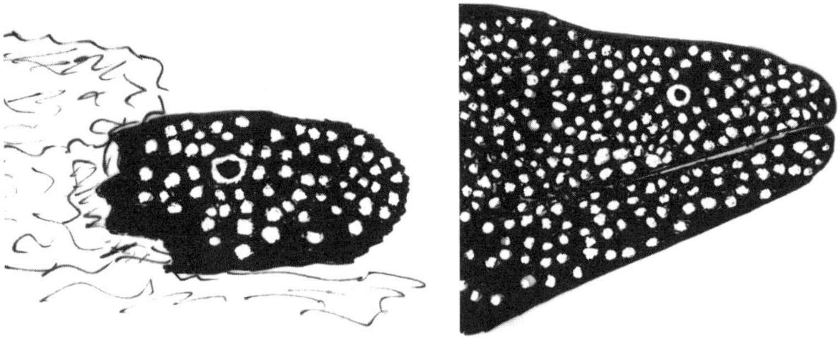

Un flagrant délit de copiage. En cas de danger, le plésiopidé tropical *Calloplesiops altivelis* laisse seulement émerger sa queue d'une anfractuosité du récif (à gauche). Outre sa livrée ponctuée qui copie celle d'une murène récifale, cette queue est pourvue d'un faux œil : elle ressemble à s'y méprendre à la tête de ce prédateur redouté (à droite).

imite l'œil de son modèle. En cas de danger, il se réfugie dans une dépression du récif et exhibe sa partie caudale, mettant en valeur son faux œil et sa livrée ponctuée. Ce faux air de murène agressive intimide son poursuivant. Une telle falsification des signaux (forme, couleur, comportement) permet de tromper un agresseur potentiel et d'en tirer avantage.

Bien d'autres espèces inoffensives utilisent également ce subterfuge qui consiste à copier les signaux caractéristiques d'espèces dangereuses dans le but de se protéger : la **blennie** *Ecsinius bicolor* copie la blennie venimeuse *Meicanthus atrodorsalis* et le **poisson-serpent** *Ophichthys colubrinus* imite un serpent venimeux. Dans les mangroves brésiliennes, les juvéniles d'une espèce du **poisson-grogneur**, *Pomadasys ramosus*, ressemblent aux juvéniles du carangidé *Oligoplites palometa* qui, eux, sont dotés d'épines dorsales et anales reliées à des glandes sécrétrices de venin. La livrée des poissons-grogneurs comporte le même patron de couleurs jaune et noir bien contrastées que celui de leur « modèle venimeux » et sert de signal d'avertissement. Les **soles** *Solea solea* et *S. senegalensis*, qui ne possèdent ni glande à venin ni appareil de perforation et d'injection, exposent sur leur face supérieure, à la manière des vives, une tache noire disposée sur leur nageoire pectorale droite. À l'approche d'un prédateur, elles déploient et agitent cette marque noire comme le font les vives. Ce mimétisme comportemental et cette convergence morpho-anatomique leur servent de signal antiprédateur. Il est toujours utile de chercher à « faire peur » !

Son et lumière de dissuasion

Sans même chercher à copier l'aspect et le comportement de poissons dangereux, certaines espèces, qu'elles soient pourvues ou non d'arsenal défensif, peuvent simplement adopter une attitude menaçante pour tenter d'intimider un agresseur potentiel et de le mettre en fuite. Ainsi, la **rascasse-diable** *Scorpaenopsis diabola*, qui vit camouflée parmi les coraux morts et se recouvre souvent de débris d'algues, se soulève de ce substrat lorsqu'elle se sent menacée et exhibe de façon répétée la face inférieure de ses nageoires pectorales qui est brillamment colorée en jaune, orange et rouge. Agités tels un chiffon rouge, ces ornements sont susceptibles d'effaroucher un prédateur et de le dissuader d'attaquer. De même, les **trigles** *Trigla* sp, les **grondins-volants** *Dactylopterus volitans* et les **dragonnets** *Callionymus* sp possèdent de larges nageoires pectorales mouchetées et vivement colorées avec des bordures d'un bleu ou d'un rouge luminescent, qu'ils agitent face à un prédateur afin d'afficher leur détermination à ne pas se laisser faire.

La production de sons ou l'émission de lumière peut également avoir une finalité dissuasive vis-à-vis d'un prédateur. Ainsi, lorsqu'il se sent menacé, le **grondin** *Trigla lucerna* émet de brefs grognements et étale ses larges pectorales colorées tout en redressant les rayons épineux de sa dorsale. Dans les mêmes circonstances, les poissons abyssaux **macrouridés** et **myctophidés** émettent des radiations bioluminescentes de couleur bleu à bleu-vert.

Cacher que l'on est dangereux

Tous les poissons n'affichent pas ouvertement des « signes extérieurs de leur dangerosité ». La possession de glandes venimeuses et d'un système d'injection de toxines peut être discrète, voire non détectable. La menace est alors insidieuse, ce qui renforce l'efficacité du piège tendu aux « innocents prédateurs »...

Beauté fatale !

Le **poisson-lion** ou **poisson-scorpion** *Pterois volitans* des eaux chaudes de la région Indo-Pacifique est assurément l'un des plus jolis poissons des récifs coralliens, avec sa livrée bariolée, faite de lignes, de bandes et de taches rouges ou brun doré. De plus, les longues expansions en forme de plumes colorées de certaines de ses nageoires lui confèrent une grande élégance lorsqu'il nage, lentement, grâce à l'ondulation des rayons de ses nageoires dorsale et anale, ses larges nageoires pectorales dissimulant le battement de sa nageoire caudale. Ce superbe poisson, très apprécié des aquariophiles, semble tout droit sorti d'un conte fantastique et paraît tout à fait inoffensif. Mais cette belle créature se révèle très dangereuse car elle possède des rayons épineux dorsaux et des épines anales tous deux très acérés et reliés à des glandes venimeuses. Au moindre contact, un venin très actif est inoculé au niveau de la piqûre. Il est responsable, chez l'homme, de douleurs lancinantes pendant plusieurs heures. Ce système défensif explique que l'on ne connaisse aucun prédateur au poisson-lion.

Malheur à qui s'y pique !

Le **poisson-pierre** *Synanceia verrucosa* est très laid, d'où son surnom de « crapaud de mer ». Sa forme et sa couleur font qu'il est pratiquement invisible sur le fond des récifs coralliens, tant sa silhouette ressemble à une roche. Il présente la regrettable caractéristique de posséder une série de piquants venimeux très redoutables : 12 à 13 épines dorsales, 3 épines anales et 2 épines ventrales, toutes reliées à des glandes à venin qui fonctionnent comme autant de seringues hypodermiques inoculant un poison mortel à quiconque a la malchance de s'y frotter. Le danger est grand pour l'homme de marcher par inadvertance sur ce poisson et de se voir injecter instantanément un venin qui provoque, outre une très violente douleur, des troubles cardio-vasculaires graves susceptibles d'entraîner la mort en moins de 2 heures. Thermolabile, ce poison peut être détruit par la chaleur. Très redouté des populations indigènes du Pacifique tropical, ce « crapaud de mer » ne semble avoir aucun prédateur et bénéficie, compte tenu de la dangerosité de ses armes défensives, d'une « immunité » qui lui permet de vivre tranquille dans le lagon où les prédateurs potentiels sont pourtant nombreux et actifs. Fait remarquable, ses populations ne sont pas très abondantes en dépit de l'invulnérabilité apparente des individus adultes – ses œufs et ses larves sont en revanche vulnérables. Il n'est pas exclu qu'un prédateur soit capable de résister au venin et puisse se nourrir de ce poisson qui, de bourreau, deviendrait – juste retour des choses – victime… Toutefois, s'il existe, le prédateur « kamikaze » susceptible d'avoir réussi l'exploit de triompher de ce piège habituellement mortel, reste à découvrir.

Ainsi, dans un monde hostile peuplé d'innombrables dangers, les poissons ont montré que tous les moyens sont bons pour tenter de sauver sa peau !

CHAPITRE 5

Se reproduire

Les modalités de reproduction des poissons sont extrêmement variées. Bien souvent, le premier problème qui se pose à eux est de trouver un « bon » partenaire sexuel. Nous verrons que les mâles ont parfois bien du travail pour obtenir les faveurs de femelles d'une grande exigence. Les choix sont toutefois souvent réciproques et les femelles doivent également déployer tous leurs charmes de séductrices si elles veulent trouver leur « prince charmant ». Une fois la cour terminée, il se forme parfois un couple. Si certains poissons sont des adeptes de la fidélité, nous aurons l'occasion de constater qu'il y a également des couples « échangistes » ou que d'autres pratiquent un ménage à trois. Sans compter que, dans des circonstances variées, plusieurs espèces de poissons sont capables de changer de sexe ! Mais la reproduction n'implique pas toujours un couple et, outre quelques harems, nous évoquerons les « bacchanales » étonnantes que l'on observe sur certaines plages. Quelle que soit la configuration dans laquelle mâles et femelles se trouvent réunis pour la reproduction, les poissons mettent toujours en œuvre des stratégies d'accouplement et d'émission des gamètes qui leur permettent d'optimiser leur succès reproducteur. Elles sont très diverses et nous en donnerons quelques exemples parfois surprenants. Enfin, nous irons visiter quelques-uns des nids que les poissons construisent afin de mettre leurs pontes à l'abri d'un monde peuplé de prédateurs. Nous aurons ainsi l'occasion de constater que les mâles ne sont pas toujours les moins actifs en matière de soins parentaux.

La panoplie des dons Juans des mers et rivières

La sélection sexuelle, c'est-à-dire le choix du partenaire sexuel, constitue une étape importante du cycle de vie des poissons puisqu'elle conditionne la qualité des pontes et décide de l'avenir de la descendance, donc de la population. Notons toutefois que d'assez nombreux poissons s'en affranchissent (par exemple dans le cas des « pontes en groupe » que nous évoquerons plus loin). Les deux partenaires sont susceptibles d'exprimer leur choix, mais ce sont les femelles qui, le plus souvent, se montrent sélectives et décident lequel des nombreux mâles prétendants à l'accouplement sera leur partenaire de reproduction. L'heureux élu avec lequel elles convoleront donnera ainsi un « avenir » à leurs cellules sexuelles (les ovocytes, appelés ovules dans le langage courant) en lui « faisant de beaux enfants ». Ainsi, chez les poissons comme dans de nombreux groupes de vertébrés, le mâle propose et la femelle dispose…

Les modalités du choix du « bon mâle » sont variées et impliquent la perception de toute une panoplie de stimuli visuels, auditifs, olfactifs, gustatifs, tactiles et parfois électriques. Les critères de sélection sont également multiples. Il peut d'abord s'agir de la taille : choisir un grand partenaire qui, *a priori*, possède d'importantes réserves énergétiques et est capable de défendre avec vigueur le territoire de reproduction contre des rivaux, est un gage de reproduction optimale. Surtout si ce mâle est âgé et donc expérimenté en matière de relations sexuelles et de soins parentaux. La couleur de la livrée nuptiale, la possession d'un caractère anatomique particulier (comme, par exemple, un organe viril bien dimensionné), l'émission de signaux chimiques, les comportements de cour, de défense du territoire ou de soin parental sont également des critères de choix. Que le mâle soit beau, qu'il soit fort, c'est bien. Mais si, en plus, il est un riche propriétaire terrien, c'est tellement mieux ! Les femelles peuvent ainsi juger les mâles au vu de la qualité de leur territoire de ponte et de leur nid.

Compte tenu de la rigueur de la sélection sexuelle fréquemment opérée par les femelles – qui savent se montrer très exigeantes ! – les mâles ont développé des caractéristiques morphologiques, anatomiques et comportementales variées afin de bien se faire remarquer et de paraître toujours à leur avantage. Que le meilleur gagne !

Être grand et fort, le plus grand et le plus fort

Les femelles des **saumons** atlantiques *Salmo salar* et des **saumons** pacifiques du genre *Oncorhynchus*, tout comme les **truites brunes** *Salmo trutta fario* et les **truites de mer** *Salmo trutta trutta*, adoptent une stratégie de choix de leurs partenaires qui est essentiellement fondée sur la taille. Leur préférence s'affiche en effet nettement en faveur des mâles plus grands et plus gros qu'elles, tandis que les mâles plus petits sont peu prisés. Les signaux visuels ainsi que les vibrations faites de frémissements et de tremblements qu'émettent les mâles semblent aussi des critères importants de leur choix. La « supermotivation » des femelles pour les grands mâles, princes charmants de leurs rêves d'amour, pourrait reposer aussi sur la taille de la nageoire adipeuse située sur la partie dorsale du pédoncule caudal. Quant aux petits mâles non élus et mal-aimés, ils manifestent une grande agressivité à l'encontre des femelles qui les ont rejetés. Ils ne sont toutefois pas condamnés à l'abstinence sexuelle puisque, fins stratèges, ils parviennent souvent à « voler » des fécondations et à cocufier ainsi les grands mâles.

Le choix de ces derniers ne confère pourtant aux femelles aucun avantage immédiat. Certes, leur présence sur les frayères diminue les risques de cannibalisation des œufs par des petits mâles satellites. Mais le risque de prédation des pontes par d'autres espèces (comme des ombles *Salvelinus fontinalis* ou les ombres *Thymallus thymallus*) n'est pas réduit, dans la mesure où les grands mâles abandonnent leurs partenaires à l'issue de la ponte afin d'aller tenter l'aventure auprès d'autres femelles prêtes à pondre. Leurs amours avec ces grands et beaux partenaires sont bien éphémères…

Gagnons maintenant les eaux douces des îles antillaises de Trinité-et-Tobago, où les femelles du **guppy** *Poecilia reticulata* pratiquent également une sélection sexuelle fondée sur la taille : elles choisissent préférentiellement les mâles dont la longueur totale est la plus importante. Cela peut être considéré comme un gage de qualité des caractères héritables (autrement dit, des gènes) dont bénéficiera leur descendance : des fils de grande taille seront à leur tour les plus attractifs et obtiendront les meilleurs succès de copulation, tandis que des grandes filles présenteront des taux de fécondité élevés, assurant ainsi la pérennité de la « dynastie ». Nous verrons toutefois que le choix du mâle repose également sur d'autres critères.

Chez l'espèce voisine *Poecilia mexicana*, que l'on trouve dans les eaux mexicaines, certaines populations vivent dans un milieu bien éclairé, donc favorable à la perception visuelle du caractère taille, tandis que d'autres sont cavernicoles et vivent dans des grottes souterraines complètement obscures. Ces dernières populations pratiquent pourtant la même sélection sexuelle en faveur des grands mâles, ce qui laisse supposer que la longueur totale d'un individu peut être perçue grâce à un sens autre que la vision. La ligne latérale et céphalique, pourvue de cellules sensorielles très développées (les neuromastes), fournirait à ces poissons une image hydrodynamique des mouvements de nage des mâles en rapport avec leur taille. Ainsi, un transfert sensoriel a été réalisé au cours de l'évolution, depuis un système visuel originel et ancestral, vers un mode de perception non visuelle, ce qui permet de conserver, chez les formes cavernicoles, un comportement de sélection sexuelle caractéristique de l'espèce.

Faire le beau en exhibant des couleurs flamboyantes ou originales

Revenons au **guppy** *Poecilia reticulata*. Les femelles de cette espèce sont également attentives à la couleur de leurs prétendants : les mâles dont la livrée nuptiale est la plus vive et la plus flamboyante ont leur faveur. La couleur rouge-orange de cette dernière est due à des pigments caroténoïdes fournis par l'alimentation et qui s'accumulent dans certaines cellules de la peau, les chromatophores. Une telle livrée représente un caractère sexuel secondaire particulièrement évident en période de reproduction. Il est sous la dépendance des hormones mâles (les androgènes, stéroïdes sexuels sécrétés par le testicule). Les pigments agissent aussi en qualité d'antioxydants, ce qui renforce le système immunitaire des géniteurs et induit une meilleure résistance contre les infestations parasitaires. La coloration vive des mâles constituerait donc un signal de bonne santé apprécié des femelles. En outre, le nombre de chromatophores étant un caractère lié au chromosome Y, elles peuvent espérer des géniteurs colorés une progéniture mâle également haute en couleurs et donc bien « virile ». Notons que pour un guppy mâle, le « must » est de posséder une touche de noir. En effet, la livrée de « noce » de certains d'entre eux se caractérise par des zones riches en mélanine, un pigment noir qui souligne les contours orangés et amplifie les contrastes des couleurs. De telles zones constitueraient des signaux amplificateurs de la perception visuelle des femelles, qui sont d'autant plus attirées vers les mâles que ces surfaces noires sont importantes. Enfin, les femelles de ce guppy aiment également l'originalité. Les mâles dont les livrées ont des couleurs qui ne leur sont pas familières – tels ceux sélectionnés pour les aquariophiles, aux couleurs vives et à la riche ornementation caudale – sont particulièrement prisés. Ces dames sont donc exigeantes, elles réclament de la nouveauté !

Se faire remarquer par l'éclat de sa livrée nuptiale n'est toutefois pas sans danger. Dans le milieu naturel, les ornements colorés de ces si beaux mâles ne manquent pas d'attirer l'attention des prédateurs (poissons et oiseaux). Ces dons Juans sont donc plus facilement repérables et risquent davantage que leurs compagnes aux couleurs plus ternes de devenir des victimes de choix des piscivores. Les mâles peuvent donc payer de leur vie leurs spectaculaires efforts pour chercher à séduire : ils vivent des amours à haut risque. D'ailleurs, dans des populations exposées à un fort taux de prédation, ils présentent des couleurs plus discrètes que celles de leurs homologues vivant dans des milieux où la menace représentée par les piscivores est plus faible. La taille de la tache colorée attirant les femelles peut ainsi varier de 2 à plus de 25 % de la surface corporelle. Pourtant, même dans un environnement soumis à une prédation importante, les femelles continuent à préférer les mâles les plus vivement colorés. Elles « se doivent » alors de donner naissance à un excès de mâles colorés, dignes héritiers de leurs pères, afin de compenser l'importante mortalité par prédation de leurs partenaires.

S'afficher en rouge pour séduire

Les mâles de l'**épinoche** *Gasterosteus aculeatus* présentent, sous le contrôle des hormones androgènes, des livrées nuptiales colorées avec une gorge et une poitrine rouges ou orangées, riches en pigments caroténoïdes. Les femelles sont très sensibles à ce « look ». Comment s'en rendre compte expérimentalement ? Il suffit de renforcer, au laboratoire, les ornements naturels des mâles avec du rouge à lèvre. Les individus maquillés de la sorte sont plus fréquemment choisis par les « meilleures » femelles, c'est-à-dire les plus grandes, celles qui pondent les plus gros œufs. Ils connaissent ainsi un succès reproducteur élevé car leur descendance, issue d'œufs riches en réserves vitellines, a la plus grande probabilité de survie. La couleur rouge vif constitue donc un signal sexuel très important pour les femelles, une sorte de garantie quant à la santé, la vigueur et la combativité des mâles. Ces qualités sont très appréciées, comme en témoigne le nombre plus considérable d'œufs déposés dans les nids des mâles les plus vivement colorés : parfois plus de 3 000. Mais, de même que chez le guppy, les mâles les plus flamboyants sont également les proies les plus désignées pour les prédateurs (hérons). La mort par prédation est la rançon des succès amoureux...

La sélection sexuelle n'est pas seulement modifiée par des expériences scientifiques. Elle dépend également des facteurs naturels. Ainsi, à l'issue d'un combat entre deux mâles, le vainqueur tend à exhiber des couleurs plus vives tandis que le vaincu perd sa livrée rouge et devient terne. Autre exemple : les mâles parasités par un ver du genre *Gyrodactylus* voient l'intensité de leur coloration rouge diminuer. Moins attractifs, ils sont alors négligés par les femelles. En revanche, si ces dernières sont parasitées par ce même ver, elles perdent leurs aptitudes discriminatoires et deviennent moins exigeantes quant aux couleurs de la livrée des mâles. La parasitose provoque donc une diminution de la pression de sélection sexuelle et permet à des mâles privés d'attraits de ne pas être exclus de l'accès aux accouplements.

Une livrée nuptiale évoquant des œufs

Chez le **cichlidé** *Haplochromis nyererei* du lac Victoria, les mâles, polygames et territoriaux, adoptent des couleurs brillantes en période de reproduction. Leur livrée de noce comporte en particulier des taches de couleur (ocelles) dont la taille, la forme et le nombre varient. Disposées sur leur nageoire anale, ces dernières serviraient de signaux de reconnaissance pour les femelles et exerceraient un rôle dans le choix de leurs partenaires. De plus, ces ocelles miment des œufs (ils sont dénommés « *egg-spots* ») et serviraient de leurres pour le déclenchement de la ponte. Sitôt qu'elle a pondu ses ovocytes, la femelle les place dans sa bouche. Elle est attirée par les faux œufs de la nageoire anale du mâle, dont la proximité avec l'orifice génital de ce dernier est telle qu'elle aspire alors une eau enrichie en spermatozoïdes. Les fécondations sont ainsi optimisées grâce à la dilution réduite du sperme et à une rencontre optimale des gamètes des deux sexes à l'intérieur de la bouche des femelles.

Les mâles qui, selon les espèces, présentent au regard des femelles les ocelles les plus grands, les plus colorés ou les plus nombreux, deviennent les élus accédant aux accouplements. Chez le cichlidé *Pseudotropheus lombardoi* du lac Malawi, les femelles préfèrent les mâles qui possèdent un unique ocelle de grande taille sur leur nageoire anale, au détriment de ceux dont l'ocelle est de plus petite taille. Des expériences ont montré qu'elles se désintéressaient des mâles portant deux ocelles (le véritable ocelle et un autre, factice). La taille des ocelles étant corrélée à celle du poisson et les plus grands ocelles étant portés par les mâles dominants, ce critère de choix permet aux femelles de sélectionner les meilleurs mâles en terme de vigueur, de potentiel de compétition et de survie. Dans ce lac, selon les espèces de ciclichidés considérées, le nombre d'ocelles présents sur la nageoire anale varie d'un à plus de quinze et, chez des espèces autres que *Pseudotropheus lombardoi*, les femelles manifestent des préférences pour les mâles possédant de nombreux ocelles. Parmi les nombreux mâles d'espèces différentes qu'elle rencontre, chaque femelle « sait » donc bien reconnaître les siens. Une telle sélection crée un isolement reproductif et fonctionne ici comme un important facteur de spéciation (contribuant à l'individualisation d'une espèce). Il faut savoir bien compter pour retrouver les mâles de son espèce. Nous avons à faire à des femelles… « savantes » !

Être le mâle « à la mode »

Les éléments qui conduisent les femelles du **guppy** *Poecilia reticulata* à choisir tel ou tel partenaire sont décidément complexes. Outre la taille et la livrée, certains critères de choix sont d'origine sociale. Lorsque plusieurs mâles se proposent à elles, les femelles observent leurs congénères qui copulent avec certains de ces messieurs et tendent à les copier, jetant leur dévolu sur ceux qui ont connu le plus de succès amoureux. Leur choix est dirigé vers ces mâles « à la mode », parfois au détriment des mâles les plus vivement colorés qui sont pourtant habituellement élus selon des critères de choix inné. L'esprit d'imitation domine donc les tendances naturelles de l'espèce en matière de sélection sexuelle. Une telle transmission par copiage des comportements peut s'étendre de proche en proche d'un individu à l'autre et influencer les décisions de presque toutes les femelles d'une même population. Ces « effets de mode » sont redoutables pour les malheureux mâles qui n'ont pas eu la chance d'avoir fait l'objet d'un choix initial : ils se voient ainsi écartés des accouplements parce qu'ils n'ont pas réussi à plaire à certaines femelles, celles qui semblent décider du modèle de « mâle à la mode ».

Le cas de *P. reticulata* n'est cependant pas général. Ainsi, les femelles de certaines populations australiennes de guppys évitent les mâles qu'elles ont vus courtiser d'autres femelles et s'accoupler avec elles. De la sorte, elles appliquent un « principe de précaution » dans la mesure où un mâle qui vient de s'accoupler est susceptible d'être moins performant en raison d'un déficit testiculaire en spermatozoïdes. Elles ne succombent pas à la tentation de « paraître à la mode » et, méfiantes à l'égard des « mâles coureurs », manifestent un comportement d'« anticopiage », ce qui prouve qu'il existe malgré tout un certain « anticonformisme » chez les guppys.

Brandir sa nageoire dorsale comme un étendard

Chez *Poecilia latipinna*, une autre espèce de **guppy** qui peuple les eaux douces américaines, les femelles choisissent les mâles exhibant la plus grande nageoire dorsale. Ainsi, lorsqu'ils leur font la cour, les mâles déploient cette dernière tel un véritable étendard, écartent leurs nageoires pelviennes et courbent leur corps en direction des femelles. La nageoire dorsale constitue un signal qui attire non seulement les femelles de cette espèce mais également celles d'espèces proches, comme *P. orri* et *P. mexicana*, dont les mâles présentent une nageoire dorsale courte. Les femelles de ces deux espèces sont très sensibles aux caractères des mâles de *P. latipinna* et se laissent volontiers séduire par les charmes de ces « beaux étrangers », au détriment de leurs congénères qui, eux, sont négligés par les femelles de *P. latipinna* : ces dernières manifestent à leur égard une totale indifférence. Ces espèces étant interfécondes, un tel choix engendre des formes hybrides. Les préférences de certaines femelles vis-à-vis des mâles « étrangers » peuvent évoluer avec l'expérience. Dans un premier temps, la femelle de *Poecilia formosa* choisit généralement ses partenaires parmi les mâles de *P. multilineatus*, puis elle opte ensuite pour ceux de *P. latipinna*. Souvent femelle varie…

Posséder un organe viril de plus grande taille que celui des autres

Poursuivons notre petit tour d'horizon relatif à l'art de la séduction chez les **guppys** (genre *Poecilia*). Leur mode de reproduction – qu'ils partagent avec les **gambusies** (genre *Gambusia*) – est très original : la fécondation est interne et les œufs se développent à l'intérieur des ovaires, ce qui constitue une forme particulière de viviparité. Lors de l'accouplement, le mâle introduit un organe copulateur dans le pore génital des femelles qui sont ainsi inséminées. Dénommé gonopode, ce dernier est constitué de rayons rigides de la nageoire anale formant une gouttière dans laquelle s'écoule le sperme. La taille du gonopode varie selon les espèces et les individus (en fonction de la taille et donc de l'âge des géniteurs mâles). Les femelles exercent une véritable inspection des mâles candidats à la copulation et ne manquent pas de savoir apprécier le caractère viril de leurs partenaires potentiels. Leur choix se porte sur les prétendants dotés des plus longs gonopodes qui sont *a priori* capables des meilleures inséminations.

Chez certaines espèces de guppys, il existe deux types de mâles de taille corporelle identique : les individus à long gonopode (longueur supérieure au tiers de la taille corporelle) et les individus à gonopode court. Ces « inégalités » anatomiques induisent des différences de comportement. Alors que les seconds font assidûment la cour aux femelles (nage circulaire, frôlements latéraux, contacts buccaux) pour se faire admettre et obtenir leurs faveurs, les premiers s'en dispensent. Forts d'un avantage anatomique bien visible et d'une « supériorité virile », ils se contentent de les poursuivre de leur assiduité et cherchent sans relâche à introduire furtivement leur gonopode dans le pore génital de leurs partenaires. Certains de ces véritables « obsédés sexuels », tenaillés par les hormones androgènes (la testostérone), effectuent plusieurs dizaines de copulations par minute et dépensent toute leur énergie à cette poursuite effrénée de partenaires… Ils assurent ainsi une descendance de guppys à long gonopode qui se comportera de la même façon que leur père.

Certains auteurs ont considéré que ce procédé de copulation « à la hussarde » était originel et primitif, alors que le comportement de cour, plus élaboré en terme de communication courtoise, avait été acquis secondairement à l'issue d'une microévolution des populations, fusse au détriment de la taille des « attributs virils » des mâles. La civilisation marquerait-elle un progrès dans les comportements galants au prix d'un affaiblissement de la virilité ?

Une copulation entre « gauchers » et « droitières » ou entre « droitiers » et « gauchères »

Les guppys ne sont pas les seuls poissons dont les mâles possèdent un gonopode. Les **cyprinodontiformes** des genres *Anableps* et *Jenynsia* sont vivipares et leurs mâles sont également dotés de tels organes copulateurs. Cette fois, plus que leur taille, c'est leur orientation qui est un facteur discriminant. On distingue en effet deux catégories de mâles : certains possèdent un gonopode qui ne bouge que du seul côté gauche, tandis que d'autres ont un organe viril orienté vers la droite. Les femelles également sont de deux types : leur ouverture génitale est située soit à gauche, soit à droite. Un mâle « gaucher » ne peut s'accoupler qu'avec une femelle « droitière » et vice-versa, le choix du partenaire sexuel reposant sur la reconnaissance visuelle de ces caractères sexuels. Chaque mâle ne doit surtout pas se tromper de côté lorsqu'il courtise une femelle et cherche à parvenir à ses fins. Les mâles mauvais observateurs courent au-devant de cruelles déconvenues.

Avoir la plus grande bouche

Chez les poissons, c'est parfois le mâle en personne qui héberge les œufs après la fécondation. Ainsi, celui des **poissons-cardinaux** du genre *Apogon* incube les œufs dans sa bouche. Chez *A. doederleini*, au large des côtes du Japon, le géniteur héberge en moyenne 7 800 œufs d'un diamètre de 0,8 millimètre car, au moment de la reproduction, le volume de sa cavité buccale augmente jusqu'à atteindre 8 000 mm^3. La quantité d'œufs incubée étant proportionnelle au volume de cette cavité, les femelles recherchent préférentiellement les mâles qui possèdent un grand « berceau buccal ». Les grandes femelles s'accouplent donc préférentiellement avec les grands mâles et pondent de nombreux œufs, de sorte que ces derniers en ont « plein la bouche ». Leurs pontes sont ainsi bien protégées et présentent des taux de survie élevés, gage d'une descendance prospère.

De même que sa consœur des côtes japonaises, la femelle du poisson-cardinal *Pterapogon kauderni* des récifs coralliens d'Indonésie recherche d'abord les mâles les plus grands, capables d'héberger des œufs plus nombreux et plus volumineux. Deux semaines avant la ponte, elle choisit un partenaire puis adapte la taille de ses œufs au volume de la cavité buccale de l'élu de son cœur. Ainsi, quand la femelle n'a trouvé qu'un mâle de petite taille, les ovocytes qui mûrissent dans ses ovaires sont également de petit format (3 millimètres de diamètre) en relation avec la petite bouche du « papa ». Mais si d'aventure un grand mâle vient à passer, elle abandonne son premier conjoint, courtise son nouvel élu et ajuste le volume de sa production ovarienne à ce nouveau partenaire : elle fabrique alors de plus gros ovocytes. Cette possibilité de contrôle de la taille des ovocytes en fonction des capacités d'accueil de la bouche de son compagnon est tout à fait remarquable. Dans la mesure où de gros œufs donnent naissance à de grands nouveau-nés, elle permet *in fine* de produire les larves les plus grosses possibles et donc de donner les meilleures chances de survie à la progéniture. Les femelles n'hésitent pas à trahir leur conjoint pour une bonne cause : l'intérêt supérieur de leur population.

Être le meilleur nageur

Dans les eaux des rivières japonaises, les mâles du **gobie d'eau douce** *Rhinogobius* sp doivent déployer tous leurs talents de nageurs pour séduire leur belle. Les courants rapides sont en effet le théâtre de leurs accouplements. Fixées sur le fond grâce à leur ventouse ventrale (il s'agit en fait de leurs nageoires pelviennes modifiées), les femelles observent le déplacement des mâles qui, au risque d'être entraînés vers l'aval par le courant, déploient devant elles leur nageoire dorsale au cours d'un rituel de danse. La vitesse du courant auquel ils résistent est le critère permettant aux femelles de sélectionner les individus avec lesquels elles s'accoupleront. Les capacités de nage constituent en effet un indicateur de la bonne condition physique d'un géniteur qui défendra efficacement le nid de ponte et donnera une descendance elle aussi vigoureuse. Bien savoir nager constitue un critère important pour séduire sa belle… Alors, les grands séducteurs que sont parfois nos maîtres nageurs se sont-ils inspirés du modèle gobie ?

Être dominant et dominateur

Lorsqu'elle choisit son aire de ponte sur les frayères, la femelle de **truite brune** *Salmo trutta fario* est très active. Son agressivité est telle qu'elle chasse les autres femelles, et même les mâles avec lesquels elle ne désire pas s'accoupler. Elle porte son choix sur le mâle le plus grand, le dominant qui expulse également sans ménagement les subordonnés du secteur où il courtise la femelle. Ces derniers présentent, sous l'influence d'un « stress social » induisant une sécrétion d'hormones hypophysaires, une coloration plus sombre ayant valeur de signal de soumission. Conformément à une hiérarchie sociale bien établie, les plus faibles en sont donc réduits au rôle d'observateurs. Le coût énergétique d'un tel comportement est élevé, au point que le mâle dominant se voit parfois contraint de relâcher sa vigilance et de réduire sa combativité s'il ne veut pas courir le risque d'être rapidement épuisé. Être un grand séducteur et rester le patron n'est pas de tout repos !

La distribution des rôles entre dominants et subordonnés n'est toutefois pas toujours définitive. Prenons les **poissons-demoiselles** *Stegastes leucostictus* qui peuplent les récifs coralliens de la Jamaïque. La hiérarchie sociale détermine la distribution des territoires récifaux. Les individus dominants, qui se comportent « comme des chefs », bénéficient des meilleurs territoires et sont les plus attractifs aux yeux des femelles. Mais on a pu montrer qu'un individu subordonné pouvait acquérir un statut social supérieur si on lui permettait d'occuper un territoire de reproduction de grande qualité, capable d'assurer la meilleure protection possible. En fait, lorsqu'il est appelé à défendre un « bon » territoire, tout mâle, quelle que soit sa taille, déploie davantage d'énergie et se montre plus agressif. Bref, il acquiert un comportement de dominant. Il courtise ainsi mieux les femelles par comparaison avec un mâle n'ayant qu'un piètre territoire à défendre. Autre exemple dans les Grands Lacs africains avec les mâles des **cichlidés** *Pseudotropheus tropheops*. La révolte gronde parfois au sein de la population : les individus dominés peuvent remettre en question la hiérarchie et affronter, lors de combats, les individus dominants pour qui les femelles ont les yeux de Chimène. Il est d'ailleurs étonnant de noter que les perdants de ces confrontations se comportent différemment selon que leur défaite s'est ou non déroulée à huis clos. Si aucun congénère n'a été témoin de leur échec, ils n'adoptent pas de comportement de soumission. Ne pas perdre la face devant ces dames est la clé du succès amoureux des mâles.

Avoir l'œil méchant et être un défenseur agressif

Les mâles des **cichlidés** africains *Haplochromis burtoni* et *H. polli* du lac Tanganyika utilisent des signaux optiques particulièrement visibles pour traduire leur comportement agressif à l'encontre des rivaux qui pénètrent dans leur territoire : une barre pigmentée noire traversant leur œil apparaît au moment où un affrontement entre mâles est susceptible de s'engager, témoignant de leur combativité. Ces joutes sont ritualisées et les véritables combats responsables de blessures sont relativement rares : la vision d'un « œil méchant » suffit souvent à faire fuir un rival. Les femelles observent attentivement ces luttes. Elles font leur choix en conséquence, adoptant comme partenaire le plus belliqueux des mâles, le vainqueur des combats.

Plus généralement, les changements rapides de couleurs de la livrée destinés à rendre bien visibles certaines « motivations reproductrices » sont fréquents chez ces poissons. Ainsi, chez un autre cichlidé africain, *Pelmatochromis thomasi*, on connaît diverses colorations correspondant à des livrées plus ou moins sombres avec des bandes verticales noires et une irisation de taches (ocelles). Les chercheurs ont distingué un patron de couleur caractéristique des mâles adultes sans motivation particulière et un autre spécifique des individus dominants et territoriaux ayant choisi une cuvette de ponte et disposés à accueillir une compagne. Quant aux individus jeunes et aux adultes effrayés, leur livrée, faite de marbrures dorsales, correspond à une coloration dite cryptique. Les femelles peuvent ainsi faire le bon choix, sans trop risquer de se tromper de partenaire.

Montrer son courage face à un prédateur et paraître héroïque

Nous allons une fois encore nous pencher sur le **guppy** *Poecilia reticulata*, dont les mœurs en matière de sélection sexuelle sont décidément complexes. Les femelles observent attentivement les comportements « à risques » de leurs prétendants. Les mâles les plus appréciés sont ceux qui manifestent la plus grande bravoure face à un danger représenté par un prédateur, un cichlidé par exemple. Les plus courageux d'entre eux s'approchent le plus près possible du danger qu'ils apprennent à braver constamment et jugent ainsi des intentions du prédateur : est-il à jeun ? déjà nourri ? voire même repu ? Ils paient parfois de leur vie une telle témérité... mais les femelles portent leur choix sur les plus héroïques des survivants. Chez les hommes d'ailleurs, qu'ils soient pilotes de Formule 1 ou toréadors, le fait de savoir braver la mort est peut-être également une arme de séduction...

Ne pas être choisi pour soi-même mais pour son nid de ponte

Le mâle des petits **gobies** *Pomatoschistus microps* et *P. minutus* des côtes atlantiques et méditerranéennes ne brille par aucune qualité physique apparente. Il ne fait même aucun effort pour se montrer séduisant puisqu'il ne courtise pas les femelles. Son principal argument de séduction vient en fait du nid de ponte qu'il confectionne et défend avec agressivité. Ce dernier est fait d'une valve de coquille de mollusque lamellibranche (moule, coque ou mye) qu'il retourne face concave vers le substrat et recouvre de sédiment. Un tel nid peut accueillir la ponte d'une ou de plusieurs femelles. S'il ne trouve aucune coquille, une cavité dans un rocher, une carapace de crabe mort ou une bouteille abandonnée peuvent également faire l'affaire. Ces petits gobies choisissent les coquilles les plus grandes, susceptibles de recevoir le plus grand nombre possible d'œufs. Ces derniers sont disposés en une couche sur la face interne qui constitue le plafond ou ciel du nid. Les femelles parvenues à maturité sexuelle s'intéressent davantage à la coquille qu'à son gardien : elles préfèrent s'accoupler avec un mâle propriétaire d'une grande coquille. La taille du nid conditionne ainsi le succès reproducteur du mâle. La préparation de cette « coquille d'amour » est d'autant plus cruciale que, dans certaines populations, les petits gobies ne vivent pas plus d'un an et les mâles n'ont pas de seconde chance : ils ne connaissent qu'une seule période de reproduction.

En plus du critère de taille, les femelles préfèrent pondre dans des coquilles contenant déjà une certaine quantité d'œufs. Pourquoi ? Le mâle témoigne d'une grande fidélité au territoire où se situe son nid. Il se comporte en père attentionné : il défend la ponte contre tout prédateur, du moins si celui-ci est de petite taille, il ventile et nettoie les œufs jusqu'à leur éclosion. Tous ces soins sont coûteux en énergie et le mâle doit souvent reprendre des forces… en consommant une partie des œufs. En choisissant comme partenaires des mâles qui semblent « en bonne condition » et dont le nid est bien garni d'œufs, les femelles se prémunissent autant que possible contre ce « cannibalisme filial » : s'il y a beaucoup d'œufs, c'est que propriétaire des lieux n'éprouve pas le besoin de les manger !

Enfin, les femelles prennent également en compte la configuration des nids. Elles portent leurs préférences pour ceux qui présentent de petites entrées et sont donc *a priori* moins exposés aux crabes verts prédateurs d'œufs. Toutefois, la réduction de la taille des ouvertures s'accompagne d'une moindre circulation d'eau dans le nid et donc de conditions d'oxygénation défavorables. Le mâle se voit alors contraint de renforcer la ventilation des pontes pendant les deux semaines que dure généralement l'incubation. Il procède à des battements de nageoires rapides, ce qui est coûteux en énergie et lui laisse moins de temps pour défendre justement le nid contre ces crabes. Fabriquer des nids avec des entrées étroites est toutefois le meilleur compromis (« *the best of a bad situation* »).

Autre exemple avec un poisson dont nous avons déjà croisé la route, l'**épinoche** d'eau douce *Gasterosteus aculeatus*, dont le mâle construit également un nid de ponte. Celui-ci est confectionné avec divers débris végétaux qu'il colle à l'aide d'une substance sécrétée par ses reins. Il y attire successivement plusieurs femelles. Celles-ci préfèrent les mâles qui ont établi leurs nids dans un environnement sécurisé, à savoir les zones riches en végétaux qui constituent des refuges antiprédateurs pour elles et pour leur descendance. Le nombre des œufs qu'elles y déposent est d'autant plus important qu'ils sont grands et bien protégés.

Le mâle de l'épinoche d'eau douce cherche à attirer des femelles dans son nid afin qu'elles y déposent les œufs.

Choisir un « bon voisinage »

Dans les fleuves et rivières du Texas, lors de la période de reproduction, de nombreux mâles du **cyprinidé** *Cyprinodon bovinus* se rassemblent et établissent leurs territoires côte à côte sur un vaste espace. Dans ce véritable village de mâles, chacun possède un secteur bien délimité qu'il défend contre les intrus, mais fait preuve d'une grande tolérance à l'encontre des voisins, semblant les considérer comme de « chers ennemis ». Les femelles préfèrent en effet les mâles dont les relations avec le voisinage sont pacifiées. Elles visitent et inspectent les territoires, apprécient la qualité du substrat sur lequel elles déposeront leurs pontes et la tranquillité du site. Comme elles ont horreur d'être dérangées au moment des accouplements, elles quittent les lieux dès qu'un voisin quelque peu indélicat vient troubler leurs ébats amoureux : « Ne pas déranger ! » Un mâle a donc avantage à posséder de

« bons voisins », discrets et ayant la « décence » de ne pas perturber les amours du maître des lieux.

Être un « bon père »

Traversons l'Atlantique et rendons-nous sur les côtes européennes pour rencontrer, avec l'**épinoche de mer** *Spinachia spinachia*, d'autres mâles au comportement pacifique. Les femelles de cette espèce semblent n'avoir que faire des attributs colorés, des démonstrations de force ou autres preuves de bravoure de leurs prétendants. Elles choisissent leurs partenaires sexuels parmi les mâles qui semblent présenter toutes les garanties de « bons pères ». Elles s'intéressent seulement à la qualité des soins qu'ils sont capables d'offrir à leur descendance. Elles savent reconnaître les mâles qui, lors d'un précédent cycle de reproduction, ont activement construit un nid de ponte et, surtout, ont ventilé efficacement les œufs par des battements rapides de leurs nageoires pectorales. Après avoir passé avec succès leur examen d'inspection, les mâles les plus valeureux, travailleurs modèles et meilleurs ouvriers, sont récompensés en recevant les faveurs des femelles qui les abandonnent à leur triste sort une fois la ponte achevée. Il ne leur restera qu'à assumer, durant trois semaines environ, les difficiles soins parentaux pour lesquels ils ont été cooptés. Un bon travail récompensé par… un surcroît de travail.

Être le mâle parfait

Les femelles des **blennies** *Salaria pavo* des côtes atlantiques et méditerranéennes sont polygames… et exigeantes. Que l'on en juge. L'impitoyable sélection sexuelle qu'elles exercent se fonde sur une multitude de critères : la taille (préférence pour les plus grands individus), la livrée (caractères ornementaux), la condition physique apparente (les individus maigres sont peu attractifs et risquent davantage de manger les œufs), la qualité du nid (ceux qui sont encombrés d'invertébrés fixés et de débris végétaux sont délaissés), sa taille et le diamètre de son ouverture, la présence d'œufs, le comportement agressif de défense à l'encontre des congénères mâles (preuve que le propriétaire protégera bien la ponte), une activité de cour modérée (l'excès est responsable d'un important gaspillage d'énergie), une ancienneté de résidence (les nouveaux arrivants sont peu prisés), des succès de reproduction (ceux qui ont été peu choisis auparavant et sont reconnus comme peu actifs voient leurs chances se réduire), une sédentarité (le vagabondage est peu apprécié), l'intensité des soins parentaux prodigués aux œufs des pontes précédentes (ventilation des œufs, gardiennage du nid). Pour un mâle, il est donc difficile de répondre favorablement à tous ces critères de sélection. Les femelles sont « sans pitié » pour les faibles, qui sont immanquablement « réformés ». Une telle « hyper-sélection » risque de laisser de nombreux prétendants sans partenaire. Il y a beaucoup d'appelés et peu d'élus : qu'il est dur d'être un mâle « ordinaire » chez des blennies qui visent la perfection masculine…

Des séductrices à l'œuvre

Si le sexe femelle est bien le plus sélectif dans les nombreux exemples cités précédemment, il existe des cas où le « bon choix » est opéré par le mâle. Les rôles sont alors inversés et c'est la femelle qui doit faire acte de séduction pour obtenir les faveurs de son futur partenaire.

Être aguichante et bonne danseuse

Chez le **syngnathe** *Syngnathus typhle*, la femelle doit se montrer très entreprenante pour parvenir à ses fins. Afin d'être aguichante, elle adopte une ornementation très voyante, faite de bandes sombres latérales en zigzag, riches en pigments de mélanine. À la vue d'un mâle, cette livrée apparaît très rapidement (en moins d'une minute). La femelle procède alors à des mouvements de danse très ritualisés, montant et descendant dans la colonne d'eau, seule ou avec d'autres comparses. Dans un groupe, les plus ornementées sont les plus actives, et celles qui dansent avec le plus d'énergie et de charme rencontrent le plus grand succès auprès des mâles. Lorsqu'un mâle a jeté son dévolu sur la meilleure danseuse, la plus ornementée et la plus dodue de ses prétendantes, la copulation se produit à l'issue d'une parade sexuelle au cours de laquelle la femelle conserve l'initiative. À l'aide d'un prolongement tubulaire de son orifice génital (l'ovipositeur), elle dépose ses ovocytes dans la poche d'incubation située sur le ventre du mâle qu'elle abandonne ensuite. Si elle n'a pas émis tous ses ovules, elle cherche à séduire d'autres partenaires. Dans ce cas, des accouplements multiples se produisent sur un intervalle de temps très court : les œufs contenus dans la poche ventrale d'un mâle qui a été visité par plusieurs femelles sont en effet tous au même stade de développement. Il ne reste alors plus au mâle qu'à les « couver » durant plusieurs semaines.

Montrer que l'on est prête à pondre

En période de reproduction, la femelle du **gobie** *Knipowitschia panizzae*, que l'on rencontre dans les lagunes italiennes, possède un ventre jaune vif qui lui sert de parure nuptiale destinée à attirer sur elle l'attention des mâles. Ce signal indique d'abord à ses partenaires potentiels qu'elle est prête à pondre. La taille de cette tache colorée varie d'une femelle à l'autre et elle est d'autant plus grande que cette dernière est féconde. Un tel signe de qualité est perçu par les prétendants les plus sérieux : les mâles de plus grande taille qui tendent ainsi à porter leur choix sur les femelles dont le ventre exhibe le plus grand ornement coloré. Ce dernier disparaît en quelques minutes à l'issue de la ponte lorsque plus aucun signal attractif n'est utile. La beauté est parfois éphémère et trompeuse.

Être la plus dodue

Chez l'**épinoche** *Gasterosteus aculeatus*, nous avons déjà vu que les femelles se montrent exigeantes quant au choix des mâles : elles déposent leurs œufs chez les individus les plus vivement colorés et dont le nid est le plus accueillant. Le mâle manifeste un comportement de cour auprès de ces dames, cherchant à les attirer dans le site de ponte qu'il a confectionné. Mais il a également ses exigences : il courtise les femelles les plus aptes à accepter ses avances. Il apprécie pour cela visuellement la posture de sa partenaire potentielle. Une femelle prête à pondre adopte une attitude posturale caractéristique – tête relevée, queue redressée et courbure concave du dos – ayant valeur de sollicitation et de signal de réceptivité. Les autres femelles sont jugées « sans intérêt » : non désirables, elles sont expulsées par le mâle de son territoire… Lorsque plusieurs femelles « bien mûres » se présentent simultanément, le choix définitif se porte sur les plus grandes, celles dont l'abdomen est le plus distendu, un gage de grande fécondité puisque cela signifie que leurs ovaires contiennent de nombreux et gros ovocytes. Un mâle est capable de poursuivre de ses assiduités une femelle dodue pendant une heure, tandis que son intérêt pour une femelle mince se limite à quatre minutes. Il finit généralement par manifester de l'agressivité à l'égard de cette dernière et par la chasser de son territoire…

Des choix réciproques, des choix équivoques

Le comportement de l'épinoche *Gasterosteus aculeatus* que nous venons de décrire n'est pas un cas isolé. Bien souvent, si ce n'est presque toujours, le choix et le « consentement » qui préludent à l'accouplement des poissons sont réciproques. Toutefois, les manifestations extérieures de l'effort de séduction sont plus ou moins ostensibles et elles sont parfois si discrètes chez l'un des partenaires que l'on peut croire à tort que ce dernier est passif.

Ainsi, chez le **tilapia** de Galilée *Sarotherodon galileus*, le choix entre partenaires est également réciproque, avec parfois des conséquences surprenantes. Chez ce cichlidé, les couples temporaires monogames sont constitués par assortiment des tailles suite à un choix conjoint des femelles et des mâles pour des congénères de sexe opposé de même gabarit qu'eux : les plus grands individus préfèrent immanquablement de grandes partenaires. Les couples se forment rapidement lorsque la représentation des deux sexes est équilibrée et que les opportunités de choix sont nombreuses. Mais les choses se compliquent lorsqu'un sexe est numériquement sous-représenté. La recherche du partenaire devient alors très coûteuse en énergie pour les individus du genre le plus abondant. Dans un tel contexte de « crise », des « erreurs d'association » se produisent parfois, qui peuvent conduire à la constitution de couples homosexuels mâle-mâle et femelle-femelle.

Grandeurs et servitudes de la sélection sexuelle

Préférer les grands mâles et être victime du harcèlement sexuel des petits

Chez le **guppy** *Poecilia latipinna*, les femelles qui s'accouplent devraient normalement être toujours consentantes. Lorsqu'elles sont mûres, elles émettent une hormone œstrogène qui est perçue par voie olfactive par les mâles. En retour, comme nous l'avons déjà évoqué, ces derniers adoptent un comportement de cour en brandissant leur nageoire dorsale à la vue de celles qu'ils courtisent. Les mâles qui exhibent une grande nageoire dorsale sont choisis par des femelles qui, dans un « geste d'amour », présentent leur pore génital à l'organe viril (gonopode) de leur partenaire.

Mais la réalité est souvent toute autre. Car ces femelles sont victimes d'un « harcèlement sexuel » intense de la part des petits mâles dénommés *sneakers* qui, très nombreux, souffrent de la compétition avec les grands mâles et sont rejetés par elles. Bien que les femelles ne soient pas réceptives à leurs avances, ces *sneakers* se tiennent constamment en embuscade et tentent sans relâche de s'accoupler avec elles, à raison d'une fois par minute. Ils essaient d'introduire par-derrière leur gonopode dans leur pore génital et ils y parviennent parfois, même si les femelles ne font alors preuve d'aucune coopération... Un tel « harcèlement sexuel » connaît peu de succès – une insémination pour 1 000 tentatives ! – mais ces « viols » répétés peuvent cependant donner lieu à des fécondations réussies dans environ 15 % des cas : le cycle sexuel de ces guppys est court (25 jours) et les femelles sont de nouveau fécondables peu de temps après avoir mis bas une portée de nouveau-nés. Ces pauvres femelles non consentantes disposent de peu de temps pour se nourrir et voient leur fécondité diminuer, faute de réserves nutritives abondantes. Affamées, elles peuvent même mourir. De surcroît, le comportement des *sneakers* est la cause d'un relâchement de leur vigilance vis-à-vis des prédateurs, ce qui peut se révéler également fatal.

En plus des géniteurs adultes et des *sneakers*, les femelles sont harcelées par des mâles juvéniles. Ces derniers présentent un développement et un comportement sexuels précoces : 50 jours après leur éclosion, ils possèdent un organe copulateur de type adulte et prétendent déjà s'en servir alors même que leurs testicules ne sont pas mûrs et qu'ils sont incapables de produire des spermatozoïdes ! Cette jeunesse sans complexe courtise les femelles, adoptant devant elles des postures en S, effectuant une nage rituelle, et tentant sans relâche des fécondations furtives. En fait, le comportement de ces jeunes mâles est presque exclusivement orienté vers la procréation. Cet apprentissage précoce leur sera utile plus tard, dans le cadre d'une difficile compétition entre mâles. Il n'est jamais trop tôt pour faire ses premières armes...

Une sexualité apaisée en milieu cavernicole

Chez l'espèce mexicaine de **guppy** *Poecilia mexicana*, rappelons que certaines populations vivent en surface dans des conditions d'éclairement qui sont favorables à la reconnaissance des sexes par voie visuelle. Les petits mâles présentent alors un comportement de harcèlement des femelles semblable à celui que l'on vient de décrire chez *Poecilia latipinna*. Mais d'autres populations sont cavernicoles et vivent dans une totale obscurité. Outre les signaux mécaniques que nous avons déjà évoqués, la communication entre les deux sexes lors de la reproduction est essentiellement olfactive : les femelles possèdent un bourrelet génital très développé sécrétant des phéromones sexuelles perçues par des organes olfactifs des mâles, ce qui permet à ces derniers de localiser le gonopore de leur partenaire au moment de la copulation. Dans ce second type de population, le comportement lors de la reproduction est très différent. Aucune compétition entre les mâles n'a été observée, pas plus que d'agressions. Les grands mâles sont choisis par les femelles sans avoir à les courtiser et ils ne monopolisent pas leur partenaire : leur activité est réduite. Le harcèlement sexuel des femelles par les petits mâles n'a pas lieu, ces derniers demeurant relativement inactifs sexuellement contrairement à leurs homologues des eaux de surface. Toute la population cavernicole de guppys semble déterminée à réduire le coût énergétique des préliminaires à la reproduction dans ce milieu pauvre en ressources alimentaires (constituées de bactéries et de matière organique provenant du milieu aérien et, parfois, du « guano » des chauves-souris), mais dépourvu de prédateurs. La « paix sexuelle » est ainsi imposée par des conditions de vie particulièrement difficiles qui laissent peu de place aux « jeux de l'amour et du sexe ». L'obscurité des lieux ne favorise pas les fantaisies sexuelles et les joutes amoureuses, réservées aux milieux éclairés et prospères.

Libertinage et libéralisme contre conservatisme et « sélectionnisme »

Nous avons décrit toute la richesse des critères de sélection sexuelle opérés par les femelles du **guppy** *Poecilia reticulata.* Les mâles, eux, pratiquent un large « vagabondage sexuel ». Leur comportement sexuel est très libre et ils copulent sans effectuer de choix avec toutes les femelles qu'ils rencontrent, qu'elles soient consentantes ou victimes de « harcèlement sexuel » et de copulations furtives.

Quelles sont les conséquences du comportement radicalement différent des mâles et des femelles ? Les choix effectués par les femelles au profit des mâles les plus grands, les plus colorés et les plus virils tendraient à aboutir à une sélection de « super-mâles » consécutive à un certain isolement reproductif. En effet, la descendance de ces mâles étant elle-même plus grande et plus forte, elle présente de plus forts taux de croissance, de meilleures chances de survie et donc une plus grande probabilité de succès reproductif. Inversement, les mâles, ces coureurs invétérés, distribuent largement leurs gamètes au sein de la population et contribuent à un large mélange de gènes puisque les femelles sont inséminées indifféremment par de nombreux partenaires, petits ou grands, colorés ou non. Il semble que l'on ait ici affaire à une « véritable bataille des sexes », le libéralisme et le libertinage des uns – les mâles – s'opposant au conservatisme et au « sélectionnisme » des autres – les femelles. Et finalement, on constate que les mâles sont plutôt les gagnants de ce conflit entre les sexes. Le machisme existe aussi chez les poissons !

Couples fidèles, échangistes ou bisexuels, groupes, harems : des mœurs variées chez les poissons !

La reproduction des poissons nécessite le plus souvent la présence d'au moins un mâle et une femelle de la même espèce (ou d'espèces génétiquement proches). Ces dames et surtout ces messieurs peuvent déployer des trésors d'ingéniosité pour parvenir à séduire un partenaire du sexe opposé. Dans un certain nombre de cas, un couple se forme à la suite de ces démonstrations amoureuses. Celui-ci peut être perenne ou fugace, ne se maintenant que le temps d'une saison de reproduction, voire même d'une seule ponte. Le vagabondage sexuel est le comportement le plus répandu : le rapprochement des géniteurs des deux sexes est généralement bref, ces derniers n'étant unis que le temps de l'émission de leurs produits sexuels respectifs et se quittant aussitôt après pour aller vivre d'autres amours tout aussi éphémères. Mais il y a des exceptions et certains poissons font preuve d'une fidélité sans faille. Par ailleurs, on rencontre également des couples dans lesquels les individus peuvent changer de sexe, des couples échangistes, des couples qui pratiquent un ménage à trois ou à quatre, des couples mal assortis (constitués d'individus d'âge très différent)… Nous allons découvrir quelques variations autour du thème du couple chez les poissons.

Dans d'autre cas, la reproduction ne s'effectue pas en couple. C'est ainsi que nous verrons que certains poissons se reproduisent en groupes, d'autres dans des harems, et d'autres encore – mais c'est exceptionnel – parviennent même à se passer de partenaire sexuel.

Former des couples infidèles

Les **mérous** tropicaux *Plectropomus leopardus* obéissent chaque année à un « rituel » bien réglé. Au début du printemps et de l'été austral, lorsque la température de l'eau atteint 25 à 28 °C, ils se regroupent au niveau de la Grande Barrière australienne en certains sites qui constituent leurs frayères. Ils y demeurent fidèles d'année en année et, depuis leur habitat et leur territoire de chasse, parcourent jusqu'à une dizaine de kilomètres pour les rejoindre afin de participer à une sorte de grande fête de l'amour et du sexe. Ces frayères sont de grandes surfaces rocheuses sur lesquelles la densité des géniteurs varie de 40 à 75 individus pour 100 m^2. La période favorable à la reproduction s'étale sur trois nuits consécutives en période de nouvelle lune, l'absence d'éclairement lunaire se justifiant sans doute par un souci de protection contre les prédateurs. Les mérous n'aiment pas être troublés pendant leurs amours ! Alors qu'ils demeurent dispersés au cours de la matinée, ils se regroupent pendant l'après-midi puis, 40 minutes avant le coucher du soleil, pendant une demi-heure environ, ils forment des couples fugaces. Les mâles se livrent à un rituel de cour qui consiste en une série de montées rapides vers la surface en compagnie d'une femelle (on parle de « *rushes* »), chaque ascension étant ponctuée à son « sommet » d'une émission conjointe des ovocytes et du sperme. Les gamètes se mélangent immédiatement et la fécondation qui s'ensuit est à l'origine de la nouvelle génération, du moins pour les œufs qui échappent à la voracité des poissons-fusillers *Caesio sp*, planctonophages, qui s'invitent au rendez-vous amoureux des mérous et se délectent de la précieuse manne qui s'offre à eux. L'obscurité grandissante permet de limiter cette prédation et de laisser quelques survivants parmi les nombreux œufs émis. Les mâles quittent aussitôt leur partenaire d'un instant et, polygames, courtisent de nouvelles femelles dont ils fécondent successivement les lots d'ovocytes. Ils passent ainsi beaucoup plus de temps sur les frayères que les femelles et s'exposent à des risques de prédation par pêche, car leurs réunions amoureuses rituelles ne sont pas connues uniquement des seuls poissons-fusillers…

Former un couple fidèle pour la vie

Certains poissons ont une sexualité moins « débridée » que les mérous polygames. C'est le cas des **poissons-clowns** ou **amphiprions** du genre *Amphiprion* que nous avons déjà rencontrés. Au sein de la couronne de tentacules d'une anémone de mer constituant son territoire, s'établit un couple qui pratique une monogamie durable : sauf accident, ils sont partenaires pour la vie. Dans le cas d'*A. akallopisos*, une espèce de la mer Rouge, une même anémone héberge généralement une femelle fonctionnelle (c'est-à-dire adulte et sexuellement mûre), un mâle fonctionnel et trois ou quatre mâles non fonctionnels. La femelle est de plus grande taille, « madame » mesurant 105 millimètres et pesant 24 grammes, alors que « monsieur » n'est long que de 77 millimètres et pèse 9 grammes seulement. Il existe donc un net dimorphisme sexuel, qui est représentatif d'un système familial régi selon une hiérarchie sociale bien établie : la femelle représente le « sexe fort », elle est dominante et agressive, elle contrôle et monopolise le mâle fonctionnel qui, face à cette « maîtresse » faisant figure de matrone, est contraint à une position de subordonné. Ce mâle dominé exerce à son tour une domination sur les petits individus de même sexe qui sont victimes d'un « stress social » et dont l'évolution sexuelle demeure inhibée par sa présence.

Condamnés à un « infantilisme sexuel », c'est-à-dire à une infertilité plus ou moins durable, ces petits mâles demeurent cependant dans le territoire constitué par l'anémone de mer dans l'attente d'une éventuelle accession à la fonction reproductrice en cas de disparition du mâle reproducteur ou de « promotion » de ce dernier au rang de… femelle. Eh oui, les poissons-clowns sont capables de changer de sexe ! En effet, la femelle, qui est la plus âgée des habitants de l'anémone, est issue d'un mâle qui a subi une inversion sexuelle. Par sa présence, elle inhibe l'inversion sexuelle du mâle fonctionnel et c'est seulement lorsqu'elle disparaît (par prédation, par accident ou par vieillesse) que ce dernier, libéré de la « tutelle matriarcale » et échappant à une sorte de « castration psychophysiologique » exercée par sa compagne, voit ses testicules fonctionnels se transformer en ovaires fonctionnels. Lui qui produisait des spermatozoïdes se met alors à élaborer des ovocytes et à pondre des œufs qui seront inséminés par le sperme de l'un des jeunes individus, le plus grand en général, qui aura accédé à son tour (enfin !) au rang de mâle fonctionnel. Un changement de comportement anticipe les modifications organiques (cellulaires et endocrines) associées à l'inversion sexuelle : s'il faut environ deux à trois semaines pour que les transformations anatomiques et physiologiques soient fonctionnelles chez le poisson qui change de sexe, ce dernier adopte rapidement un statut de dominant. Un jour après le départ de sa compagne et le début de la vacance du pouvoir, il manifeste un comportement agressif à l'encontre des petits individus, de sorte que son autorité est assise sans délais. Une « passation de pouvoir » si rapide et une promotion sociale quasi immédiate réduisent les risques d'interruption d'un système hiérarchique qui est ainsi maintenu sans révolution de palais. Grâce à un tel ordre social, toute disparition de l'un des géniteurs est immédiatement compensée et ne se traduit pas par une baisse du potentiel reproducteur de l'espèce. Les amphiprions sont remarquablement prévoyants…

Chez *A. clarkii*, une autre espèce d'amphiprion qui peuple les eaux japonaises, la fidélité est la règle générale, mais les mâles prennent parfois une certaine « liberté sexuelle » et pratiquent une bigamie. Celle-ci ne serait pas justifiée par le besoin de s'émanciper d'une trop lourde « tutelle matriarcale », mais plutôt par une « soif d'aventure » et l'envie de rencontrer de nouvelles partenaires. Ces « infidèles » profitent souvent du fait que les mâles des couples constitués sont occupés à soigner les pontes pour séduire leurs compagnes. Ils peuvent même créer de nouveaux couples, mais ils se doivent alors d'assurer le rôle de « beaux-pères » en devenant des pères nourriciers pour la progéniture antérieure de leur nouvelle compagne, payant ainsi le privilège d'entrer dans leur intimité. Il est difficile d'échapper à son destin d'amphiprion : la liberté sexuelle a ses limites et impose ses contraintes !

Deux partenaires qui ne font plus qu'un

La faible densité des poissons des profondeurs réduit la probabilité de rencontres entre géniteurs au moment de la reproduction. Outre l'émission de signaux lumineux que nous avons évoquée au chapitre 2, cette situation peut être palliée, chez certaines espèces, par une forme de vie fusionnelle constituant en quelque sorte le « summum de la vie affective » : les deux partenaires « ne font plus qu'un », conformément aux Écritures, et demeurent unis « pour la vie ». Chez les **cératiidés** comme *Cryptosaras couesi* et chez le **néocératiidé** *Neoceratias spinifer*, un mâle nain se fixe définitivement en parasite sur une femelle. Pourvoyeur permanent de sperme, il assure ainsi continuellement la fécondation de ses ovocytes. Chez d'autres poissons des profondeurs **linophrynidés**, comme *Linophryne brevibarbata*, et **caulophrynidés**, comme *Caulophryne polynema*, ce sont plusieurs petits mâles qui se fixent sur la face ventrale d'une femelle. Chez *C. polynema*, le dimorphisme sexuel est considérable : les mâles (des nains !) mesurent 12 à 40 millimètres et les femelles 800 à 1 000 millimètres, pour des poids respectifs de 0,14 gramme et de 7 kilogrammes.

Comment de telles rencontres définitives se produisent-elles ? Après avoir mené une existence libre, chaque jeune mâle, qui possède un sens olfactif très développé, doit nager activement et parcourir de grandes distances afin de parvenir à localiser une femelle. Après avoir eu la chance d'en « flairer » une, il se fixe aussitôt sur elle et la harponne grâce à son organe de fixation (ou bec denticulaire) qui pénètre dans ses chairs. Une véritable fusion tissulaire se produit alors entre la région buccale du mâle et les tissus corporels de leur hôtesse. Les communications vasculaires entre les deux organismes assurent alors le transfert des éléments nutritifs de la femelle vers le mâle, chez lequel les appareils digestifs et respiratoires dégénèrent au profit d'un développement considérable des testicules. Conditionné à être désormais essentiellement un géniteur producteur de sperme, le « mâle-objet » est spécialisé dans la fabrication exclusive de spermatozoïdes. Devenu un parasite permanent et définitif, il offre à son imposante maîtresse la

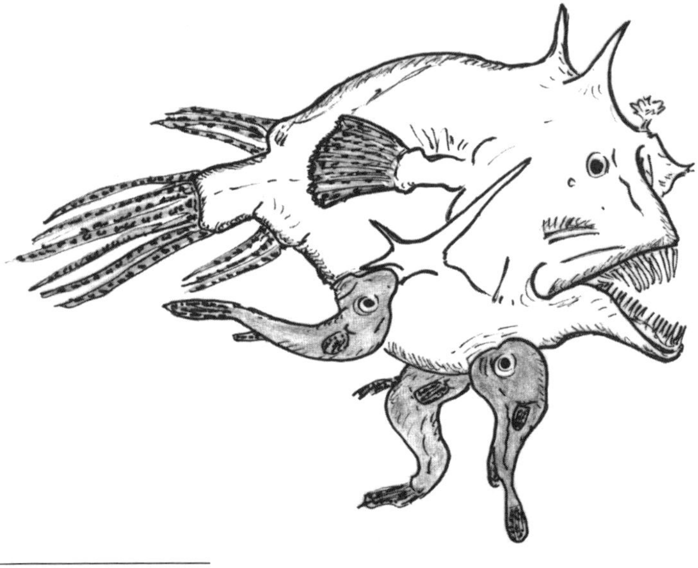

Une forme de vie très fusionnelle : trois mâles nains de cératiidés abyssaux sont fixés en parasites sur une femelle. Ils assurent en permanence la fécondation de ses ovocytes.

garantie d'être toujours fécondée… Cet étalon paye de sa liberté son devoir de procréation. Quant à la femelle, n'étant pas contrainte de rechercher des partenaires d'accouplement, elle concentre toute son énergie dans la production d'ovocytes (10 000 environ durant toute sa vie), étant assurée que son ou ses compagnons satellites qui lui sont indéfectiblement associés feront « le reste ».

Se comporter alternativement en mâle et en femelle au cours d'une même période de reproduction

Chez les poissons-clowns, nous avons décrit des inversions sexuelles qui se produisent si l'un ou l'autre des partenaires du couple vient à disparaître. Chez d'autres espèces, il n'y a pas inversion sexuelle, mais alternance permanente des fonctions sexuelles. Ainsi, le **serran écriture** *Serranus scriba* des zones rocheuses et des herbiers des côtes méditerranéennes offre la particularité de posséder une gonade mixte, ou ovotestis, comportant un territoire dorsal ovarien et un territoire ventral testiculaire. Tous deux se développent en parallèle et produisent conjointement, lors d'une même saison de reproduction, des ovocytes et des spermatozoïdes (il s'agit d'un cas d'hermaphrodisme synchrone). Une telle « bisexualité » à la fois anatomique (cellulaire) et physiologique (hormonale) s'accompagne pourtant d'une fécondation croisée. Lors de parades nuptiales, ces poissons s'accouplent brièvement, l'un fécondant avec son sperme les ovocytes de l'autre. Au cours d'un nouvel accouplement, celui qui a joué le rôle du mâle fait féconder ses propres ovocytes par un partenaire fonctionnant comme mâle et vice-versa. Cette alternance des fonctions sexuelles se produit à chaque accouplement et chaque poisson peut ainsi « savourer » successivement les joies offertes par les deux sexes.

Changer de sexe pour trouver plus rapidement un partenaire

Les **gobies** *Bryaninops yongei* des récifs de coraux australiens changent de sexe en fonction du hasard de leurs rencontres. Ces poissons forment des couples dans lesquels chaque individu possède une gonade fonctionnelle, mais peut à tout moment changer de sexe. Cela permet à ce gobie de former un couple monogame avec n'importe quel individu rencontré par hasard : en présence d'un partenaire de même sexe que lui, il « se différencie » en individu du sexe opposé. Une telle labilité sexuelle permet, par exemple, de surmonter rapidement un déficit en poissons d'un sexe donné induit par une surmortalité naturelle (prédation) ou anthropique (pêche ou pollution). Ces gobies n'ont donc pas à « chercher l'âme sœur » comme le font l'immense majorité des espèces, ce qui, dans un environnement à haut risque peuplé de nombreux prédateurs, leur permet de moins s'exposer. En outre, ces poissons qui possèdent en permanence une garantie contre le célibat et le veuvage accèdent de la sorte au *nec plus ultra* de la liberté sexuelle : ils peuvent s'accoupler à tout moment avec le premier venu (après « transformation » bien sûr)... On n'arrête pas le progrès, même chez les poissons !

De jeunes femelles avec d'anciennes femelles « relookées » en mâles fringants

Le **mérou brun** *Epinephelus marginatus* est le poisson emblématique de tous les plongeurs méditerranéens. La structure sociale de ses populations repose sur un mâle dominant de grande taille et agressif à l'encontre des autres mâles. En période de reproduction, il patrouille dans son territoire à la recherche de « conquêtes féminines ». Ses partenaires femelles sont toujours beaucoup plus jeunes que lui. Ce n'est pas un fait du hasard, mais bien plutôt la conséquence d'un autre cas d'inversion sexuelle. Ce mérou possède en effet une curieuse particularité. Après quelques années d'immaturité sexuelle juvénile, il « fonctionne » d'abord comme une femelle, participant pendant 4 à 8 ans à la ponte estivale. Mais à l'issue d'une ultime ponte en tous points comparable à celle des femelles de la majorité des poissons, ses ovaires subissent de profondes modifications cellulaires au cours de l'intersaison de reproduction. Les ovocytes résiduels dégénèrent et sont remplacés par des cellules mâles, les spermatogonies, qui évoluent en spermatocytes puis en spermatozoïdes. Ces derniers seront mûrs à la saison de reproduction suivante. Une telle transformation définitive d'un ovaire actif en un testicule fonctionnel s'accompagne d'une évolution neuro-hormonale, les cellules productrices d'hormones œstrogènes faisant place à des cellules sécrétrices d'hormones androgènes chez ces « ex-femelles » transformées en « nouveaux mâles ». Le moment venu, ce mâle s'établit dans un territoire qu'il choisit et dans lequel il adopte un statut de dominant, suite à d'éventuels conflits avec des rivaux.

La vie sexuelle de ce mérou comporte donc deux épisodes successifs (qui font de ce poisson un hermaphrodite dit successif de type protérogyne) : femelle « primaire » puis mâle « secondaire ». Pourquoi n'avoir qu'un sexe pendant son existence alors qu'il paraît si bon d'en posséder deux… ? Si une telle inversion sexuelle n'a que peu de valeur au niveau de l'individu, elle trouve sa signification à l'échelle de la population dans la mesure où les mâles sont toujours moins nombreux que les femelles (suite à une mortalité naturelle ou par pêche), mais un seul mâle est capable de féconder les œufs de plusieurs femelles. La question se pose de savoir si un tel changement de sexe se produit automatiquement à un âge donné, lorsque les femelles ont atteint une certaine taille. Il s'agirait en fait plutôt d'un « contrôle social » : l'inversion sexuelle serait déterminée par la proportion de femelles et de mâles au sein d'une population. Une accélération ou un ralentissement du changement de sexe des femelles en fonction de la « demande » de la population permettrait de maintenir une proportion de mâles suffisante pour assurer la pérennité du groupe. Ainsi, chaque individu ne serait pas maître de son propre « destin sexuel » individuel et devrait se conformer aux exigences de son groupe, selon le rapport numérique entre les deux sexes : en matière de sexualité, il n'est pas rare que le poisson propose et que le groupe social dispose ! Remarquons pour finir que ce mérou, placide, peu farouche et d'une curiosité légendaire, est considéré comme un « gibier » prestigieux : il paye un lourd tribut à la chasse sous-marine…

Des ménages à trois ou à quatre

Bien souvent chez les poissons, on observe des ménages à trois ou à quatre. Nous en avons déjà donné un premier exemple avec le guppy *Poecilia latipinna*. Poursuivons ici avec la **blennie-paon** *Salaria* (*Lipophrys*) *pavo* des côtes atlantiques et méditerranéennes. Ses populations mâles sont composées de trois types morphologiques (ou morphes) distincts. Tout d'abord, les mâles les plus grands, caractérisés par une parure nuptiale comportant une crête céphalique bien développée que l'on nomme casque ou bonnet phrygien. De couleur jaune vif très brillant, barrée d'une bande noire, elle constitue un élément attractif pour les femelles. Des phéromones sexuelles émises par les glandes anales très développées de ces grands mâles jouent un rôle primordial dans l'attraction des femelles. Ils construisent des nids de ponte qu'ils défendent jalousement, puis y attirent les femelles qu'ils ont courtisées. Ces dernières, plus petites et aux couleurs gris-jaune plus ternes, y déposent leurs ovocytes. Le deuxième morphe est représenté par les petits mâles ou *sneakers*. Ils possèdent de très volumineux testicules, une livrée terne et imitent le comportement des femelles. On les qualifie de kleptogames car ils demeurent à proximité des nids dans l'attente d'une opportunité de « fécondation parasite » des œufs, toujours prêts à concurrencer les mâles dominants. On distingue enfin une troisième catégorie de mâles qui sont également des « faiseurs de cocus ». Plus petits que les grands mâles, ils possèdent des testicules plus développés qu'eux. Comme les *sneakers*, ils cherchent constamment à entrer dans les nids afin de « voler des fécondations », mais disposent d'atouts bien plus importants pour parvenir à leurs fins. Ils maximalisent d'abord leurs chances de réussite en demeurant proches de certains nids auxquels ils restent fidèlement associés, guettant la première occasion favorable. Ensuite, leur livrée est du même type que celle des femelles, ce qui leur permet de ne pas se faire remarquer des grands mâles. En outre, ils chassent avec zèle les *sneakers* intrus. Les grands mâles sont ainsi tellement bien dupés qu'ils tolèrent leur présence, certains d'entre eux n'hésitant pas à courtiser ces mâles « du troisième type » dits satellites. Enfin, outre que leurs testicules sont également nettement plus développés que ceux des grands mâles, ils émettent un sperme plus fluide au sein duquel les spermatozoïdes sont plus mobiles. Conséquence : ils sont nettement avantagés pour féconder les pontes dans les nids fermés où les possibilités de dilution du sperme sont relativement réduites. Ainsi, en dépit de leur moindre attractivité pour les femelles et de leur rejet par les mâles dominants (lorsque ces derniers découvrent la supercherie), ils présentent des potentialités reproductrices élevées. Leur avantage dans la compétition spermatique est tel qu'ils parviennent à assurer plus de 50 % des fécondations, eux qui ne représentent que 10 % de la population masculine… Être un mâle fort et dominant n'est pas toujours un avantage, il est parfois préférable d'être malin.

Régner en maître sur un harem

Voici un autre exemple d'organisation sociale à l'œuvre lors de la reproduction chez des poissons : le harem. On la rencontre, par exemple, chez le **tétraodon** *Canthigaster valentini* peuplant les récifs des îles du Lézard en Australie, où un mâle territorial « règne » sur un groupe de femelles qu'il monopolise, tout en écartant les mâles « célibataires » jugés indésirables.

Cet individu aux couleurs vives défend un territoire dont la surface peut varier de 200 à 1 200 m^2 et qui comporte des sites attractifs pour les femelles, car ils contiennent de la nourriture. Il courtise longuement ces dernières, surtout celles dont l'abdomen est rebondi, signe de leur maturité sexuelle. Ce système social est généralement permanent et bien établi, les accouplements avec les femelles étant assurés par ce seul mâle « tout puissant ». Les femelles, qui dépendent totalement du chef de harem pour leur protection et leur reproduction, semblent se satisfaire de cet ordre établi. Elles demeurent fidèles à ce territoire et à leur mâle, seigneur et maître incontesté… Toutefois, trop accaparé par son rôle de défenseur du harem, ce dernier ne consacre aucun temps aux soins parentaux. Dans la mesure où les femelles ne prodiguent pas non plus ce type de soins, les œufs et les larves pélagiques sont dispersés au gré des courants. Quant aux mâles « célibataires », ils attendent patiemment que leur heure arrive pour devenir à leur tour propriétaires d'un harem, le jour de la disparition des mâles potentats (suite à leur mort naturelle ou, le plus souvent, grâce à l'activité salvatrice des prédateurs).

Chez d'autres espèces de poissons présentant ce type de structure sociale, il n'en va pas toujours ainsi lorsque le maître du harem meurt. Dans diverses populations récifales de **poissons-demoiselles** *Dascyllus aruanus* de la mer Rouge et d'Australie, si le mâle dominant – qui règne sur une colonie faite de nombreuses femelles – vient à disparaître, l'ordre social est brièvement remis en cause. L'inhibition que ce dernier exerçait sur les femelles est levée, de sorte que la plus grande d'entre elles, souvent la plus âgée aussi, subit, en quelques heures, un changement de couleur. Très rapidement, elle exerce auprès des femelles et des petits mâles le même comportement dominateur que son prédécesseur. Elle subit un profond remaniement de ses gonades : elle change de sexe… En quelques semaines, elle devient un mâle fonctionnel possédant des testicules producteurs de sperme. « Elle » est ainsi devenue le nouveau chef du harem. La « libération sexuelle » des femelles les conduit à… devenir des mâles !

Le remplacement du chef du harem par la plus grande des femelles s'observe selon des modalités proches chez le **labre** *Labroides dimidiatus*, avec un fait étonnant toutefois : alors même que « la » future chef ne possède pas encore de testicule fonctionnel, elle manifeste un comportement de cour précoce vis-à-vis des autres femelles, allant même jusqu'à simuler des accouplements. Décidément, dans un harem, il n'est pas nécessaire de posséder des testicules pour adopter un « statut de mâle » et accéder au rôle de chef. La masculinisation : un idéal pour ces femelles ?

Danses d'amour en groupe sur une plage au clair de lune : sea, surf and sex

Les **grunions** *Leuresthes tenuis* se rapprochent en masse des côtes californiennes au moment de la pleine lune et se laissent porter sur les plages par les vagues en rouleaux à la limite supérieure du ressac. Les femelles insinuent alors la partie postérieure de leur corps dans le sable humide et émettent leurs ovocytes. Ces derniers sont aussitôt fécondés par le sperme des mâles qui les accompagnent également en grand nombre. La bordure de plage, dans les niveaux supérieurs atteints seulement par les grandes marées, grouille ainsi de géniteurs des deux sexes intimement mêlés qui participent à cette vaste « bacchanale amoureuse ». Les couples ne s'unissent que furtivement, chacun d'eux entrant en contact avec d'autres partenaires pour des étreintes tout aussi brèves et furtives. Les œufs qui sont issus de cette « orgie de sexe » demeurent enfouis et protégés dans le sédiment où, pendant deux semaines, se déroule leur incubation. Leur éclosion est synchronisée avec le rythme des marées et donc sous l'influence des rythmes lunaires. C'est au cours d'une marée haute de vive-eau que les larves émergent du sédiment et se laissent porter vers le large par le courant de reflux. S'ils ne sont pas parvenus à terme lors d'une telle marée, les œufs attendent la suivante pour éclore… Faire l'amour sur les plages est plus qu'un rêve de vacances pour les grunions.

Le **fugu** japonais *Takifugu niphobles* dépose également ses œufs sur les plages à la limite supérieure des marées hautes de vives-eaux. Ces dernières sont soigneusement choisies par les géniteurs d'après plusieurs critères comme le type de substrat (il doit s'agir de cailloux et de graviers), la force moyenne des vagues et la pente (dont la valeur doit se situer entre 7 à 11 °), ce dernier paramètre conditionnant l'accès des poissons à la plage ainsi que la mise à l'eau et le transport des larves nouvellement écloses. Les pontes sont massives, réunissant des centaines de millions d'individus des deux sexes sur les côtes de l'île de Kyushu. Elles se déroulent en soirée ou au début de nuit. Les géniteurs, qui nageaient parallèlement au rivage, se précipitent au bord de l'eau par groupes de 10 à 60 individus réunissant une femelle et un grand nombre de mâles. Ils se propulsent même hors de l'eau qu'ils font « écumer » dans une agitation bruyante (*« splash ! »*). Déposés dans les interstices entre les graviers et les galets, les œufs survivent en milieu aérien humide. Leur éclosion est déclenchée par la marée de vive-eau du cycle lunaire suivant qui permet l'évacuation des larves puis leur dispersion en mer. Ces dernières sont nocturnes, ce qui met les nouveau-nés à l'abri des prédateurs diurnes (nombreux oiseaux) et optimise leurs chances de survie. Les pontes sont en fait synchronisées au cycle des lunaisons : elles se produisent quelques jours avant la nouvelle lune et quelques jours après la pleine lune. Les fugus ont donc une parfaite connaissance du « calendrier lunaire des amours »… Il ne faut surtout pas rater une telle « bacchanale amoureuse » !

Des enfants nés de pères inconnus

Dans les harems que nous avons évoqués, le mâle est la clé de voûte de l'organisation sociale au moment de la reproduction, dominant sans partage un groupe de femelles qui lui sont plus ou moins inféodées. Mais ces dernières peuvent parfois prendre leur revanche puisque, chez quelques poissons, la reproduction s'affranchit de l'existence d'un mâle de la même espèce. C'est le cas par exemple chez certaines populations du **carassin gibèle** *Carassius gibelio* d'Europe et d'Asie centrale et chez le **molly** *Poecilia formosa* du Texas et du Mexique, dont les populations vivent sous forme de colonies de femelles en l'absence totale de mâles de leur espèce. Toutefois, quand il s'agit de produire une descendance et d'assurer la perpétuation de l'espèce, ces femelles ne peuvent pas complètement se passer de spermatozoïdes. Elles font alors appel aux bons offices de mâles d'autres espèces qui servent de donneurs de sperme sans pour autant apporter leurs gènes. En effet, lors de la fécondation, les spermatozoïdes fonctionnent seulement comme des « activateurs » des ovocytes : ils déclenchent les divisions cellulaires qui préludent à la formation des embryons, mais ils sont rapidement détruits une fois parvenus à l'intérieur des ovocytes. Il n'y a pas, comme lors d'une fécondation classique, mise en commun du génome de l'ovule et de celui d'un spermatozoïde. L'embryon ne possède donc pas le moindre élément de génome paternel, bien que son caractère diploïde soit rapidement rétabli. Il en résulte que tous les nouveau-nés sont, en l'absence de chromosomes sexuels masculins, des femelles et qu'ils correspondent d'un point de vue génétique à des copies conformes de leurs mères dont ils sont des clones… Tous les « tests de paternité » menés jusque-là ont confirmé que les mâles sont bien des partenaires « génétiquement stériles » en raison d'une sorte de « pouvoir castrateur » des ovocytes… Ce mode de reproduction, dénommé gynogenèse, reste assez rare chez les poissons. Il s'agit en fait d'une variante de la « parthénogenèse femelle » que l'on rencontre chez des insectes bien connus comme les abeilles et les pucerons.

Moralité : même chez les poissons, on rencontre des Amazones ! Mais celles-ci ne sont pas semblables aux Amazones de la mythologie grecque, qui utilisaient des mâles étrangers et mercenaires pour assouvir leurs besoins génésiques. Ces derniers apportaient leur patrimoine génétique à l'embryon de telle sorte que les descendants n'étaient pas des clones de leur mère et pouvaient être aussi bien des mâles – ils étaient alors rapidement éliminés – que des femelles. Chez les Amazones d'eau douce, pas besoin d'être sanguinaires puisque la « gent mâle » n'existe pas ! Le « fabuleux déclin » de l'empire masculin…

Quelques notions d'économie des gamètes

Sauf cas exceptionnel de parthénogenèse et d'autofécondation, la reproduction des poissons nécessite la réunion de deux géniteurs. Pour que chaque individu sexuellement mûr puisse se reproduire avec un succès maximal, il doit adapter la quantité et/ou la qualité des gamètes qu'il émet à la fois aux conditions de la fécondation et à son statut social. En d'autres termes, il doit pratiquer une gestion économique de ses gamètes afin d'optimiser sa reproduction.

Premier point : il s'agit de parvenir à trouver un compromis entre des paramètres contradictoires. Plus le mâle émet de gamètes, plus grande est la chance que certains d'entre eux soient impliqués dans une fécondation et donc que le géniteur soit à l'origine d'une descendance. Inversement, émettre moins de spermatozoïdes, c'est éviter de gaspiller son précieux sperme et économiser l'énergie nécessaire à la production des cellules sexuelles en évitant d'en émettre « en excès ». Le géniteur femelle est placé de son côté devant un cruel dilemme : plus les ovocytes sont grands, plus ils contiennent de réserves énergétiques, plus les larves sont grandes à l'éclosion, plus leur croissance est importante et donc plus élevée est leur probabilité de survie. Mais, inversement, plus les ovocytes sont petits, plus leur nombre est élevé et plus les chances d'avoir des descendants sont *a priori* grandes. Nous allons illustrer par quelques exemples la façon dont mâles et femelles résolvent ce qui s'apparente à la quadrature du cercle.

Deuxième point : une parfaite synchronisation d'émission des ovocytes et des spermatozoïdes est requise car, compte tenu de la très brève durée de vie des spermatozoïdes dans l'eau ambiante (il faut souvent moins d'une minute avant qu'ils ne soient détruits à la suite d'un choc osmotique), le succès de la fécondation dépend du temps qui sépare la rencontre des deux catégories de gamètes. Leur émission synchrone par les géniteurs des deux sexes s'effectue selon des modalités comportementales très variées et spécifiques. Dans le cas des espèces « ovulipares » (pondant des ovules fécondés ensuite dans l'eau), elle est généralement assurée par une apposition des orifices génitaux (gonopores) mâle et femelle lors d'un rapprochement le plus intime possible des partenaires. Au moment de l'accouplement, les mâles et/ou les femelles adoptent ainsi des positions et des postures visant à assurer un rapprochement corporel étroit et intime, une flexure corporelle « en S » permettant une grande proximité des orifices génitaux au moment de l'expulsion conjointe des gamètes en pleine eau, sur des frayères ou dans des nids. Chez les espèces « ovipares » (pondant des œufs) et vivipares, le rapprochement est encore plus intime puisqu'il y a une véritable copulation et une insémination interne. Nous proposons ici d'observer de près les comportements de quelques poissons originaux chez lesquels on n'observe pas le synchronisme classique d'émission des gamètes mâles et femelles.

Troisième point important de notre traité d'économie des gamètes : le mode de fécondation, bien sûr. Les risques de perte de gamètes sont importants lorsque les fécondations se produisent en pleine eau en raison de la dispersion des produits sexuels par les vagues et les courants qui limite leurs possibilités de rencontre. De surcroît, une prédation est généralement exercée sur les ovocytes libres dans le milieu. Les espèces nidificatrices, celles qui incubent les œufs dans leur bouche et surtout les espèces vivipares évitent de telles pertes en pratiquant une fécondation en milieu « confiné ». C'est à ces dernières espèces que nous nous intéresserons ici, les deux autres types de fécondation étant largement décrits dans les différentes « tranches de vie de poissons » qui ponctuent ce chapitre.

Un feu d'artifice de spermatozoïdes

Dans leur grande majorité, les mâles « inondent » le lieu de ponte d'un nuage de sperme constitué de millions de spermatozoïdes dont la majeure partie sera « inutilisée ». Les champions d'un tel gaspillage sont les **poissons-chirurgiens** *Acanthurus nigrofasciatus* des récifs coralliens de la mer Rouge, de l'océan Indien et de l'océan Pacifique. En période de reproduction, ils se réunissent en grands groupes constitués de 500 à 2 000 poissons. Au sein de chacun de ces « agrégats » d'individus reproducteurs, se constituent des groupes d'accouplement comprenant une femelle et de 3 à 14 mâles. Serrée de près par tous ses courtisans, la femelle s'élance vers la surface puis tous libèrent simultanément leurs produits génitaux. Les spermatozoïdes forment alors un nuage spermatique occupant un volume de plusieurs mètres cubes. Toutes les volutes blanches qui ponctuent chaque ascension collective illuminent la surface de l'océan comme autant de fusées d'un véritable feu d'artifice aquatique. Plus prosaïquement, cela signifie qu'il y a du sperme partout, ce qui assure la fécondation du nuage d'ovocytes dans les 20 secondes. Une telle « bacchanale » se révèle efficace, le succès des fécondations étant de l'ordre de 99 %. La pérennité de l'espèce est ainsi garantie au prix d'un gâchis colossal de spermatozoïdes. Les poissons-chirurgiens sèment à tout va et ne sont vraiment pas avares de leur semence...

Savoir doser la quantité de sperme éjaculé lors de ses multiples accouplements quotidiens

Il est des poissons qui, à la différence des poissons-chirurgiens et de la plupart des poissons, sont contraints de gérer leur stock de spermatozoïdes avec rigueur et parcimonie. C'est le cas du **labre** *Thalassoma bifasciatum*. Cet habitant des récifs coralliens des Caraïbes présente une activité sexuelle continue : des « galipettes » toute l'année à raison de deux heures par jour ! Les mâles sont fortement sollicités et leur effort de reproduction est considérable puisqu'ils pratiquent quotidiennement de 25 à 50 accouplements. Chez ces travailleurs du sexe particulièrement laborieux, la dépense énergétique est telle qu'elle exige la mise en pratique d'un dosage de l'émission spermatique de façon à réduire tout gaspillage, à éviter un épuisement testiculaire et à maintenir globalement un taux élevé de fécondations.

Pour cela, ce labre adopte une double stratégie de reproduction. Les individus peuvent se reproduire dans des groupes où les mâles sont largement surreprésentés : on peut en compter jusqu'à 50 pour une seule femelle. Parmi ces mâles, les individus dominants et territoriaux, aux livrées brillantes, éjaculent une relativement grande quantité de sperme. Compte tenu de la très forte compétition spermatique qui règne alors, ils augmentent de la sorte leurs chances de réussir des fécondations, mais cette stratégie n'est guère économique : seuls quelques spermatozoïdes du nuage spermatique participent à la fécondation des ovocytes, les autres étant rapidement détruits. Les labres peuvent également former des couples. Dans ce cas, il n'y a pas compétition entre les spermatozoïdes émis par différents géniteurs : chaque mâle dominant (territorial) féconde seulement les ovocytes de la femelle qui l'a choisi. Le géniteur économise alors ses spermatozoïdes grâce à un système musculaire (sphincter et muscle ligamentaire) qui module le diamètre de son conduit génital et l'ouverture de sa papille génitale. Il éjacule uniquement la quantité de spermatozoïdes requise pour assurer la fécondation, en l'adaptant à la taille de la femelle et donc, compte tenu de la relation entre fécondité et taille, au nombre d'ovocytes qu'elle émet. Chaque dose de sperme (éjaculat) contient ainsi un nombre de spermatozoïdes optimal (en moyenne 3 à 4 millions par éjaculat) et le mâle émet jusqu'à 6 fois moins de sperme et 50 fois moins de spermatozoïdes que lors d'une reproduction en groupe. Il convient donc d'être prévoyant, d'éviter la « panne sèche » et, en bon amant, de « bien honorer » les nombreuses femelles disponibles.

Avoir ou ne pas avoir de gros testicules

Dans les eaux côtières et saumâtres des lagunes de l'Adriatique et de la Méditerranée, deux catégories concurrentes de mâles du **gobie** *Zosterisessor ophiocephalus* sont en lice pour la fécondation des œufs. De grands mâles, longs de plus de 15 centimètres, âgés de 3 ans et plus, territoriaux et dominants, confectionnent dans le sédiment des nids qu'ils défendent jalousement. Les femelles viennent y déposer leurs pontes et le mâle propriétaire des lieux en assure la protection. La fécondation est assez originale puisque, contrairement aux quelques exemples que nous venons de citer, l'émission des gamètes mâles et femelles n'est pas synchrone. Le mâle territorial libère son sperme avant que les femelles ne déposent leurs ovocytes. Il est doté de petits testicules produisant de faibles quantités de sperme relativement pauvre en spermatozoïdes (560 000 gamètes en stock). Mais ses glandes séminales qui sont très développées sécrètent des substances muqueuses de type mucines, riches en glycoprotéines, de telle sorte que les spermatozoïdes sont émis au sein d'un matériel visqueux qui est déposé sous forme de traînées sur les parois du nid. Les spermatozoïdes se libèrent progressivement de la gangue visqueuse qui les enserre, leur motilité étant conservée en moyenne durant 80 minutes et leur pouvoir fécondant pendant plusieurs heures. L'agitation de l'eau créée par une parade nuptiale animée contribue à favoriser la dilution progressive du sperme. Une fois son devoir accompli, libéré de sa fonction d'inséminateur, le mâle consacre son temps et dépense son énergie à attirer les femelles dans le nid et à les défendre contre d'éventuels prédateurs.

Ces grands mâles sont en compétition spermatique avec des petits mâles mesurant moins de 12 centimètres et âgés seulement d'un à deux ans. Ces derniers ne s'investissent ni dans la construction de nids, ni dans des soins parentaux, mais possèdent, eux, de volumineux testicules. Ils émettent un sperme blanchâtre abondant riche en spermatozoïdes (4 millions de gamètes en stock), qui est plus fluide que celui des grands mâles car il ne contient pas ou peu de mucines. Ces mâles sont des *sneakers*, ces « voleurs de fécondations » dont nous avons déjà plusieurs fois croisé la route : ils guettent une occasion favorable pour pénétrer furtivement dans les nids afin d'éjaculer leur sperme fluide, dont la durée de vie est faible mais qui se dilue en revanche rapidement dans le nid. Les fécondations parasites qui en résultent réduisent d'autant le succès reproducteur des propriétaires des nids dont le travail est bien mal récompensé. Un excès d'activité laborieuse nuirait-il au développement des testicules et faut-il être oisif pour en avoir de gros ? Quoi qu'il en soit, on voit se dessiner deux stratégies : les reproducteurs « officiels » – les dominants – peuvent se permettre d'économiser leurs spermatozoïdes, mais les *sneakers* et autres satellites, réduits à un statut de « voleurs de fécondations », ne doivent pas compter leur semence s'ils veulent espérer obtenir un succès reproductif.

Le cas du gobie *Zosterisessor ophiocephalus* n'est pas isolé : chez plusieurs espèces de poissons construisant des nids, les mâles dominants et territoriaux, qui dépensent beaucoup d'énergie pour l'édification et la défense de leur « *home sweet home* », sont victimes de la concurrence de *sneakers* qui investissent toute leur énergie dans la fonction reproductrice et sont ainsi pourvus de testicules bien plus généreux que les leurs. Pauvres mâles dominants ! En outre, ils sont parfois victimes de la concurrence déloyale d'une troisième catégorie de mâles : les satellites. Chez le **crénilabre** méditerranéen *Symphodus ocellatus*, ces derniers ont des testicules de taille intermédiaire entre les deux autres types de mâles. Ils sont tolérés par les grands mâles – peut-être parce qu'ils participent à la chasse aux *sneakers* – et ont donc des possibilités d'accès aux femelles et aux fécondations : ils ont un statut de « cocufieurs » officiels ! Chez la **blennie** *Parablennius sanguinolentus*, les mâles satellites adoptent une stratégie conciliante pour se faire admettre à proximité des nids, participant même activement à leur construction et à leur défense. Leurs bons et loyaux services sont récompensés puisqu'ils ne sont pas chassés, ce qui leur permet d'accéder aux femelles sans avoir besoin d'utiliser de supercheries comme le font les *sneakers* des crénilabres. Rappelons qu'il n'en est pas de même chez la blennie-paon, dont la femelle est courtisée par trois types de mâles dont deux sont pourvus de gros testicules.

Pondre beaucoup de petits œufs ou peu de gros œufs ?

Voici comment les femelles du **tilapia** d'eau douce africain *Oreochromis niloticus* résolvent le dilemme que nous avons évoqué plus haut. Le mâle de ce cichlidé construit un nid sous la forme d'une excavation dans le sédiment et la femelle pond sur ce substrat un nombre relativement élevé d'œufs. Le nombre et la taille des œufs pondus sont fonction de la structure du milieu où se trouve le nid. La femelle en émet d'autant moins qu'il est complexe et riche en caches, et d'autant plus qu'il est dépourvu de refuges, le maximum étant atteint sur un fond nu. La fécondité est en fait adaptée à la qualité du site de nidification : dans le premier type d'habitat, la progéniture est mieux protégée et ses chances de survie sont meilleures que dans le second. Un plus petit nombre d'œufs permet donc d'assurer une descendance suffisante dans un environnement sécurisé. De plus, la taille et le poids des œufs sont d'autant plus élevés que le site de nidification est complexe. Ainsi, la réduction de nombre d'œufs pondus est contrebalancée par leur meilleure qualité : les alevins provenant de ce type de pontes étant plus gros, plus vigoureux et meilleurs nageurs, ils ont donc plus de chances d'échapper à des prédateurs que ceux, plus faibles, issus de petits œufs.

Se faire « engrosser » par sa fidèle compagne sans gaspillage de gamètes

L'**hippocampe** *Hippocampus hippocampus* est connu pour sa silhouette chevaline originale d'où il tire son nom vernaculaire de « cheval de mer ». Mais ce qui assied davantage sa réputation est son mode de reproduction « paternotrophe » caractérisé par des rôles inversés entre les deux géniteurs : le mâle assure à lui seul la production de sperme fécondant, tâche typiquement masculine s'il en est, et une fonction souvent dévolue aux femelles : l'incubation des œufs. Autre inversion des rôles par rapport aux comportements « habituels » : ce sont les femelles qui cherchent à séduire les mâles. Lorsqu'elles sont sexuellement mûres et prêtes à pondre, elles se présentent à l'un d'eux lors d'une parade sexuelle faite d'une danse sautillante d'exhibition. Le courtisé choisit alors une femelle « de qualité », généralement celle qui est la plus grande. Le couple ainsi constitué reste fidèle durant toute la saison de reproduction (et peut-être même pour toute la vie, mais c'est plus difficile à démontrer !). Les compagnons ne semblent jamais tentés par d'autres aventures amoureuses et par les « délices » du libertinage… Cette fidélité à toute épreuve évite le gaspillage d'énergie lié à une compétition entre mâles (ici, point de voleurs de fécondations), mais elle présente pourtant des inconvénients : elle limite la fécondité de la femelle qui, n'étant pas tentée par le vagabondage sexuel, doit attendre pour pondre que son compagnon soit disponible et… bien intentionné. De plus, est-ce un avantage de mettre « tous ses œufs dans le même panier » (… ou plus exactement, dans la même poche) ? Une telle monogamie peut avoir d'autres effets pernicieux sur la population : si la femelle disparaît (par prédation en général), le mâle se retrouve veuf et, difficilement consolable, ne recherche pas de nouvelle partenaire, ou bien s'il y parvient (à condition bien sûr d'avoir la chance de rencontrer une veuve), c'est seulement après une assez longue période de « deuil ».

Venons-en maintenant à l'accouplement. Bien qu'il n'ait pas à craindre la compétition avec des rivaux et soit assuré de « toujours plaire » à sa fidèle compagne, le mâle se livre malgré tout devant elle à une cour qui peut être prolongée (6 à 9 heures) et qui sert de prélude à l'accouplement. Lors de celui-ci, les deux partenaires se font face et la femelle dépose, grâce à un appendice appelé ovopositeur, la totalité de ses ovocytes (de 100 à 500 selon sa taille) dans la poche incubatrice ventrale du mâle, ou marsupium, dans laquelle ils sont immédiatement fécondés au cours d'une opération de copulation « inversée ».

Le mâle est avant tout un parent dévoué à sa descendance et sa fibre paternelle le conduit à assurer seul l'intégralité de la « gestation » des œufs qu'il conserve plusieurs semaines dans sa poche d'incubation ventrale. Cette dernière est quasiment fermée, sa muqueuse vascularisée assurant les échanges gazeux (respiration) des embryons, favorisant leur équilibre osmotique (osmorégulation) et réalisant l'élimination de leurs déchets métaboliques (excrétion). Ces embryons sont complètement enveloppés dans les tissus paternels et n'effectuent aucun échange avec le milieu extérieur jusqu'à leur naissance. Le mâle prend ainsi des rondeurs jusqu'à la « délivrance » (de 10 à 45 jours après la fécondation selon les espèces et la température ambiante). Les nouveau-nés ne mesurent que quelques millimètres, mais ils ressemblent déjà à des adultes en miniature. Ils sortent de la poche par l'orifice situé dans sa partie supérieure. Leur expulsion est certainement pénible pour le mâle, car elle fait suite à des séries de mouvements « abdominaux » saccadés : un véritable « accouchement paternel » ! À peine remis de cette première gestation au cours de laquelle il a perdu du poids, il doit rapidement se préparer à se faire « engrosser » une nouvelle fois et à assurer, toujours seul, avec abnégation et un grand sens du devoir,

Un couple d'hippocampes pratiquant une copulation « inversée ». La femelle (à droite) dépose ses ovocytes dans la poche incubatrice ventrale du mâle (à gauche).

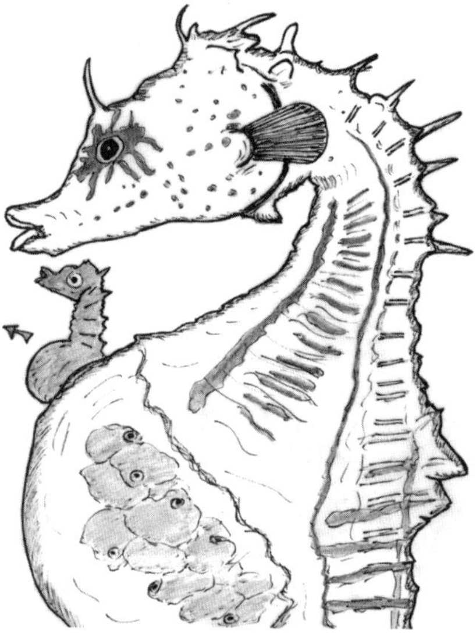

Un mâle d'hippocampe « accouchant » de ses nouveau-nés (flèche) suite à l'incubation des œufs dans sa poche ventrale.

la protection d'une nouvelle descendance. Sa tâche de géniteur et de père se poursuit, sans relâche, durant toute une saison de reproduction qui peut durer 200 jours, sous le regard de sa toujours fidèle mais peu participative compagne. Le mâle de l'espèce *H. zosterae* assure ainsi la paternité de près de 300 juvéniles, à raison d'une moyenne de 17 descendants par portée et de 16 cycles de reproduction par an. Bien que le mâle d'hippocampe fonctionne comme une couveuse très efficace et évitant tout gaspillage de gamètes, ses efforts sont malheureusement peu récompensés car, en dépit de son dévouement le plus total, seuls 2 % des jeunes hippocampes qu'il a mis au monde parviennent à l'âge adulte en raison de la forte prédation exercée sur eux. Le monde est bien cruel pour les hippocampes !

Constituer des stocks de spermatozoïdes toujours prêts à servir

Chez le **guppy** *Poecilia reticulata*, la situation est plus classique. Nous l'avons vu, le mâle possède un organe copulateur, le gonopode, qui permet l'insémination des femelles. Lors de l'accouplement, il se place à l'arrière de la femelle, oriente son gonopode vers l'avant et, par un mouvement rapide de nage, procède à une poussée qui lui permet d'introduire ce dernier dans le gonopore de sa partenaire. Les spermatozoïdes libérés dans l'appareil génital de la femelle au cours de ce coït assurent pendant un certain temps la fécondation interne des ovocytes chez cette espèce vivipare dont les embryons sont nourris jusqu'à leur naissance. Les gamètes mâles peuvent, fait remarquable, vivre et rester fécondants plus de six mois dans le tractus génital des femelles ! Ils servent ainsi à féconder plusieurs générations successives d'ovocytes mûrs sans aucun gaspillage : une nouvelle série de fécondations a lieu après chaque mise bas et se traduit par l'engagement immédiat d'un nouveau cycle de gestation. Les femelles ne chôment pas ! Les mâles, qui sont de plus petite taille que les femelles, consacrent beaucoup de temps à les courtiser et à tenter sans relâche des copulations, au nom d'une certaine prévoyance et d'un principe de précaution : ils s'assurent ainsi qu'elles disposeront toujours d'une provision de sperme permettant de mener à bien les fécondations successives. Il est toujours bon d'avoir sous la main une provision de sperme !

Variations autour du thème du nid

Une fois fécondés, les œufs doivent résister à un environnement souvent hostile et peuplé de prédateurs. Un certain nombre d'entre eux ne parviendra pas à survivre jusqu'au terme du développement : l'éclosion. Afin de minimiser les pertes, de nombreux poissons ont développé des stratégies de protection. Nous avons déjà évoqué le « must » en matière de protection de la descendance : la viviparité. Nous allons ici découvrir les nombreuses variations que les poissons ont composées autour du thème du nid : il peut être fait de branches, de bulles d'air, de fragments végétaux, de coquilles, il peut être flottant, posé ou creusé dans le substrat. Les poissons ont décidément plus d'un tour dans leur sac pour réduire tout gaspillage de leurs gamètes et sécuriser leur descendance. Sans compter qu'ils savent aussi parfois dispenser des soins parentaux.

Pondre dans un nid puis le déserter pour aller chercher de nouvelles aventures

Certaines espèces se contentent d'offrir à leurs pontes un nid protecteur et se dispensent ensuite de prodiguer des soins à leur progéniture. Ce comportement est assez fréquent chez les poissons. Nous allons en donner une première illustration avec le poisson japonais côtier *Hypoptychus dybowskii*, proche des épinoches. Territorial et dominant, le mâle empêche ses rivaux de pénétrer dans son territoire et attire une ou plusieurs femelles dans son nid. Il féconde les ovocytes de sa (ses) compagne(s) et, la ponte terminée, vaque aux soins des œufs qu'il regroupe jusqu'à ce qu'ils soient bien fixés aux parois. Là se termine son rôle de père, puisque très rapidement (trente minutes après la ponte), il déserte le territoire et part à la recherche de nouvelles femelles. Toute l'énergie qu'il économise en ne s'occupant pas des œufs comme le font des poissons d'autres espèces sert à de nouveaux accouplements. Toutefois, ne disposant plus de territoire, il ne peut attirer à lui les femelles qui, trop occupées à fréquenter des mâles territoriaux, négligent les mâles « sans domicile fixe ». Il se voit réduit à tenter des fécondations furtives, cherchant à se mêler à un couple et à libérer du sperme qui entrera en compétition avec celui du maître des lieux : notre mâle dominant est devenu un vulgaire *sneaker* ! Durant sa vie, limitée à une seule saison de reproduction, il passe donc d'un statut privilégié de propriétaire d'un nid – à ce titre séducteur des femelles – à celui, peut-être moins enviable, de poisson errant à la recherche « d'occasions » lui permettant de voler quelques fécondations à des rivaux. Quitter une vie « bourgeoise et rangée » pour une vie errante et être réduit à un vagabondage sexuel, tel est le destin de ce poisson. L'aventure, c'est l'aventure… !

Protéger ses pontes dans les gravières du lit des cours d'eau

Les œufs des salmonidés d'eau douce peuvent faire l'objet d'une intense prédation car, en raison de leur richesse nutritive (protéines, lipides) et de leur taille (4 à 5 millimètres de diamètre pour un poids de 0,03 gramme chez la truite par exemple), ils sont très appréciés par plusieurs espèces de poissons comme les vairons, les épinoches, les chabots, les anguilles ainsi que par divers invertébrés. De surcroît, une autre menace pèse sur eux : celle d'un entraînement vers l'aval par le courant, loin des habitats parentaux, dans des zones où les conditions physiques risquent d'être défavorables (température plus élevée, concentration en oxygène plus faible, pollution plus importante). Pour éviter de tels risques, les œufs doivent être enfouis pendant les périodes très sensibles de leur cycle vital que sont le développement embryonnaire (incubation) et le début de la vie larvaire (stade alevin). Nous allons découvrir comment procède la **truite brune** *Salmo trutta fario*.

Les frayères de ce salmonidé se situent dans la partie amont des cours d'eau (dans les zones dites salmonicoles), en des sites particuliers caractérisés par une certaine vitesse de courant (30 à 80 centimètres par seconde), une faible hauteur d'eau (20 à 40 centimètres) et, surtout, un substrat composé de graviers grossiers (de 2 millimètres à 5 centimètres de diamètre). Ce dernier critère définit le caractère lithophile (du grec *lithos*, la pierre) des salmonidés. Il est en effet capital que l'eau puisse circuler dans les interstices entre les graviers pour assurer l'oxygénation des pontes, faute de quoi les œufs périraient par asphyxie suite au colmatage des interstices par des sédiments fins (particules argilo-vaseuses). Les « nids de ponte » sont donc positionnés en des sites favorables qui sont en outre caractérisés par des suintements d'eaux profondes émanant de la nappe aquifère. Les meilleures frayères sont situées des zones caractérisées par une riche circulation d'eau d'origine à la fois superficielle et profonde.

La préparation du nid de ponte incombe exclusivement à la femelle, dans un territoire choisi par un mâle dont l'activité se partage entre la défense de ce domaine (d'où il chasse les rivaux) et un comportement de cour à l'égard des femelles (qu'il attire dans son territoire). La femelle défend également le site de ponte et tend à en chasser ses comparses. Elle creuse le substrat à l'aide de mouvements rapides de sa queue qui, balayant le fond, élimine les particules de sédiments les plus légères. Elle aménage ainsi une cuvette de 10 à 20 centimètres de profondeur. Les femelles les plus âgées et les plus grandes creusent les dépressions les plus profondes, *a priori* les moins susceptibles d'être détruites par le courant ou par l'activité de « surcreusement » des autres femelles (voir plus loin). Elles émettent des signaux chimiques sous forme de phéromones présentes dans la bile, l'urine et le liquide ovarien, qui attirent les mâles et stimulent leur comportement de cour. À l'approche de l'émission des gamètes, la cour se fait de plus en plus pressante, avec des mouvements rapides, des tremblements et des palpitations. Cette seconde phase, riche en contacts tactiles flanc contre flanc, favorise une émission synchrone des gamètes par les deux partenaires : les œufs sont pondus dans la dépression aménagée par la femelle et, dans le même temps, le mâle étroitement accolé à cette dernière libère son sperme (sa laitance) au contact même des ovocytes. La fécondation doit en effet se produire très rapidement car, d'une part la durée de vie des spermatozoïdes dans l'eau est très brève (20 secondes), leur pouvoir fécondant étant perdu au-delà des 5 à 10 premières secondes suivant leur émission et, d'autre part, au sein du nuage spermatique, ils nagent à la vitesse de 0,25 millimètre par seconde. La turbulence hydraulique liée à l'écoulement naturel des eaux sur la frayère rend possible un certain brassage spermatique entre plusieurs géniteurs, qu'ils soient dominants ou *sneakers*.

Un couple de truites nageant flanc contre flanc sur une frayère constituée de cailloux et de graviers. Le mâle dominant devance la femelle.

Les œufs fécondés, au nombre de quelques centaines, sont immédiatement recouverts de graviers par les battements de la queue de la femelle car, après un premier accouplement, cette dernière creuse un nouveau nid en amont. Le phénomène se répète ainsi plusieurs fois de l'aval vers l'amont : les œufs d'une première ponte sont alors recouverts par les graviers issus du creusement d'un second nid et ainsi de suite. Ces pontes séjournent plusieurs mois dans le lit de la rivière. La durée d'incubation dépend de la température des eaux (40 jours à 10 °C, 3 à 4 mois à 4 °C), de sorte que les alevins issus d'ovocytes fécondés en hiver éclosent au printemps. Ces derniers mesurent de 15 à 25 millimètres et fuient d'abord la lumière (ils sont lucifuges) : ils demeurent enfouis dans le sédiment, toujours à l'abri des prédateurs et protégés de l'entraînement par le courant. Ils utilisent les réserves nutritives contenues dans leur vésicule vitelline, qui se résorbe en quatre à six semaines. À ce stade de développement, les alevins sont devenus capables de mieux résister à l'entraînement par le courant et, attirés maintenant par la lumière, ils sortent du gravier. Cette phase d'émergence est aussi celle de tous les dangers, menacés qu'ils sont par les prédateurs et dans l'obligation de rechercher seuls leur nourriture (faite de petits crustacés et de larves d'insectes). Elle est ainsi marquée par des taux de mortalité élevés. Les risques de mauvaises rencontres sont toutefois limités par le caractère nocturne de l'émergence. Une fois sortis du nid, les alevins cherchent à rejoindre des habitats de berge qui offrent davantage de refuges les protégeant du courant. Ceux d'entre eux qui n'y parviennent pas – la compétition est rude – sont contraints de dévaler, de nuit, dans le chenal dans l'espoir de trouver, plus en aval, des habitats vacants. Très vite, ces poissons, désormais devenus des juvéniles, commencent à s'alimenter dans la « dérive » et recherchent progressivement, au cours de leur croissance, des habitats plus courants et plus profonds dans le chenal principal du cours d'eau.

Le « confort » d'un développement précoce au sein de graviers peut à tout moment être compromis par des accidents climatiques comme une crue brutale qui provoque une érosion du fond, entraîne les graviers vers l'aval et détruit les nids de ponte. Heureusement, même dans les cours d'eau exposés à des crues hivernales destructrices, une partie des œufs peut être sauvegardée grâce à la diversité des sites de frayères (dans le courant central ou en bordure de berge). Autre risque : le creusement de nouvelles cuvettes de ponte par des géniteurs arrivés tardivement sur les frayères peut provoquer un surcreusement des premiers nids construits, dont les œufs sont alors dispersés au fil de l'eau. D'où un avantage conféré aux derniers arrivants. « Être le premier » n'est pas toujours bénéfique…

Construire un nid flottant de bulles et le défendre avec agressivité

En Guyane française et dans le bassin de l'Amazone, le mâle de l'**atipa** *Haplosternum littorale* construit en une seule nuit un nid flottant de 30 centimètres de diamètre et de 6 centimètres de hauteur. Il est fait de bulles et d'herbes déposées à la surface de l'eau, dans des zones fraîchement inondées en bordure des marais au début de la saison des pluies. Ces bulles sont expulsées par la bouche et par l'anus du mâle qui nage le ventre en l'air sous la surface de l'eau. Les végétaux sont arrachés par de puissants battements de la queue et transportés par les nageoires pectorales, ces dernières étant étendues perpendiculairement au corps. Les œufs sont pondus par plusieurs femelles le lendemain vers midi. Le mâle courtise une femelle avec laquelle il forme ensuite un couple temporaire. Cette dernière a l'initiative de la fécondation : elle stimule les flancs du mâle puis, se plaçant « en T » par rapport à lui au niveau de son pore génital, recueille le sperme dans sa bouche. Après une descente sur le fond, elle remonte vers la surface et pénètre sous le nid. Les ovocytes sont alors émis et déposés au-dessus de l'eau, sous le tapis de bulles qui est recouvert d'un dôme d'herbes. Ils sont fécondés suite à la libération des spermatozoïdes contenus dans la bouche de la femelle. Notons que ces derniers peuvent également être libérés par l'anus, car ils sont capables de traverser l'intestin en restant intacts.

Les fonctions du nid sont multiples : régulation de la température d'incubation, protection des œufs contre des températures diurnes létales (36 °C en moyenne), oxygénation des pontes, ces dernières étant menacées d'asphyxie dans les eaux hypoxiques des marais tropicaux (0,5 à 3 milligrammes d'oxygène par litre), protection contre la dessication (humidification des œufs) et contre les prédateurs (nymphes d'insectes odonates, escargots d'eau), matérialisation du centre du territoire du mâle et synchronisation des activités de reproduction. Ces dernières s'étalent généralement sur sept mois et chaque femelle participe à une dizaine de cycles annuels de ponte. Un grand nombre de nids restent vides, ce qui suggère une très forte compétition entre les mâles pour l'accès aux femelles. Mais quand le mâle est parvenu à ses fins, son nid contient environ 20 000 œufs issus de deux à quatre femelles. Il le défend ensuite avec agressivité contre tout intrus, utilisant en particulier son épine pectorale développée, allongée et recourbée, qui constitue une arme efficace. Ce gardiennage dure les trois jours de l'incubation des œufs, puis se prolonge un à deux jours après l'éclosion. Les atipas nouveau-nés sont donc bien protégés mais ils doivent très vite apprendre à se débrouiller seuls.

Édifier des nids de végétaux qui résistent à l'action destructrice des vagues

Dans l'océan Atlantique et la mer Méditerranée, les **crénilabres** *Symphodus roissali* occupent des habitats littoraux peu profonds, le plus souvent sur des fonds rocheux à abondante couverture algale et au voisinage d'herbiers de posidonies ou de zostères. Au printemps, les mâles territoriaux aux couleurs brillantes construisent des nids qu'ils utiliseront successivement au cours de la saison de reproduction (cette dernière s'étale de mars à fin juin sur les côtes catalanes). Ils sont constitués d'éléments végétaux (fragments de feuilles de posidonies, morceaux d'algues, débris divers) assemblés et enchevêtrés à la manière d'un tissage, ce qui leur confère souplesse et résistance. Les mâles attirent les femelles dans ces nids et fécondent leurs ovocytes. Ils assurent ensuite le gardiennage des pontes, qu'ils ventilent et nettoient jusqu'à l'éclosion des œufs. Les nids résistent à l'action destructrice des vagues, du moins lorsque les conditions hydrométéorologiques sont favorables. Si l'eau est trop agitée (vagues de plus d'un mètre de hauteur), certains d'entre eux peuvent être détériorés, voire même détruits. Des prédateurs comme les oursins participent également parfois à leur destruction. Quant à la construction même du nid, elle réclame des conditions favorables pendant une semaine entière. Finalement, la météo marine est suffisamment clémente pendant les courts trois mois que dure la saison de reproduction pour que le succès reproductif de l'espèce soit assuré. Le poisson propose et la tramontane dispose… et attention à l'avis de tempête sur le littoral méditerranéen !

Être un redoutable « guerrier » mais aussi un père attentionné

Le **poisson-combattant** *Betta splendens* vit dans les eaux peu profondes du sud-est asiatique. L'espèce est connue pour la grande agressivité de ses mâles, qui se livrent entre eux des combats féroces lors desquels ils utilisent un répertoire comportemental des plus complets : déploiement des nageoires, érection des opercules, battements de queue et morsures. Les combats sont liés à la fois à la défense des habitats, à la compétition pour les ressources alimentaires et à l'accès aux femelles. Ces duels entre mâles sont très prisés des Thaïlandais, qui organisent même des concours où plusieurs centaines de dollars sont mises en jeu sur la tête de « champions » renommés…

Quant aux femelles, certaines d'entre elles observent les combats. Elles choisissent comme partenaires sexuels les vainqueurs des duels. Elles savent les distinguer car ils n'ont pas la livrée sombre de soumission qu'adoptent les perdants. Elles évitent cependant les mâles trop violents qui se révèlent être de mauvais courtisans. D'autres femelles, dites naïves, ne prêtent aucune attention aux combats entre les mâles et ne manifestent aucune préférence, acceptant d'être courtisées par les perdants et de s'accoupler avec eux. Les vaincus courtisent préférentiellement ces femelles naïves qui ne sont pas au courant de leur « piètre qualité ». En revanche, ils ne tentent pas de séduire les femelles qui ont observé les combats, comme s'ils étaient conscients d'aller au-devant d'un échec.

Quand un mâle, généralement le plus grand, s'est assuré par des victoires successives de disposer d'un territoire non convoité par des rivaux, il abandonne l'art de la guerre pour des jeux plus pacifiques : ceux de l'amour. Il se met à l'ouvrage et construit, à la surface des eaux des rizières et parmi la végétation, un nid de bulles d'air enrobées de sécrétions muqueuses comparable à celui de l'atipa. Ce nid est recouvert de végétaux afin de le camoufler de la vue des prédateurs (hérons, égrettes). Sa taille est fonction de celle du constructeur et les plus grands mâles offrent donc aux femelles les meilleures capacités d'accueil pour leurs œufs (de 500 à 1 500 par nid). Le mâle courtise toute femelle pénétrant dans son territoire : sa tête étant orientée vers le haut, il adopte une position oblique à 45° et expectore de nouvelles bulles pour accroître le volume du nid en dessous duquel il s'est placé. La femelle est invitée à déposer sa ponte parmi les bulles, puis le mâle, redoutant qu'elle ne cannibalise les œufs, la chasse du territoire aussitôt après. Demeuré seul, il se consacre pleinement à ses responsabilités de « père de famille », protégeant le nid des prédateurs et oxygénant la ponte par les battements de ses nageoires. De tels efforts sont récompensés par des taux élevés de survie larvaire et l'obtention d'une progéniture prometteuse d'avenir pour l'espèce.

Savoir choisir des coquilles de moules pour en faire des chambres d'amour

Dans les zones côtières peu profondes atlantiques et méditerranéennes, au cours du printemps ou du début de l'été, le mâle territorial du petit **gobie marin** *Pomatoschistus microps* confectionne un nid de ponte avec une coquille de mollusque bivalve (moule ou mye). Il place cette dernière dans une dépression qu'il a creusée, puis la retourne par des mouvements rapides de poussée avec sa tête, de telle sorte que sa face concave soit dirigée vers le sédiment. Par des ondulations de son corps et des battements de ses nageoires pectorales, il continue à creuser sous la coquille. Il la recouvre ensuite partiellement de sable et de détritus, ce qui permet de la camoufler et empêche son entraînement par les courants et les vagues. Par la suite, il nettoie le nid en transportant dans sa bouche les grains de sable ou les débris d'algues qui en souillent l'intérieur. S'il ne trouve pas de coquille, le mâle fait appel à des matériaux de substitution : pierres plates, morceaux de bois, de contreplaqué, de plastique… Son activité de bâtisseur est accélérée par la présence des femelles : stimulé par ces dernières, le mâle transporte près de deux fois plus de sable que lorsqu'il est isolé et solitaire. Le nid étant ainsi rapidement prêt, les femelles sont invitées par un comportement de cour à pénétrer à l'intérieur pour y coller, le ventre en l'air, leurs ovocytes sur le ciel du nid, c'est-à-dire sur la face interne de la coquille. Les mâles les fécondent alors de leur sperme et trouvent ainsi une juste récompense de leurs valeureux efforts, d'autant plus importants qu'ils doivent également lutter contre la concurrence des *sneakers* et des mâles satellites.

Le « bonheur » de participer aux accouplements est cependant de courte durée pour ces mâles laborieux : l'activité est ensuite consacrée aux soins des œufs (ventilation assurant leur nettoyage et leur oxygénation) et à leur défense contre divers prédateurs (crabes, autres gobies). Quant à leurs éphémères compagnes, elles les ont quittés et sont parties visiter d'autres nids pour vivre de nouvelles aventures… La courte vie de ces mâles (généralement un an) est ainsi essentiellement consacrée au travail, tandis que les *sneakers* mènent une existence oisive d'amants opportunistes. Quelle société inégalitaire ! Il arrive cependant que certains mâles laborieux désertent les nids lorsque ceux-ci ne contiennent qu'une petite quantité d'œufs et adoptent à leur tour la vie aventureuse de *sneakers*, apparemment bien moins ingrate que celle de mâle territorial investi de multiples responsabilités. La vie de bohème a bien des charmes !

Un couple mal assorti, mais une ponte bien protégée

Le **cichlidé** nidificateur *Lamprologus callipterus* du lac Tanganyika se distingue par un remarquable dimorphisme sexuel de taille : les grands mâles ont une masse 12 fois supérieure à celle de leur compagne (33,2 grammes contre 2,7). Le mâle sélectionne des coquilles vides de mollusques gastéropodes en fonction de leur taille, les transporte une à une avec sa bouche jusqu'au territoire où il aménage les nids de ponte. Son choix se porte sur les coquilles les plus grandes possibles, susceptibles d'accueillir les plus grandes femelles qui déposeront dans le nid un maximum d'ovocytes. Cependant, seule la femelle peut, en raison de son nanisme, pénétrer à l'intérieur des coquilles. Elle y dépose ses ovocytes qui adhèrent aux parois, mais le mâle se trouve contraint de rester dehors. Faisant par la force des choses antichambre, il vit un amour à distance, sans contact direct avec sa partenaire, se contentant de libérer son sperme au niveau de l'orifice de la coquille. Bien entendu, il ne peut également pas approcher sa progéniture. Et ce n'est pas tout : pour son malheur, il existe d'autres types de mâles qui, eux, sont nains. Ces derniers sont capables de pénétrer à l'intérieur des coquilles, de partager l'intimité des femelles et de féconder leurs ovocytes. Ces mâles satellites participent pour plus de 90 % aux succès de la fécondation. Quant à la femelle, elle continue à résider tranquillement dans la « chambre d'enfants », ventilant les œufs et défendant la ponte pendant une dizaine de jours. À l'intérieur de cette sorte de crèche, elle se trouve ainsi protégée des prédateurs, tandis que le pauvre grand mâle se retrouve privé d'abri et donc menacé de tous les dangers. Être un bon et généreux géant n'offre pas que des avantages.

Faire héberger ses œufs « à la manière des coucous »

Le **poisson-chat** *Dinotopterus cunningtoni* utilise les nids de ponte confectionnés par le mâle d'un autre poisson-chat *Auchenoglanis occidentalis.* Ces derniers, disposés au centre d'une dépression creusée dans le substrat du lac Tanganyika, sont constitués de coquilles et de graviers. *A. occidentalis* y dépose ses propres œufs. Le mâle les surveille, les ventile par des battements de ses nageoires pectorales et les défend contre des cichlidés prédateurs. Des couples de *D. cunningtoni* synchronisent leurs pontes avec celles *d'A. occidentalis* et procèdent à des intrusions dans les nids pour y déposer leurs œufs. Les « couvées » sont donc mixtes et bispécifiques, selon une association à bénéfice unilatéral puisqu'au seul profit de l'espèce parasite, « à la manière du coucou », sauf que dans ce cas il n'y a pas préjudice pour les pontes du poisson-hôte.

Les **cichlidés** *Cichlasoma nigrofasciatum* des lacs d'Amérique centrale pratiquent un gardiennage parental des pontes puis des jeunes. Celui-ci n'est pas exclusivement réservé à leur propre progéniture et peut s'étendre aux jeunes de leurs congénères et même à ceux d'autres espèces. La condition d'une telle « adoption » est que ces juvéniles présentent la même taille et la même couleur de livrée que leur progéniture. La nature des patrons qui est visuellement reconnue par les « parents gardiens » détermine donc l'acceptation ou le rejet des jeunes à adopter. Une telle adoption sélective (les noirs avec les noirs, les jaunes avec les jaunes !) favorise l'homogénéité de la « pouponnière ». Les candidats prennent soin de rester au centre du groupe des juvéniles et d'éviter de se faire remarquer jusqu'à ce qu'ils soient acceptés. Dans le cas contraire, s'ils sont identifiés et leur stratagème dénoncé, ils courent de grands risques de se faire attaquer et dévorer. Il est toujours risqué de chercher à se faire adopter si l'on ne possède pas la forme et la couleur qui conviennent aux parents adoptifs !

Les **chabots** du lac Baïkal sont soumis à une très forte compétition pour les sites d'établissement des nids de ponte situés sous des surplombs rocheux. Il n'est pas rare que certains d'entre eux déposent leurs œufs dans les nids d'espèces voisines, profitant alors du gardiennage assuré par le mâle de l'espèce-hôte. Cette stratégie se révèle parfois profitable, mais certaines espèces sont toutefois capables de discriminer leurs propres œufs de ceux de l'espèce étrangère. C'est par exemple le cas des mâles de *Cottus kessleri* qui gardent un nid pouvant également contenir les pontes de *Paracottus kneri*. Ayant découvert le « pot-aux-roses », ils dévorent promptement les œufs indésirables. Les chabots ont horreur de se sentir abusés et les parents adoptifs peuvent devenir infanticides ! Tel est pris qui croyait prendre…

Des pontes hors de l'eau qu'il convient d'humidifier régulièrement

Le **characin-arroseur** *Copeina arnoldi* est un surprenant poisson des eaux équatoriales qualifié d'aérophile car ses pontes se développent dans l'air humide. Ses bonds hors de l'eau correspondent à une hauteur égale à trois fois la taille de chacun des deux géniteurs. Ces derniers se positionnent quelques instants sur la feuille d'un végétal qui surplombe les eaux marécageuses, le temps d'émettre très rapidement leurs produits sexuels avant de retomber dans le milieu aquatique. Les ovocytes (une dizaine environ) sont fécondés instantanément et restent collés au feuillage où ils demeurent hors de portée des prédateurs aquatiques (mais pas des prédateurs aériens !). Cette ponte, qui adhère fortement à la feuille d'une plante terrestre, est menacée de dessication pendant les quelques jours que dure son incubation aérienne. Le mâle doit donc l'arroser régulièrement en projetant des gouttes d'eau par des battements de queue qu'il exécute à la surface de l'eau. Parvenus en fin de développement embryonnaire, les nouveau-nés à peine éclos profitent de la liquéfaction des enveloppes des œufs pour se laisser choir avec la goutte d'eau ainsi produite et rejoindre, sans effort, leur milieu aquatique naturel. C'est ainsi qu'il pleut parfois des petits poissons dans les eaux équatoriales, ce moment étant attendu non pas par leurs parents – qui se sont désintéressés d'eux – mais par des grenouilles et autres prédateurs des eaux douces. Il faut, tôt ou tard, affronter un monde cruel et impitoyable !

Bien à l'abri, en pleine eau ou dans un berceau !

À défaut d'être vivipares ou de construire de beaux nids, certains poissons gardent les œufs sur eux, voire même en eux : ils s'assurent ainsi « en personne » qu'ils disposeront de toutes les conditions nécessaires à leur développement jusqu'à ce que les larves soient capables de mener une vie libre et indépendante. Cette stratégie est efficace et conduit à un succès reproducteur certain. Certains poissons emploient une variante de cette tactique, confiant la garde de leurs pontes à une autre espèce.

Transporter ses œufs avec soi en pleine eau

Les mâles de **Kurtidés** du genre *Kurtus* sont parfois dénommés « *nursery-fishes* » : ils accrochent en effet les œufs à un crochet céphalique et les transportent jusqu'à leur éclosion. Cette stratégie consistant à transporter les œufs avec soi permet de les éloigner des conditions défavorables ou dangereuses dans lesquelles ils pourraient se trouver. Elle est mise en œuvre grâce à bien d'autres systèmes. Ainsi, les mâles des **syngnathes** du genre *Nerophis* et des **dragons de mer feuillus** *Phycoduras eques*, qui ne sont pas pourvus d'une poche marsupiale comme les hippocampes, portent les œufs collés à la face ventrale de leur corps.

Un berceau buccal efficace

Nous avons déjà vu le cas du père *Apogon* qui incube ses œufs dans sa bouche et n'hésite pas à en sacrifier quelques-uns pour sauver la majorité des autres. Les **cichlidés** endémiques des lacs africains Tanganyika, Malawi et Victoria, tel *Haplochromis polli*, pratiquent aussi une incubation buccale : la femelle prend en bouche les œufs après qu'ils ont été déposés et fécondés à l'extérieur dans le nid de ponte, une petite excavation creusée par le mâle dans son territoire. Elle les trie, éliminant les « mauvais » et gardant les « bons » qu'elle prend un à un dans sa bouche, où elle les conserve durant dix à quinze jours. Des mouvements buccopharyngés périodiques de rejet puis de réabsorption des œufs assurent l'oxygénation et la redistribution de la couvée dans le berceau buccal. À l'éclosion, la femelle crache les nouveau-nés à l'extérieur, mais, pendant les quelques jours qui suivent, ces derniers peuvent, en cas de danger, revenir s'abriter dans sa cavité buccale. Dans une telle situation, c'est à l'odeur que la femelle reconnaît sa progéniture (car elle n'acceptera pas d'abriter des petits qui ne sont pas les siens).

La protection du frai contre les prédateurs est ainsi assurée pendant quelques jours et sa survie est bien supérieure à celle des espèces pondeuses sur substrat comme les tilapias du genre *Tilapia*. En relation avec ces pertes réduites, la fécondité des espèces incubatrices est inférieure à celle des pondeuses non-incubatrices, mais les œufs des premières sont de plus grande taille. Cela constitue encore un avantage, car les larves qui en dérivent sont également plus grandes et plus vigoureuses et ont donc des chances de survie plus élevées. Prendre ainsi soin de sa progéniture grâce à la possession d'une grande bouche, fût-ce au sacrifice de son

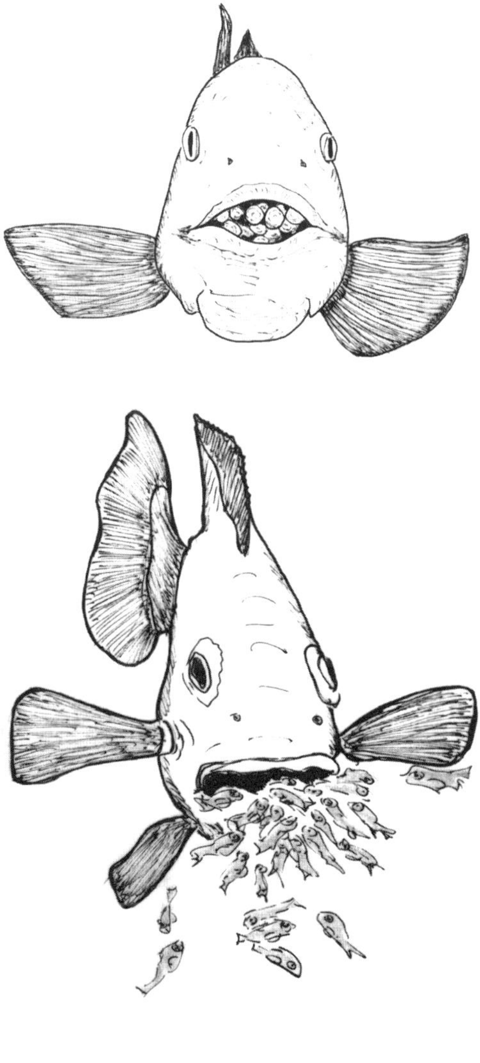

Le berceau buccal efficace de la femelle d'un cichlidé africain. La femelle incube les œufs dans sa cavité buccale (en haut). Les nouveau-nés quittent ensuite la bouche de leur mère, mais ils s'y réfugient au moindre danger (en bas) !

alimentation durant la période d'hébergement buccal, est un gage certain de dévouement parental !

Toujours en Afrique, mais dans la partie amont du Nil, les relations entre la mère et sa progéniture ont été très étudiées chez le **tilapia** *Oreochromis niloticus.* La femelle pratique des soins maternels bien au-delà de la période d'incubation des œufs. Le frai, comme dans l'exemple précédent, revient se protéger dans la bouche de la « mère-porteuse » durant la nuit et également en cas de danger. Les signaux optiques tels que le contraste entre une cavité buccale sombre et la présence d'yeux brillants sur une livrée céphalique grisâtre seraient impliqués dans la reconnaissance de la « couveuse » par les larves. Un tel lien social et filial serait mis en place au cours d'une période sensible permettant la mémorisation de ces signaux visuels correspondant à un certain « modèle maternel » de livrée représentatif de chaque espèce. En outre, un message chimique d'alarme peut également être émis par les parents à l'intention de leur progéniture lorsqu'ils sentent la menace d'un prédateur. La sensibilité des juvéniles au signal d'alerte parentale est essentielle durant les premières semaines de vie larvaire et post-larvaire, puis ces relations s'affaiblissent et les jeunes quittent définitivement leur mère qui, d'ailleurs, se prépare déjà à accueillir une nouvelle portée. Le « berceau buccal » est finalement rarement vide…

Ce sont généralement les femelles des cichlidés qui prennent en bouche leurs œufs. Il y a toutefois des exceptions. Chez *Sarotherodon melanotheron*, les seuls mâles incubent les pontes dans leur bouche et il en est de même pour les **poissons-cardinaux** du genre *Apogon.* Chez *Sarotherodon galileus* et *Xenotilapia spiloptera*, les mâles participent avec les femelles à l'incubation buccale des œufs : dans ce cas, l'égalité des sexes devant les responsabilités parentales est de rigueur.

Avoir le « sens de la famille » dans un système hiérarchique féodal

La protection des œufs du **cichlidé** *Neolamprologus pulcher* du lac Tanganyika n'est pas forcément l'apanage des géniteurs : elle peut également donner lieu à une coopération entre poissons de la même famille. Celle-ci est constituée par un couple et par sept à quatorze individus auxiliaires des deux sexes nés de précédentes pontes (on compte jusqu'à quatre classes d'âge successives). L'ensemble constitue un groupement stable, les poissons étant unis par des signaux visuels et chimiques (molécules « identitaires » de type phéromones).

Les individus auxiliaires, qui ont un rôle de serviteurs, partagent les tâches normalement dévolues au couple de géniteurs : défense du territoire de ponte, creusement de dépressions et transport des sédiments lors de la confection du nid, nettoyage de ce dernier (prélèvement des particules argileuses et des grains de sable), soins donnés aux œufs (nettoyage, ventilation) puis, ultérieurement, protection intrabuccale des larves et du frai. Placés dans une situation de soumission et considérés comme subordonnés, surtout vis-à-vis des femelles, ces auxiliaires dépensent beaucoup d'énergie à la fois à cause des travaux forcés qu'ils sont tenus d'accomplir et du « stress psychologique » créé par leur position sociale. Le coût énergétique est tel qu'ils souffrent d'un retard de croissance. Une certaine hiérarchie sociale s'établit d'ailleurs entre eux, avec des degrés respectifs de dominance et de soumission. Les plus malheureux des subordonnés, placés en bas de l'échelle sociale, peuvent se retrouver en situation de jeûne et d'épuisement physiologique. Il ne fait pas bon être un lamprologue « d'en bas » qui, petit, faible, mal nourri, privé de femelle, stressé en permanence et exploité par ses congénères, se tue au travail. Toutefois, certains auxiliaires peuvent se venger de leurs parents : c'est le cas des jeunes mâles qui nettoient les pontes et défendent le territoire avec dévouement jusqu'au moment où, parvenus à l'âge adulte, ils peuvent dévorer les œufs du couple de géniteurs qui furent leur seigneur et maître. Il n'est jamais trop tard pour s'émanciper…

Trouver dans une moule d'eau douce un berceau pour sa ponte

La **bouvière** *Rhodeus sericeus* vit dans les eaux dormantes européennes et asiatiques des lacs, cours d'eau lents, canaux et mares. Sa présence est tributaire de celle de mollusques lamellibranches : moules unios ou anodontes sont en effet indispensables à sa reproduction. La bouvière présente l'originalité de vivre nécessairement en symbiose avec ces moules d'eau douce qui assurent, entre leurs valves et au niveau de leurs lamelles branchiales, une protection et une oxygénation de ses œufs et de ses larves. Ces hôtesses favorisent donc la survie des générations de bouvières.

Au cours de la saison de reproduction, de mai à août, le mâle de bouvière s'établit dans un territoire comportant une ou plusieurs moules. Il le défend contre des rivaux (petits mâles *sneakers*) et y attire une femelle prête à pondre. Celle-ci se montre sélective vis-à-vis des moules et commence par les inspecter pendant plusieurs minutes : elle place sa tête au niveau du siphon exhalant (par où sort l'eau) afin de capter des informations olfactives relatives à la qualité de leur ventilation branchiale (volume d'eau et vitesse du courant qui traversent le mollusque). Elle choisit celles qui sont vierges de toute ponte, embryon ou larve de bouvière et offrent à ses œufs les meilleures perspectives de survie. En effet, une moule chargée en œufs et en embryons de bouvière voit sa ventilation branchiale ralentie, d'où une moindre oxygénation des pontes. Elle est en outre capable d'éjecter prématurément ces dernières de ses branchies. Ces moules peuvent également abriter leurs propres larves, appelées glochidies, leur période de maturation sexuelle étant concomitantes de celle des bouvières. Ces dernières consomment également de l'oxygène et réduisent la ventilation branchiale de leur mère. Néanmoins, les moules « couvant » leur propre progéniture pourraient présenter l'avantage d'un moins grand risque d'expulsion des embryons des bouvières car, ce faisant, elles risqueraient de rejeter en même temps leurs propres larves… C'est pourquoi elles sont recherchées par les femelles de bouvières : elles offrent des garanties de « meilleures couveuses ». Il faut savoir faire le bon choix sur le marché des moules !

La bouvière introduit entre les deux valves entrouvertes de la moule qu'elle a choisie un long tube charnu dénommé ovipositeur, d'une longueur environ égale à la moitié de celle du poisson. Une perception tactile du courant d'eau sortant de la moule permet à la bouvière de « bien viser ». Elle oriente en effet son ovipositeur dans le siphon exhalant puis dans la cavité palléale du lamellibranche afin d'y déposer, en une à deux secondes, ses ovocytes (deux à quatre par ponte). Ces derniers se fixent sur les branchies lamellaires du mollusque, de préférence dans les lamelles internes alors que les glochidies occupent les lamelles externes. Elle peut répéter son acte de ponte plusieurs fois dans la même moule et produire 300 à 400 œufs par saison.

Le mâle exécute ensuite des mouvements de cour et émet sa laitance plusieurs fois par minute au voisinage de la moule qui accueille la ponte de sa partenaire. Le courant d'eau entrant par le siphon inhalant aspire le nuage de sperme et entraîne les spermatozoïdes qui sont alors transportés à travers les lamelles branchiales et fécondent rapidement les ovocytes. Leur durée de vie et celle de leur pouvoir fécondant sont limitées à quelques minutes. Si un autre mâle est présent à proximité d'une moule dans laquelle une femelle dépose ses ovocytes, le mâle territorial doit fait face à une compétition spermatique. Il éjacule alors davantage de sperme. Mais si plusieurs mâles rivaux entrent en compétition, il réduit ses éjaculations et devient plus agressif. Il ajuste donc son émission de sperme aux circonstances et dispose de solutions alternatives en fonction de l'importance de la compétition. Avant la ponte, il se montre d'ailleurs peu agressif et tolère même la présence des *sneakers*, mais ensuite, il défend son territoire et la moule qu'il a choisie, faisant preuve d'une grande agressivité pendant l'incubation des œufs dont il est devenu le gardien vigilant. Ayant fait économie de la construction d'un nid et de soins parentaux prodigués aux œufs ou aux larves puisqu'il a « délégué » cette fonction à la moule, il peut mobiliser toute son énergie dans des comportements agressifs à l'encontre de tous les autres mâles et même d'éventuels prédateurs de moules. Les œufs éclosent en un à deux jours, puis les embryons, toujours insérés dans les tissus branchiaux de la moule, se développent pendant trois à six semaines à l'abri des prédateurs, ne risquant même pas d'exondaison au cours des périodes d'étiage puisque la moule se déplace en fonction des fluctuations du niveau de l'eau.

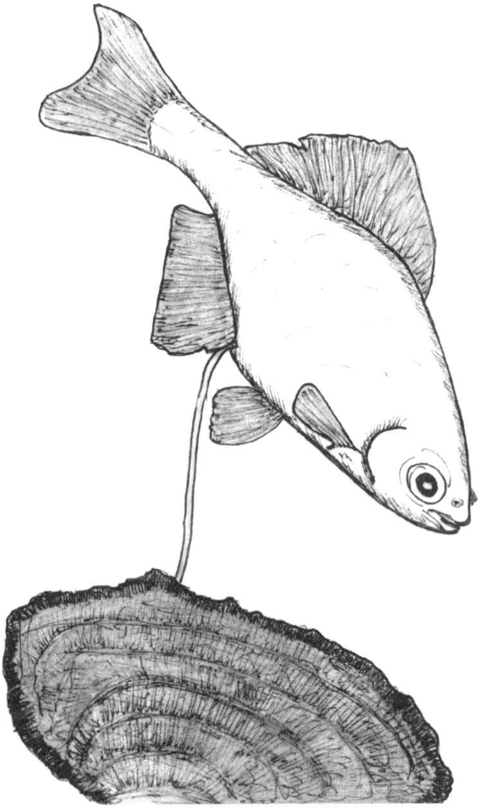

Femelle de bouvière déposant ses ovocytes entre les lamelles branchiales d'une moule d'eau douce à l'aide de son ovipositeur. La moule assurera la protection et l'oxygénation de la ponte jusqu'à éclosion.

Cette hôtesse accueillante et dévouée subit un certain préjudice : une distorsion de ses lamelles branchiales, d'où une réduction de la ventilation et de l'apport d'oxygène ainsi que de la nourriture. Elle accomplit donc cette fonction de « nurserie » et de « parent-nourricier » contre son gré, ne trouvant aucun avantage à héberger des œufs de bouvière. Rappelons qu'elle conserve d'ailleurs la capacité d'éjecter ces pontes et ces embryons « parasites ». Elle les rejette en même temps que des corps étrangers qui encombrent sa cavité palléale, tels du phytoplancton non digéré et des matières fécales, de sorte que ce comportement n'est peut-être pas seulement à finalité antiparasitaire. Cependant, juste retour des choses, les larves glochidies une fois libérées de la moule peuvent se fixer sur les branchies et les nageoires des bouvières qu'elles parasitent à leur tour.

La bouvière et les moules d'eau douce qui lui sont associées sont très sensibles à la pollution des eaux, en particulier par le phosphore et les phosphates. Ces derniers provoquent une réduction de la ventilation branchiale du mollusque et sont donc responsables d'une moindre oxygénation des pontes de bouvières et, surtout, d'une expulsion prématurée des larves. C'est ainsi que le déclin généralisé de la qualité des eaux européennes (eutrophisation, acidification) et la dégradation des habitats aquatiques de ces petits cyprinidés conduisent à une raréfaction généralisée des bouvières.

Se faire héberger par un hôte dont on dévore ensuite les œufs

L'incubation buccale des œufs par les femelles des cichlidés du lac Tanganika est assez fréquente puisqu'on l'observe chez environ 80 espèces sur 200. Leur progéniture est ainsi protégée des nombreux prédateurs présents dans ce lac. Certains **poissons-chats** comme *Synodontis multipunctatus* ont mis à profit ce comportement pour que leur progéniture puisse également survivre dans cette « jungle ». Pour cela, le couple de poissons-chats dépose furtivement ses œufs sur le substrat où un couple de cichlidés vient de placer les siens. Lorsque la femelle du cichlidé procède à la prise en bouche de sa ponte, elle prend aussi les œufs intrus qu'elle ne sait pas détecter en raison de leur « silence chimique ». L'incubation buccale des œufs de poissons-chats étant plus courte que celle des cichlidés, les alevins de poissons-chats éclosent 3 jours avant ceux de leur hôte, délai qui est mis à profit par ces nouveau-nés pour dévorer les œufs puis les larves du cichlidé… Le drame se déroule dans la cavité buccale de la femelle qui ignore tout de cette

« oophagie » exercée au détriment de sa progéniture. Elle « crache » ensuite ses propres alevins – ceux qui ont eu la chance de survivre au « carnage ! » – et donne en même temps la liberté aux petits poissons-chats dont la taille déjà élevée témoigne de la qualité de leur alimentation intrabuccale et révèle l'importance de leur « forfaiture » ! Ce « coucou du Tanganyika » connaît ainsi un succès reproducteur supérieur à celui des autres espèces dont les œufs sont livrés à la convoitise des nombreux prédateurs vivant dans ce lac. La perfidie de ces poissons trouve là une bien injuste récompense dans un monde si impitoyable !

Migrer pour se reproduire

Revenir pondre dans sa rivière natale

Le **saumon atlantique** *Salmo salar* des fleuves et rivières des côtes atlantiques européennes utilise le même type de frayères que la truite de rivière : elles sont situées en amont des cours d'eau et sur des fonds de graviers. Les « poches d'œufs » creusées par les femelles à la suite d'un balayage réalisé par leur nageoire caudale sont oxygénées par un courant d'eau interstitielle et, après un hiver de vie au sein du gravier, l'éclosion des œufs donne naissance à des alevins qui séjournent en rivière. Ils s'alimentent activement dans le courant comme le font les truites, mais utilisent davantage les ressources benthiques et s'intéressent moins souvent qu'elles aux proies dérivantes de la surface. Ultérieurement, les saumoneaux à livrée brune ou tacons (ou *parrs*) subissent une maturation organique appelée smoltification, qui est caractérisée par un changement de livrée (argenture) et par l'acquisition d'une capacité à supporter des salinités proches de celles des eaux estuariennes puis marines. Présentant une brillante coloration argentée assimilée par certains à des « habits de lumière », ils accomplissent alors une migration de descente dite catadrome (ou dévalaison) et gagnent progressivement l'océan. Ils entreprennent un voyage transatlantique long de plusieurs milliers de kilomètres pour gagner leurs aires d'alimentation situées au large des côtes du Groenland ou de la Norvège. Puis, durant des périodes variant d'un à quatre ans selon les populations, ils s'alimentent activement, leur nourriture étant surtout à base de crevettes et de poissons (larves de capelans, lançons). Durant ce séjour océanique, leur taux de croissance est spectaculaire.

Parvenus à un âge adulte et ayant stocké d'abondantes réserves d'énergie, ils effectuent un autre long voyage, celui de retour vers les côtes européennes. Ce retour des saumons obéit à un rythme annuel immuable. Parvenus à proximité du littoral, ils recherchent les embouchures des rivières pour gagner les eaux douces. Toutefois, ils ne s'engagent pas « au hasard » dans n'importe quel cours d'eau rencontré sur leur parcours côtier : ils recherchent préférentiellement la rivière qui les a vus naître quelques années auparavant (voir chapitre 2). Ayant ainsi identifié leur « rivière natale », la majorité des saumons pénètrent dans le cours d'eau qu'ils remontent, à contre-courant, jusqu'à la zone amont où se situent les gravières qui leur servent de frayères. Grâce à un tel « retour à la maison », tous les géniteurs mûrs se retrouvent réunis en même temps sur les mêmes frayères où ils assurent non seulement la pérennité de leur espèce, mais aussi celle de leur « population » qui est bien adaptée aux caractéristiques thermiques et nutritionnelles de ce type d'habitat. À leur tour, leurs descendants adopteront un comportement migrateur identique et rejoindront fidèlement la même rivière natale, sans risquer des « abâtardissements » dus aux mélanges génétiques qu'occasionneraient des fécondations entre membres de populations différentes. Notons que le déplacement vers l'amont de la rivière (ou montée) se révèle généralement très coûteux en énergie (nage à contre-courant, franchissement de rapides et de cascades), alors même que les saumons ne s'alimentent plus (ils sont anorexiques) et utilisent une partie de leurs réserves énergétiques acquises durant leur séjour océanique pour développer leurs gonades et mûrir leurs produits génitaux.

De même que chez plusieurs autres espèces de poissons (voir plus haut), trois catégories de mâles ont été distinguées. Les mâles dominants, très agressifs à l'encontre des autres mâles, courtisent les grandes femelles et assurent une part importante des succès de fécondation. Les mâles subordonnés, ou satellites, peuvent subir les attaques des dominants ou être tolérés par ces derniers. Ils sont positionnés en retrait du couple (un à deux mètres en aval de la frayère), cherchant à contester la position hiérarchique des dominants, à courtiser de temps en temps les femelles et à participer aux fécondations. Il y a enfin les mâles « furtifs » ou *sneakers*. Ces derniers sont généralement des tacons de petite taille, 600 fois moins lourds que les dominants et n'ayant pas participé aux migrations. Leur tactique consiste à attendre à trois mètres et plus en aval de la frayère sans courtiser les femelles et à tenter de « voler des fécondations ». Bien que leur statut soit inférieur à celui des deux mâles précédents, ces *sneakers* présentent l'avantage de dépenser peu d'énergie tout en continuant, à la différence des autres mâles, à s'alimenter. Ils essaient en outre d'éviter les agressions et donc les blessures. Leurs taux de mortalité sont ainsi faibles, comparés à ceux très élevés des mâles dominants qui présentent un important épuisement physiologique en fin de période de reproduction.

Les grands mâles meurent parfois sur les frayères une fois leur « travail » accompli, exténués par la très forte compétition qui règne entre eux et par les combats qu'ils ont livrés à leurs nombreux rivaux... Une partie d'entre eux survit cependant et entreprend une nouvelle descente suivie d'une migration à travers l'Atlantique afin de se « refaire une santé ». Après un nouveau séjour marin à finalité alimentaire, ces mâles seront capables de revenir fidèlement sur les mêmes frayères, le phénomène pouvant se renouveler plusieurs fois (jusqu'à quatre fois). Ainsi, la vie « aventureuse » du saumon atlantique est semée d'innombrables embûches, les dangers étant à la fois naturels (rencontres avec des prédateurs marins comme des cétacés ou des prédateurs d'eau douce comme les loutres et les oiseaux piscivores, compétition avec les truites sur les frayères) et d'origine anthropique (aménagement des cours d'eau, construction de barrages, déversement de polluants chimiques, destruction des frayères par prélèvement de graviers, concurrence avec des congénères d'élevage). Il a été calculé que sur les 7500 ovocytes produits en moyenne par une femelle, 650 alevins survivent, 50 saumoneaux « dévalent » vers la mer et 4 géniteurs adultes remontent en eau douce, dont seuls 2 se reproduisent effectivement sur les frayères... Il y a chez le saumon beaucoup d'appelés et peu d'élus !

Un dernier voyage vers une frayère qui fut un berceau et devient une sépulture

Les **saumons du Pacifique**, au nombre de 5 espèces (*coho*, *sockeye*, *pink*, *chinook* et *chum*), appartiennent à un genre différent (*Oncorhynchus*) de celui du saumon atlantique (*Salmo*). Si ces deux types de saumons présentent quelques différences morphologiques, ils adoptent le même type de comportement migratoire : après un long séjour marin sur des aires d'alimentation situées dans le Pacifique Nord, les géniteurs retournent vers les frayères des rivières nord-américaines de l'Alaska, de Colombie-Britannique et de l'Oregon qui les ont vus naître. Le mouvement de remontée des fleuves et des rivières est plus ou moins long selon la position des frayères en amont des cours d'eau : certaines d'entre elles sont parfois situées à des distances considérables pouvant atteindre plusieurs centaines ou milliers de kilomètres, à l'exemple de la rivière Fraser en Colombie-Britannique où des frayères sont distantes de l'océan de 1 650 kilomètres.

Le retour des saumons se reproduit immanquablement d'année en année, comme pour le saumon atlantique, selon un *« timing »* précis bien connu des populations riveraines des cours d'eau. Chacun d'eux accueille les diverses espèces de saumons selon un calendrier qui lui est propre, ces retours s'échelonnant de juin à septembre. Les populations d'Indiens de la côte Ouest du Pacifique ne manquaient d'ailleurs pas de célébrer par des fêtes rituelles l'arrivée de ce « don du Pacifique », véritable manne alimentaire qui assurait chaque année leur prospérité... Certaines d'entre elles avaient même fait des saumons leurs emblèmes totémiques vénérés. Les prédateurs (ours, grizzlis, pycargues, harles, mouettes) ne manquent pas non plus ce « grand rendez-vous » annuel qui leur procure également un « confort alimentaire » avant la longue et difficile période d'hivernage. Ainsi, la survie d'un grizzli de l'Alaska est conditionnée par l'acquisition de réserves d'énergie telles qu'elle justifie une consommation d'environ 25 saumons *sockeye* par sortie de pêche... Au total, 700 saumons seraient dévorés (partiellement, car la tête est généralement rejetée) chaque année par un grizzli, soit une masse annuelle d'une tonne de chair...

De même que chez leurs cousins de l'Atlantique, la remontée des cours d'eau à contre-courant correspond à un coût énergétique considérable pour les saumons du Pacifique, en particulier lors du franchissement de rapides et de cascades. Il est généralement supérieur à 50 % de l'énergie totale dépensée par le poisson et dépend du régime hydraulique des cours d'eau ainsi que de leur topographie. Afin d'éviter des pertes d'énergie trop considérables, le saumon adapte sa stratégie et sa vitesse de progression aux difficultés qu'il rencontre dans le lit de la rivière. Dans les zones à vitesse de courant moyenne, il est constamment à la recherche des veines d'eau les plus calmes, son but étant de s'exposer le moins possible aux courants les plus rapides en nageant préférentiellement le long des berges ou à proximité du fond ou encore en recherchant des obstacles protecteurs. Lors du franchissement des zones rapides et turbulentes, le poisson passe à une stratégie d'« économie de temps » : grâce à une accélération de la vitesse de nage ainsi qu'à des bonds et des « jaillissements » rapides, et en choisissant une trajectoire directe et rectiligne, il réduit son temps de traversée. Dans ce cas, il évite de s'épuiser dans une longue et fatigante recherche des courants les moins violents : en ne « réfléchissant pas trop » et en « y allant franchement », il produit un effort intense mais le plus court possible. Le saumon doit donc démontrer en permanence sa capacité à trouver « le bon chemin » et sa « science » de la nage à contre-courant. Il n'y a pas de place pour les hésitants et le « courage » d'affronter les difficultés, si grandes soient-elles (comme le franchissement de cascades de plusieurs mètres de hauteur aux eaux « bouillonnantes » !) est en principe toujours récompensé… Cependant, au niveau des constrictions de la rivière et d'étroits corridors, certains rapides sont particulièrement difficiles à franchir – c'est par exemple le cas du *Hell's Gate* (« Porte du diable ») de la rivière Fraser. Par ailleurs, des crues violentes se produisent en période de migration, en particulier lors de la fonte des neiges. Elles entraînent de fortes turbulences au niveau de quelques canyons constituant alors des « goulots d'étranglement » dans lesquels s'épuisent les migrateurs, ce qui augmente la proportion des saumons qui meurent avant d'avoir rejoint leur frayère. La progression vers l'amont, qui varie entre 10 et plus de 35 kilomètres par jour, est donc fonction des difficultés de franchissement des obstacles hydrauliques, mais elle dépend également du calendrier, la migration étant d'autant plus rapide que la saison de ponte approche : les derniers arrivants doivent atteindre les frayères « à temps », conformément à une « fenêtre » de reproduction souvent très étroite au cours du printemps et du début de l'été.

Les arrivants trop retardés n'auront pas une seconde chance de se reproduire… Car une différence physiologique considérable distingue le saumon du Pacifique et le saumon atlantique : parvenu « au bout du voyage », le premier ne survit pas à la ponte. Il périt sur les lieux mêmes de reproduction qui l'ont vu naître quelques années auparavant : sa frayère d'origine constitue à la fois son berceau et son linceul… Il meurt après avoir donné vie à une nouvelle génération. La vie et le mort « se côtoient » ainsi et chaque espèce de saumon du Pacifique se perpétue seulement parce que ses géniteurs accomplissent leur courageuse « mission génésique » avant de disparaître. Une telle mort est d'ailleurs génétiquement programmée : elle n'est pas la simple conséquence de leur épuisement physiologique au terme du long voyage de migration. En effet, se produisent des modifications cellulaires correspondant à une véritable « sénescence ». Elles font suite à l'activation de certains gènes responsables de la synthèse d'enzymes protéolytiques – contenues dans des organites cellulaires dénommés lysosomes ou *« suicide bags »* – qui provoquent une autodestruction cellulaire, tissulaire et organique. En quelques jours, au lendemain de leurs « noces », les superbes géniteurs troquent leur parure nuptiale contre un « masque mortuaire ». Ils meurent rapidement sur les « frayères-sépultures » à l'issue d'une brève mais émouvante agonie. Ces saumons ne se reproduisent donc qu'une seule fois au cours de leur vie. Le lit de la « rivière sans retour » ressemble alors pendant quelques semaines, avant que les nécrophages n'aient accompli leur œuvre, à un lugubre cimetière aquatique…

Ce « champ de bataille » jonché de cadavres est cependant source de vie puisque la mort des uns va assurer la vie des autres. En effet, les dépouilles de saumons qui encombrent en grand nombre les zones de frayères constituent une source importante de matière organique. Leurs carcasses sont dégradées par des asticots de mouches et consommées en partie par des rapaces (pycargues), des ours (les grizzlis, qui préfèrent cependant les saumons frais et en particulier le précieux « caviar rouge » de leurs ovaires !) et autres charognards (corbeaux). Elles sont la source principale de carbone particulaire dans les cours d'eau, une grande partie de ces nutriments étant exportée vers l'aval. Les cadavres sont en outre décomposés par des bactéries qui minéralisent les déchets azotés provenant de la décomposition cadavérique des protéines et libèrent ainsi de l'ammoniac puis des nitrites et des nitrates. Ils jouent de la sorte un rôle de « fertilisants » de la rivière, favorisant le développement des algues (diatomées) et également de la végétation riveraine. Un transfert d'azote se produit en effet des saumons vers la forêt ! Il a été démontré à l'aide de marqueurs isotopiques radioactifs que de 25 à parfois 55 % de l'azote foliaire des épicéas rivulaires provenaient de la « nécromasse » des saumons… Certains écologistes redoutent d'ailleurs que le déclin actuel des populations de ces poissons n'induise dans les prochaines années une régression de la production forestière. Ainsi, les saumons nourrissent la terre qui les a vus naître, celle de leurs ancêtres… En échange de ce qu'elle a reçu d'eux, la végétation des rives restitue à la rivière de la fraîcheur, une protection contre un excès de lumière et une qualité d'habitats, grâce en particulier aux débris ligneux qui sont utilisés comme abris par les juvéniles des saumons de la génération suivante avant leur descente vers les eaux océaniques. Le « sacrifice » de leurs aïeux n'a donc pas été vain. Ainsi va la vie des saumons au cours du temps... (Et pour tous les temps ?)

Les routes secrètes de l'amour
et de la mort en mer des Sargasses

Le cycle vital de l'**anguille européenne** *Anguilla anguilla* est inverse de celui du saumon, puisque son aire d'alimentation est continentale et son aire de reproduction marine (en termes savants, elle est dite « thalassotoque » alors que le saumon est « potamotoque »). Les jeunes anguilles, ou « anguillettes », fréquentent les eaux saumâtres des estuaires et des lagunes, ainsi que les eaux douces des fleuves, rivières et lacs du continent européen. Elles deviennent ensuite des anguilles jaunes ou vertes. Leur alimentation à base de proies animales (crustacés, vers, mollusques, poissons) leur assure une croissance rapide, mais limitée à la saison chaude car les températures hivernales sont défavorables à une activité trophique. L'anguille hiberne ainsi en jeûnant partiellement ou totalement. Parvenues à un âge subadulte et proche de la maturité sexuelle – qui est tardive : 5 à 7 ans chez les mâles et 8 à 12 ans chez les femelles – les anguilles subissent une métamorphose qui les transforme en anguilles argentées. Leur tégument s'enrichit en un pigment blanc riche en guanine qui leur confère une livrée argentée. Outre cette « argenture » qui favorise un camouflage vis-à-vis des prédateurs marins, la métamorphose se traduit par d'autres transformations qui préparent l'organisme à une vie océanique. Celle-ci exige en effet des modifications importantes des divers systèmes organiques : musculaires (nombre de fibres contractiles), hydrostatiques (vessie gazeuse), sensoriels (œil, rétine) et branchiaux (cellules à chlorures des branchies permettant une excrétion des sels de l'eau de mer absorbés par voie buccale, cette fonction osmorégulatrice assurant un équilibre osmotique et ionique primordial en milieu marin). En revanche, les gonades ne présentent qu'un développement partiel et l'anguille argentée demeure immature durant son séjour dans les eaux continentales. Enfin, le tube digestif involue et l'anguille cesse de s'alimenter. Elle ne pourra plus désormais qu'utiliser ses réserves (essentiellement graisseuses) accumulées dans son foie et ses muscles pour couvrir ses besoins en énergie, lesquels vont être considérables. En effet, les anguilles argentées, qui ont acquis de la sorte des aptitudes correspondant à une « anticipation physiologique » d'une vie en eau marine (salée) et en profondeur (forte pression hydrostatique), quittent à l'automne les milieux continentaux lors des crues des cours d'eau occasionnées par des pluies saisonnières et commencent à descendre (mouvement de migration dit catadrome) vers les embouchures des fleuves (estuaires, deltas) et des lagunes (graus) pour rejoindre la mer.

Leur vie océanique est peu connue compte tenu du nombre très réduit des observations (le sous-marin américain *Alvin* a photographié en 1977 dans l'océan Atlantique, près des Bahamas, des anguilles à une profondeur de 2 000 mètres). Leur déplacement vers l'Ouest, à la vitesse probable de 40 kilomètres par jour, est peut-être guidé par le géomagnétisme terrestre. Soumises à de fortes pressions hydrostatiques, les anguilles argentées atteignent progressivement leur maturité sexuelle avec un développement considérable des ovaires des femelles, ce qui laisse supposer une fécondité élevée. Elles parviennent finalement dans la mer des Sargasses (située entre la Floride et le Triangle des Bermudes). Le terme de leur voyage semble être déterminé par un « front thermique » (isotherme 18-19 °C à – 200 mètres) séparant des eaux fraîches et peu salées septentrionales et des eaux chaudes et salées méridionales de l'Atlantique oriental. C'est dans ces dernières que se situeraient leurs zones de ponte, localisées à proximité des grands courants océaniques du Gulf Stream. Des études génétiques récentes tendent à démontrer que les diverses populations européennes et africaines d'anguilles ne se mélangent pas et que le « *timing* » de leurs arrivées successives dans la zone de ponte, entre la fin de l'hiver et le début de l'été, éviterait des rencontres « hasardeuses » et interdirait des croisements « exotiques », permettant au contraire des accouplements entre partenaires d'une même population.

On ne sait rien de précis sur les modalités de la reproduction de l'anguille. Le déroulement de la ponte reste peu connu dans la mesure où aucun géniteur n'a jamais été capturé en mer des Sargasses. Les connaissances sur leur reproduction, qui ont certes progressé depuis Aristote qui les croyait « sorties des entrailles de la Terre », sont aujourd'hui seulement déduites de la récolte de leurs larves planctoniques (les leptocéphales) qui, véhiculées plus ou moins passivement par les courants du Gulf Stream, sont entraînées vers l'Est en direction des côtes européennes. À l'issue d'un voyage de plusieurs mois, ces larves pélagiques en forme de feuilles de saule se métamorphosent en larves allongées : les civelles transparentes. Ces dernières effectuent une entrée dans les estuaires, portées par les courants de marée. Après un séjour de durée variable en eau saumâtre, elles pénètrent dans les eaux douces continentales. Après avoir développé une pigmentation noire (civelles pigmentées) et commencé à s'alimenter activement (crustacés, vers), elles deviennent des anguillettes puis des anguilles jaunes qui occupent les lagunes et les réseaux hydrographiques continentaux, du moins si des barrages ne les arrêtent pas…

Le cycle vital des anguilles est donc caractérisé par de longs voyages transatlantiques : un trajet « aller » par les anguilles argentées et un trajet « retour » par les leptocéphales puis les civelles, soit un total d'environ 12 000 à 16 000 kilomètres. Une telle distance peut paraître surprenante. En fait, leur vie « aventurière » hors du commun, qui leur permet d'assouvir leur irrésistible désir de procréer, serait une conséquence de la « dérive des continents » qui a vu l'éloignement progressif du continent américain (et de ses eaux chaudes sargassiennes) par rapport à l'Europe, obligeant les anguilles à des voyages de plus en plus longs et… sans doute sans espoir de retour. En effet, la question s'est posée de savoir si l'anguille est capable de survivre à son voyage jusqu'à la mer des Sargasses. Aucune donnée ne permet de l'affirmer et il semble admis qu'épuisée par sa longue migration transatlantique et par un effort de ponte considérable, elle périrait parmi les algues (sargasses). De nombreuses questions restent encore sans réponse (concernant par exemple les signaux d'orientation de la navigation transocéanique) et les scientifiques évoquent souvent « la mystérieuse anguille » (*eel*) quand ils tentent d'élucider ce qui constitue encore *« the eel problem »* !

Les autres espèces d'anguilles (comme l'anguille américaine *A. rostrata*, l'anguille japonaise *A. japonica*, les anguilles indonésiennes et néozélandaises *A. marmoratus, A. celebensis, A. dieffenbachi…*) présentent un cycle de vie comparable à celui de l'anguille européenne. Leurs aires de ponte marines sont toutefois moins éloignées des continents ou des îles, l'amplitude de leurs migrations qui en découle étant donc plus réduite. Chaque espèce ou chaque population possède son propre « circuit migratoire », qui est immuable car inscrit dans son génome et tributaire de grands courants océaniques eux-mêmes invariables. Une certaine flexibilité comportementale a cependant été observée chez toutes les anguilles, y compris l'anguille européenne. Elle permet de distinguer des sous-populations qui se sont en partie affranchies du « circuit-type », avec des « anguilles d'estuaires » et des « anguilles marines » qui ne résident jamais en milieu continental, ne respectant donc pas le modèle considéré jusqu'à présent comme celui de toutes les anguilles. Le respect des voies de migration tracées par leurs « ancêtres » est ainsi remis en cause par ces populations d'anguilles qui font preuve d'un esprit bien peu « conservateur » et « traditionaliste », à moins que l'explication ne soit à rechercher dans le fait que les biologistes n'ont pas su comprendre jusqu'à présent, les subtilités de leur cycle ancestral… Les anguilles, toujours mystérieuses !

CONCLUSION

Alors, stupides les poissons ? Les quelques séquences de la vie des poissons que nous venons de présenter montrent au contraire que, même s'ils ne sont pas « des dieux », ces « princes des ondes » témoignent d'une richesse d'aptitudes et d'une palette de réactions comportementales souvent insoupçonnées. Elles leur permettent de faire face avec succès aux nombreuses contraintes et aux situations variées qui ne manquent pas de leur poser problème dans leur vie quotidienne. Car il n'est pas de tout repos d'être un poisson ! Qu'ils occupent des eaux douces ou des eaux salées, leur vie est généralement difficile. En plus des variations parfois brutales de leur environnement (température, salinité, concentration en oxygène), ils sont confrontés à des perturbations hydrauliques (crues, étiages, courants, marées, houle et vagues). De surcroît, ils peuvent être victimes d'affections ayant pour origine des microorganismes pathogènes (virus, bactéries, champignons), des parasites et des polluants toxiques véhiculés par le milieu liquide. Enfin, ils sont sans cesse menacés par des prédateurs de tous types, invertébrés et vertébrés, y compris par le « super-prédateur » qu'est l'homme. Bref, leur vie n'est pas « un long fleuve tranquille ». Valeureux poissons qui ont eu bien du mérite à résister à tant de dangers et à triompher – jusqu'à présent – de tant de maux !

La vie des poissons n'est toutefois pas seulement faite d'une succession de stress. Leur plasticité, leur adaptabilité, leur « intelligence » (?) leur permettent aussi de vivre des moments forts tels ceux procurés par la capture d'une superbe proie après un long guet, la séduction d'une belle longtemps convoitée, une vie de famille au milieu d'une descendance prospère, l'échappement à un redoutable prédateur…

Bien des comportements présentés ici n'auront sans doute pas manqué de surprendre. Mais il ne fait pas de doute que nous ne savons pas encore

« tout » des capacités des poissons. Il est très probable que les résultats des études en cours et à venir ne pourront que nous étonner davantage encore.

Merveilleux poissons ! Non seulement ils sont à l'origine d'une véritable passion chez les pêcheurs, les plongeurs et les aquariophiles, mais ils suscitent également une vive curiosité auprès du grand public. Puisse ce dernier respecter suffisamment la qualité de leur environnement afin que « nos amis les poissons » continuent longtemps à se sentir « heureux dans l'eau »...

Index

Noms communs

Noms latins

Imprimé en France par Barnéoud - 53960 Bonchamp-les-Laval
N° d'édition : 004113-01 - N° d'imprimeur : 605114
Dépôt légal : juin 2006